INTERROS des LYCÉES

Collection dirigée par Éric MAURETTE

W0349405

maths

1re

Anne CROUZIER
Danièle EYNARD
Stéphane PASQUET

Nathan

Remerciements

Les auteurs et l'équipe de Prepamath Édition tiennent à remercier Jean-Côme Charpentier et François Bonnet pour l'aide précieuse qu'ils ont apportée à cet ouvrage.

Illustrations : Patrick Doan, Mickaël Cellier

Coordination éditoriale : François Déliac

Conception couverture : Simon Geliot

Votre avis nous intéresse : `contact@prepamath.fr`

Retrouvez les Interros des Lycées et des informations scientifiques sur

Facebook : facebook.com/interrosdeslycees

Twitter : @prepamath

© Éditions NATHAN 2019 - ISBN 9782091574158

Avant-propos

Retrouvez la présentation de ce livre en vidéo avec live!

Cet ouvrage est conforme au pogramme de la spécialité mathématiques de la classe de première, entré en vigueur à la rentrée 2019.

Il est composé pour chaque chapitre :

- d'une partie *Cours*, traitée avec un maximum d'exemples afin de rendre la théorie plus accessible ;
- d'une partie *Exercices*, dont les énoncés ont été donnés en contrôles dans différents lycées de France. Ils sont classés par thème et par ordre de difficulté croissante ;
- d'une partie *Corrigés*, offrant pour chaque énoncé une correction claire et détaillée.

En complément de ce livre, des vidéos présentées par des enseignants vous aideront de manière vivante à mieux comprendre certains points du cours, ainsi que la résolution d'exercices importants. Ces compléments sont accessibles très simplement sur tablette ou smartphone, en utilisant l'application Nathan Live (*cf.* mode d'emploi page 5).

Cet ouvrage ne doit pas être perçu comme un substitut au professeur, mais comme un *complément* au travail effectué en classe. Il offre l'opportunité de renforcer ses acquis à travers des exercices allant du basique au plus élaboré. Ainsi, l'ouvrage vous permettra au final de vous sentir plus à l'aise dans cette spécialité, à condition que vous suiviez les recommandations données dans la partie « Méthodes de travail » qui suit (*cf.* page 6).

Pour finir, nous insistons sur le fait que malgré la vigilance que nous avons pu apportée à la conception de cet ouvrage, il se peut que certaines erreurs nous aient échappé. Aussi, nous remercions par avance tout lecteur et toute lectrice qui nous fera part de ses remarques et/ou suggestions afin d'améliorer encore cet ouvrage lors de futures rééditions à l'adresse mail suivante :

`contact@prepamath.fr`

Pour télécharger les programmes Python contenus dans cet ouvrage :

`http://www.prepamath.fr/IL1M`

Nous conclurons sur une citation d'Euclide :

« Si vous touchez aux maths, vous ne devez être ni pressés, ni cupides, fussiez-vous roi ou reine. »

Très bon entraînement à vous !

Les auteurs

Table des matières

Accédez aux compléments numériques de cet ouvrage (vidéos, audios, lien internet) sur votre smartphone ou votre tablette avec :

C'est facile !

1 Téléchargez l'application gratuite Nathan Live disponible dans tous les stores sur votre smartphone ou votre tablette (Appstore, GooglePlay, Windows Store).

2 Ouvrez l'application, puis flashez les pages de votre ouvrage où ce logo apparaît en plaçant votre appareil au-dessus de la page.

3 Consultez les ressources !

Pour télécharger les programmes contenus dans cet ouvrage :
`http://www.prepamath.fr/IL1M`

Méthodes de travail

Tous les conseils qui suivent sont ceux utilisés par un grand nombre de majors (sortis premiers) de Polytechnique ou de l'ÉNA, par des professionnels de l'organisation et sont également recommandés par de nombreux professeurs. Pour en savoir plus sur le sujet, nous vous conseillons le livre « Comment travailler plus efficacement », par F. Déliac, U. Hadrien, E. Matrullo et E. Maurette, aux Éditions Prepamath.

Faire des « feed-back »

Le « feed-back » est le conseil le plus important et le plus utilisé par ceux qui réussissent brillamment leurs études. Il consiste à contrôler systématiquement, sans s'aider de notes, ce que l'on vient d'apprendre (exercices et cours). Ce contrôle peut se faire mentalement, oralement ou par écrit.

- Dans les transports, essayez de vous rappeler mentalement, et sans vous aider de vos notes, le cours et les exercices vus le matin en classe (feed-back mental).
- Après avoir relu votre cours le soir, essayez de retrouver par écrit les principaux paragraphes et démonstrations sans regarder votre leçon (feed-back écrit).
- Après avoir résolu un problème, prenez 5 minutes pour contrôler par écrit que vous vous rappelez clairement l'énoncé ainsi que la démarche de résolution (feed-back écrit).
- Expliquez à des amis la leçon que vous venez d'apprendre ou l'exercice que vous venez de résoudre : c'est un excellent feed-back oral. Choisissez le type de « feed-back » qui vous convient le mieux et faites-en le plus régulièrement possible (après chaque cours et chaque série d'exercices). Pour être efficace, un « feed-back » doit se faire sans l'aide de vos notes. Ainsi, faire des fiches de résumés de cours à partir de vos cahiers ouverts ne constitue nullement un « feed-back ».

Miser sur la qualité

De nombreux témoignages démontrent que pour obtenir de bons résultats, il est préférable de faire un nombre limité d'exercices, mais plus approfondis, que d'en survoler une grande quantité de piètre qualité. Une tendance très répandue consiste à abattre une grande quantité d'exercices, à la chaîne, mais superficiellement, en espérant que le jour du contrôle, l'on aura déjà vu ce type de problème et que l'on saura s'en souvenir. Cette méthode est absolument inefficace car la seule manière de se souvenir d'un exercice de mathématiques ou de physique, c'est de l'avoir parfaitement compris et assimilé.

Ainsi :

- À la fin d'un problème, prenez 5 à 10 minutes pour essayer de trouver un moyen de le généraliser ou de le compliquer (c'est ce que font souvent les professeurs pour concevoir leurs contrôles écrits) ; trouvez ce que cela pourrait changer dans la solution.
- Prenez également l'habitude, après chaque exercice, de faire un « feed-back » en faisant ressortir la démarche générale et en tissant des liens avec le cours. Bref, il ne faut pas vous contenter de résoudre l'exercice, mais il vous faut lui apporter de la valeur ajoutée et vous interroger sur son contenu.
- Idem pour le cours. Ne vous contentez pas de le parcourir de manière passive. Il vous faut avoir la rigueur d'effacer toutes les zones d'ombre. Pour chaque théorème, il faut vous demander quels types d'exercices son utilisation permettra de résoudre.

Travailler par « couches successives »

Cette méthode, très utile pour les étudiants préparant des examens ou des révisions, peut également être utilisée dès le lycée.

On observe que pour apprendre un gros volume de cours, rien n'est plus inefficace que de l'attaquer de front, de manière linéaire. La bonne manière consiste à d'abord survoler l'ensemble, en ne retenant que la structure, c'est-à-dire les grands titres, ainsi que les noms des paragraphes (première couche, étape devant durer 5 minutes). Dans l'étape suivante (deuxième couche, d'une durée de 10 minutes), on reprend son cours du début en retenant cette fois également les théorèmes et résultats importants. Après cette deuxième couche, on a déjà une idée claire de la structure de l'ensemble du cours. On peut alors aborder la dernière étape (troisième couche) : on reprend son cours au début pour, cette fois-ci, l'étudier en profondeur en apprenant le détail des démonstrations.

Il est à noter que cette méthode peut être également appliquée avec succès à des matières littéraires, ainsi qu'aux révisions du bac de français. Par exemple :

- Pour la préparation d'un contrôle, on commencera par passer en revue rapidement l'ensemble du cours et des exercices du chapitre précédemment étudiés, avant de les réviser en détail. Ainsi aura-t-on développé une compréhension synthétique et claire.
- De même, avant d'aborder un problème volumineux (tel qu'un contrôle écrit), il est préférable de survoler l'ensemble du problème avant de l'attaquer.

Travailler sa rapidité

Pour acquérir de la rapidité, 3 voies sont possibles :

- Prenez l'habitude, en travaillant chez vous, de vous concentrer sur une seule chose à la fois, c'est-à-dire ne pas attaquer un problème ou une dissertation, en rêvassant à ce que vous pourriez trouver à manger dans le réfrigérateur ou en écoutant de la musique.
- Prenez l'habitude de travailler chez vous dans les mêmes conditions qu'en devoirs surveillés. Le minutage de chacun des exercices de ce livre est fait en ce sens. Cependant, cela ne devrait pas, une fois la résolution faite, vous empêcher d'y réfléchir plus calmement afin de vérifier la bonne assimilation du problème. Si les seuls moments où vous vous pressez sont les contrôles écrits, vous ne deviendrez jamais rapide.
- Essayez de contenir tout votre travail à la maison dans une plage horaire serrée. Engagez-vous, par exemple, à travailler chez vous tous les jours entre 18 h et 20 h et efforcez-vous de ne jamais déborder (quelle que soit votre charge de travail). En effet, si l'on ne se donne pas de limite de temps pour accomplir un travail, l'on a naturellement tendance à le laisser traîner en longueur et à rêvasser. L'étroitesse de la plage horaire vous obligera à ne pas vous endormir et à devenir efficace.

Chapitre 1

Le second degré

Plan du chapitre

Exercice type — Lycée Mansart, Saint-Cyr-l'École

Soit $f(x) = x^2 - x + 1$, $g(x) = -2x^2 + 7x - 3$ et $h(x) = 4\sqrt{2}x - x^2 - 8$.
Pour chaque trinôme donner :

- ses racines (éventuelles) ;
- sa factorisation (s'il est factorisable) ;
- son signe dans un tableau.

Voir corrigé page 6

Il s'agit dans ce chapitre d'apprendre :

- à résoudre une équation du type $ax^2 + bx + c = 0$, $(a \neq 0)$;
- à étudier le signe du trinôme du second degré $ax^2 + bx + c$ $(a \neq 0)$.

1 Vocabulaire

- On appelle *fonction polynôme du second degré* (ou *trinôme du second degré*) toute fonction :
$$f : \mathbb{R} \to \mathbb{R}, \qquad x \mapsto ax^2 + bx + c, \qquad (a \neq 0)\,.$$
- On appelle *équation du second degré* une équation de la forme : $f(x) = 0$.
- On appelle *discriminant* du trinôme $ax^2 + bx + c$ $(a \neq 0)$ le réel Δ définie= par :
$$\Delta = b^2 - 4ac.$$
- On appelle *racines* de ce trinôme les solutions de l'équation $f(x) = 0$.

2 Résolution d'une équation du second degré

Retrouvez cette partie du cours en vidéo avec live!

2.1 Formules générales

On recherche les solutions de l'équation $ax^2+bx+c=0$ avec $a \neq 0$, en utilisant les règles suivantes :

- Si $\Delta < 0$, il n'y pas de solution dans $\mathbb{R}$.
- Si $\Delta = 0$, il y a une solution unique :

$$x_0 = -\frac{b}{2a}.$$

- Si $\Delta > 0$, il y a deux solutions distinctes :

$$\begin{cases} x_1 = \dfrac{-b+\sqrt{\Delta}}{2a} \\ x_2 = \dfrac{-b-\sqrt{\Delta}}{2a} \end{cases}$$

2.2 Racines, signe et factorisation d'un polynôme du second degré

On considère le polynôme du second degré $f(x) = ax^2 + bx + c$, avec $a \neq 0$.
Si :

- $\Delta < 0$, le trinôme n'a pas de racine ; $f(x)$ est du signe de a sur $\mathbb{R}$ et $f(x)$ ne se factorise pas dans $\mathbb{R}$.
- Si $\Delta = 0$, le trinôme a une racine, appelée racine double, x_0 ; $f(x)$ est du signe de a sur $\mathbb{R} - \{x_0\}$, nulle en x_0 et $f(x) = a(x - x_0)^2$.
- Si $\Delta > 0$, le trinôme a deux racines distinctes x_1 et x_2 ; $f(x)$ est du signe de a à l'extérieur des racines (soit, par exemple, sur $]-\infty\ ;\ x_2[\ \cup\ ]x_1\ ;\ +\infty[$), nulle en x_1 et x_2, et du signe de $-a$ à l'intérieur des racines (soit, pour le même exemple, sur $]x_2\ ;\ x_1[$), et $f(x) = a(x - x_1)(x - x_2)$.

Remarque : le calcul du discriminant n'est pas indispensable pour étudier le signe et la factorisation d'un polynôme du second degré. Il suffit en effet de connaître ses racines, lesquelles peuvent avoir été déterminées dans une question précédente, ou bien sont des racines « évidentes ».

2.3 Interprétation graphique

La courbe représentative de la fonction trinôme du second degré

$$T : x \mapsto ax^2 + bx + c \quad (a \neq 0)$$

est une parabole.

Le nombre de racines du trinôme $T(x)$ et le signe de $T(x)$ se déduisent de la position de cette parabole $\mathcal{P}$ par rapport à l'axe des abscisses.

- Premier cas : $\Delta < 0$.

Le trinôme $T(x)$ n'a pas de racine

$a > 0$

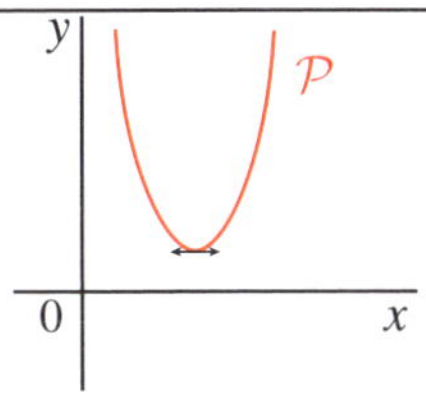

x	$-\infty$	$+\infty$
$T(x)$	$+$	

$a < 0$

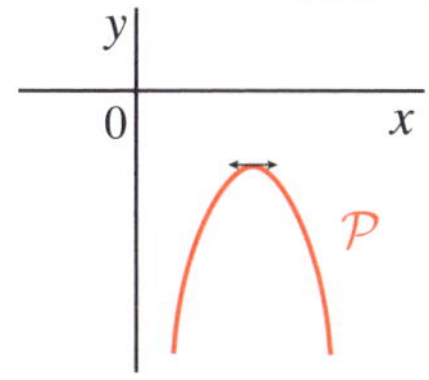

x	$-\infty$	$+\infty$
$T(x)$	$-$	

- Deuxième cas : $\Delta = 0$.

Le trinôme $T(x)$ a une racine double x_0

$a > 0$

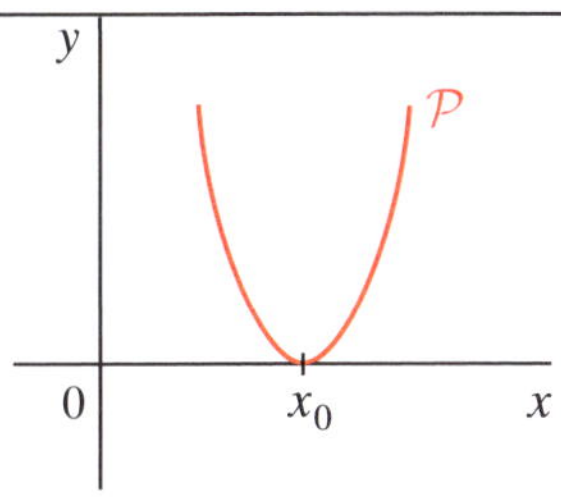

x	$-\infty$	x_0	$+\infty$
$T(x)$	$+$	0	$+$

$a < 0$

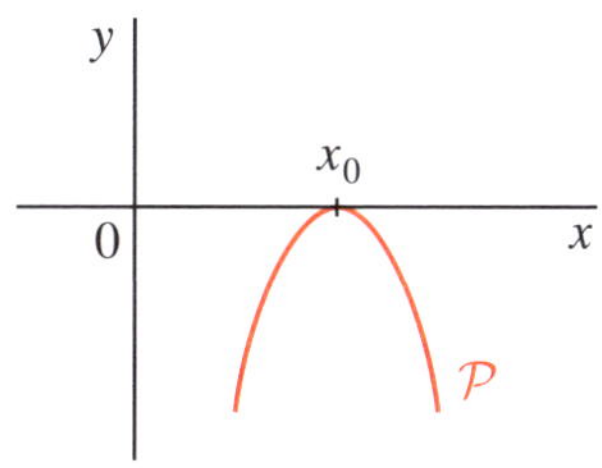

x	$-\infty$	x_0	$+\infty$
$T(x)$	$-$	0	$-$

- Troisième cas : $\Delta > 0$.

Le trinôme $T(x)$ a deux racines distinctes x_1 et x_2

$a > 0$

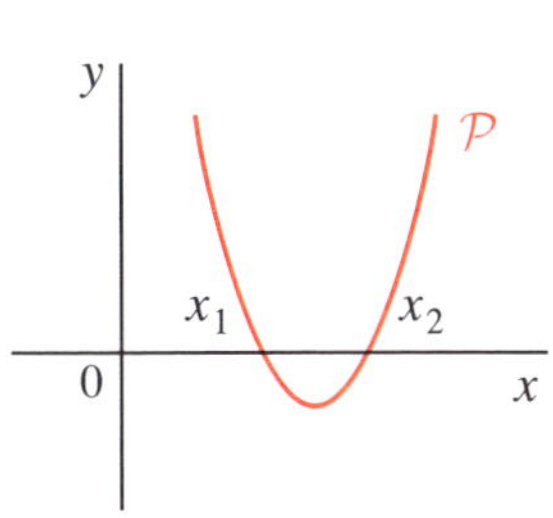

x	$-\infty$	x_1		x_2	$+\infty$
$T(x)$	$+$	0	$-$	0	$+$

$a < 0$

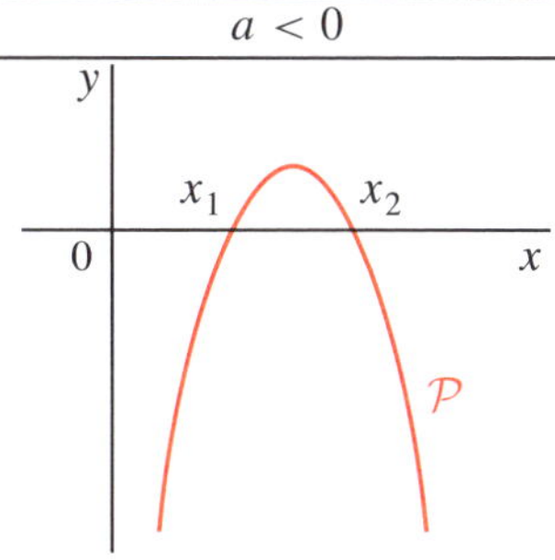

x	$-\infty$	x_1		x_2	$+\infty$
$T(x)$	$-$	0	$+$	0	$-$

2.4 Forme canonique

Propriété 1

Tout trinôme $ax^2 + bx + c$ peut s'écrire sous la forme dite *canonique* :

$$a(x - \alpha)^2 + \beta$$

où $(\alpha \ ; \ \beta)$ sont les coordonnées de la représentation graphique du trinôme.

MÉTHODE

Soit $f(x) = 3x^2 - 12x + 15$. Cherchons sa forme canonique.

- *Étape 1 : on factorise par $a = 3$.* On obtient alors :

$$f(x) = 3(x^2 - 4x + 5).$$

- *Étape 2 : on recherche le début d'une identité remarquable.*
On peut voir dans les parenthèses : $x^2 - 4x$, qui est le début du développement de $(x - 2)^2 = x^2 - 4x + 4$. On peut alors écrire :

$$x^2 - 4x = (x - 2)^2 - 4$$

et donc :

$$f(x) = 3\left[(x - 2)^2 - 4 + 5\right]$$

- *Étape 3 : on réduit dans les crochets et on distribue a.*

$$f(x) = 3\left[(x - 2)^2 + 1\right] = 3(x - 2)^2 + 3.$$

3 Compléments

3.1 Racines évidentes

Définition 1

Soit $f(x) = ax^2 + bx + c$. On dit que x_1 est une *racine évidente* si $f(x_1) = 0$ et s'il est facile de voir cette égalité (cas où $b = 0$, racines entières détectées par calcul mental,...).

Exemples

- $f(x) = x^2 - 9$ admet deux racines évidentes : 3 et -3.
- $g(x) = x^2 - 4x + 3$ admet $x = 1$ comme racine évidente car la somme des coefficients est nulle $(1 - 4 + 3 = 0)$.
- $h(x) = 2x^2 + x - 1$ a $x = -1$ pour racine évidente car $2(-1)^2 - 1 - 1 = 0$.

3.2 Somme et produits des racines

Propriété 2

Soit $f(x) = ax^2 + bx + c$, avec $\Delta > 0$. Si x_1 et x_2 sont les deux racines de $f(x)$ alors :

$$x_1 + x_2 = -\frac{b}{a} \qquad \text{et} \qquad x_1x_2 = \frac{c}{a}.$$

Cette propriété est très utile quand $f(x)$ admet une racine évidente pour trouver la seconde racine.

Exemple : soit $f(x) = 5x^2 + 9x - 14$. On constate que la somme des coefficients est nulle ($5 + 9 - 14 = 0$) donc $x_1 = 1$ est une racine évidente.
D'après la propriété précédente, on déduit que la seconde racine x_2 est telle que :

$$x_1x_2 = \frac{-14}{5} \qquad \text{soit} \qquad x_2 = -\frac{14}{5}.$$

Propriété 3

Soit $f(x) = ax^2 + bx + c$, avec $\Delta > 0$, où x_1 et x_2 sont les deux racines de $f(x)$. Posons :

$$S = x_1 + x_2 \qquad \text{et} \qquad P = x_1x_2.$$

Alors, x_1 et x_2 sont aussi les racines du trinôme $x^2 - Sx + P$.

Exemple : on sait que la somme de deux nombres est égale à 2 019 et que leur produit est égal à 778 500. Quels sont ces deux nombres ?

Posons x_1 et x_2 des deux nombres, puis :

$$S = x_1 + x_2 = 2\,019 \qquad \text{et} \qquad P = x_1x_2 = 778\,500.$$

Alors, x_1 et x_2 sont les racines du trinôme :

$$x^2 - Sx + P = x^2 - 2\,019x + 778\,500,$$

dont le discriminant est :

$$\Delta = 962\,361 = 981^2.$$

On en déduit alors que :

$$x_1 = \frac{2\,019 - 981}{2} = 519$$

et

$$x_2 = \frac{2\,019 + 981}{2} = 1\,500.$$

Les deux nombres sont donc 519 et 1 500.

COURS

INTERROS

CORRIGÉS

Solution de l'exercice type

Lycée Mansart, Saint-Cyr-l'École

- Soit $f(x) = x^2 - x + 1$.
  Calculons son discriminant : $\Delta = 1 - 4 = -3$.
  Comme Δ est strictement négatif, ce trinôme n'admet pas de racines réelles. Il n'est donc pas factorisable dans $\mathbb{R}$. De plus, $f(x)$ est toujours du signe de a donc $f(x)$ est toujours strictement positif.
- Soit $g(x) = -2x^2 + 7x - 3$.
  Le discriminant est : $\Delta = 7^2 - 24 = 25$.
  Comme le discriminant est strictement positif, ce trinôme admet deux racines réelles distinctes :
  $$x' = \frac{-7-5}{-4} \qquad x'' = \frac{-7+5}{-4},$$
  soit $x' = 3$ et $x'' = \frac{1}{2}$.
  On en déduit que $g(x)$ est factorisable sous la forme :
  $$g(x) = -2(x-3)\left(x - \frac{1}{2}\right) = (x-3)(1-2x).$$
  Le trinôme $-2x^2 + 7x - 3$ est du signe de -2 à l'extérieur des racines $\frac{1}{2}$ et 3 et du signe contraire entre $\frac{1}{2}$ et 3.

x	$-\infty$		$\frac{1}{2}$		3		$+\infty$
$g(x)$		$-$	0	$+$	0	$-$	

- Soit $h(x) = -x^2 + 4\sqrt{2}x - 8$.
  Le discriminant est : $\Delta = \left(4\sqrt{2}\right)^2 - 32 = 0$. Comme le discriminant est nul, le trinôme admet une racine double :
  $$x = \frac{-4\sqrt{2}}{-2}$$
  soit $x = 2\sqrt{2}$.
  On en déduit que $h(x)$ est factorisable sous la forme :
  $$h(x) = -\left(x - 2\sqrt{2}\right)^2.$$
  Le trinôme est nul en $2\sqrt{2}$ et du signe de a, soit négatif, sur $\mathbb{R} \setminus \left\{2\sqrt{2}\right\}$.

x	$-\infty$		$2\sqrt{2}$		$+\infty$
$h(x)$		$-$	0	$-$	

Voir énoncé page 1

1 V/F Résolution d'équations du second degré

10 min Corrigé p. 19

Sans résoudre l'équation, dire si les propositions suivantes sont vraies ou fausses :

1. L'équation $150x^2 - 3x - 17{,}5 = 0$ admet deux solutions réelles distinctes.
2. Le trinôme du second degré $-x^2 + 6x - 9$ est strictement négatif pour tout réel x.
3. Si on multiplie par 2 tous les coefficients d'une équation du second degré, alors ses solutions sont aussi multipliées par 2.
4. L'équation $x^2 - x + 15 = 0$ n'a pas de solutions réelles.
5. $x^2 + 16 > 0$ pour tout réel x.

2 V/F Propriétés d'un trinôme

15 min Corrigé p. 19

On considère la fonction f définie par $f(x) = -10x^2 + 5x + 1$. Dire si chacune des affirmations suivantes est vraie ou fausse. Justifier la réponse.

1. La forme canonique de $f(x)$ est $-10\left[\left(x + \frac{1}{4}\right)^2 + \frac{3}{80}\right]$.
2. La courbe représentative de f admet un axe de symétrie d'équation $x = \frac{1}{4}$.
3. Pour tout réel x, $f(x)$ est négatif.
4. On peut exprimer $f(x)$ comme produit de facteurs du premier degré dans $\mathbb{R}$.

3 V/F Signe de $f(x)$ et de Δ

15 min Corrigé p. 19

Dans cet exercice, $f(x)$ désigne le trinôme $ax^2 + bx + c$, avec $a \neq 0$. Dire si les propositions suivantes sont vraies ou fausses en justifiant les réponses :

1. Si pour tout réel x, $f(x) < 0$, alors $\Delta < 0$.
2. S'il existe deux réels α et β tels que $f(\alpha)f(\beta) < 0$, alors $\Delta \geqslant 0$.
3. Si $\Delta < 0$, alors pour tout réel x, $f(x) < 0$.
4. Si $\Delta > 0$ et si α et β sont deux réels tels que $x' < \alpha < x'' < \beta$ (x' et x'' étant les racines du polynôme), alors $f(\alpha)f(\beta) < 0$.

COURS
INTERROS
CORRIGÉS

4 QCM Signes et coefficients

10 min

Corrigé p. 20

Pour chaque question, trouver la ou les bonnes réponses.

1 Le trinôme $\frac{5}{2}x^2 - 5x + 2$

[a] admet pour racines $\frac{-5+\sqrt{5}}{5}$ et $\frac{-5-\sqrt{5}}{5}$.

[b] se factorise sous la forme $\frac{5}{2}\left(x - \frac{5-\sqrt{5}}{5}\right)\left(x - \frac{5+\sqrt{5}}{5}\right)$.

[c] n'est pas de signe constant sur $\mathbb{R}$.

[d] est strictement négatif sur $]-\infty\,;0[$.

2 On considère la courbe représentée dans le repère orthonormé ci-dessous :

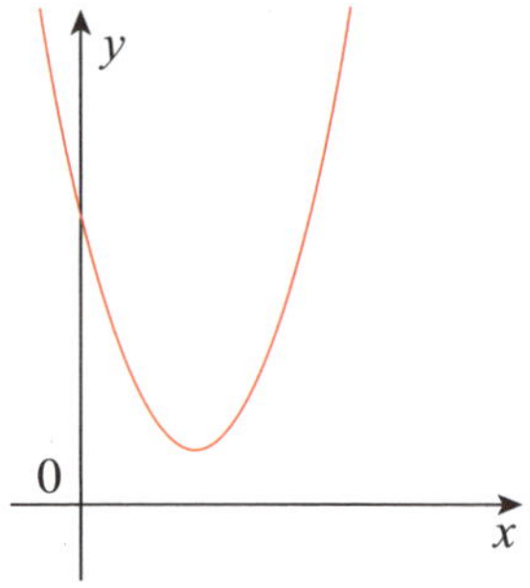

Une équation possible de cette courbe est :

[a] $y = x^2 - 4x + 17$.

[b] $y = -3x^2 - 4x + 1$.

[c] $y = 5x^2 - 8x + 4$.

[d] $y = -2x^2 + x + 3$.

3 On considère le polynôme du second degré $f(x) = -3x^2 + bx + c$. Alors on peut affirmer que, quels que soient les réels b et c :

[a] $f(x)$ est toujours positif ou nul.

[b] $f(x)$ n'est pas toujours positif.

[c] $f(x)$ est toujours inférieur ou égal à 0.

[d] $f(x)$ est toujours strictement négatif.

4 On considère la fonction trinôme f définie par $f(x) = ax^2 + bx + c$, dont la représentation graphique est donnée page ci-contre. Si on note Δ le discriminant du trinôme, alors Δ et a sont :

[a] de même signe.

[b] de signes contraires.

[c] négatifs.

[d] positifs.

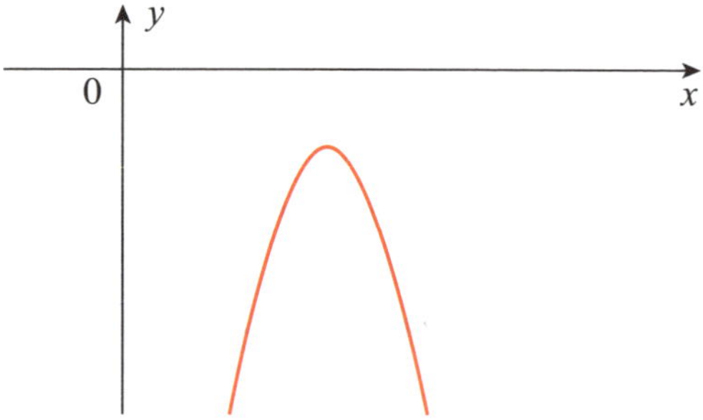

Équations et trinômes du second degré

5 Choisir les bonnes courbes

★ 5 min Corrigé p. 20

Lycée Pablo Picasso, Fontenay-sous-Bois

Les courbes $\mathcal{C}_1$,$\mathcal{C}_2$ et $\mathcal{C}_3$ suivantes représentent respectivement les 3 fonctions polynômes du second degré, f_1, f_2 et f_3.

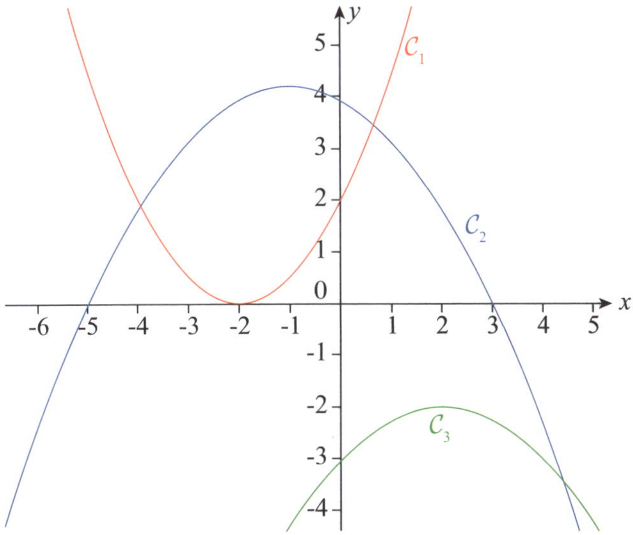

Parmi ces trois fonctions déterminer, en justifiant :

1 celles pour lesquelles le coefficient du terme de degré 2 est strictement positif ;

2 celles pour lesquelles le discriminant est négatif ou nul ;

3 celles pour lesquelles le coefficient constant est strictement positif.

6 Résolution d'équations

★ 5 min Corrigé p. 21

Lycée Buffon, Paris

Pour chaque expression ci-dessous, résoudre $P(x) = 0$.

1 $P_1(x) = -2x^2 + 3x + 5$.

2 $P_2(x) = -3x^2 + 20x + 7$.

7 Équation avec paramètre

★ 5 min Corrigé p. 21

Lycée Jacques Amyot, Auxerre

On considère l'équation $x^2 - ax - 1 = 0$, où a désigne un nombre réel.
Étudier le nombre de solutions de cette équation.

8 Racines évidentes

★ 10 min Corrigé p. 21

Lycée Camille Jullian, Bordeaux

Trouver une racine évidente pour chacun des trinômes suivants, puis en déduire la valeur de la seconde racine.

1. $x^2 - 9x + 8$.
2. $-5x^2 + 4x + 9$.
3. $101x^2 - 100x - 1$.
4. $5x^2 - 4x - 12$.

9 Ensemble de définition de fonctions

★ 15 min Corrigé p. 22

Lycée Odilon Redon, Pauillac

Pour chaque fonction, déterminer le plus grand ensemble de définition.

1. $f(x) = \dfrac{2x - 3}{2x^2 + x - 21}$.
2. $g(x) = \sqrt{-3x^2 + 14x - 15}$.

10 Trinôme avec paramètre

★ 15 min Corrigé p. 23

Lycée Notre-Dame-du-Grandchamp, Versailles

Soit le trinôme $-2x^2 + mx - 1$ défini sur $\mathbb{R}$.

1. Calculer le discriminant Δ, puis déterminer les valeurs de m telles que le trinôme admette deux racines distinctes.
2. Si l'une des racines est 1, déterminer la valeur de m et l'autre racine.

11 Lecture graphique

★ 15 min Corrigé p. 23

Lycée Hector Berlioz, Vincennes

Soit h la fonction définie sur $\mathbb{R}$ par $h(x) = 5x^2 - 3x - 2$.

1. Démontrer que la forme canonique de $h(x)$ est :

$$h(x) = 5\left(x - \frac{3}{10}\right)^2 - \frac{49}{20}$$

2 En déduire, parmi les graphiques suivants, lequel est celui de la représentation graphique de la fonction h. Justifier.

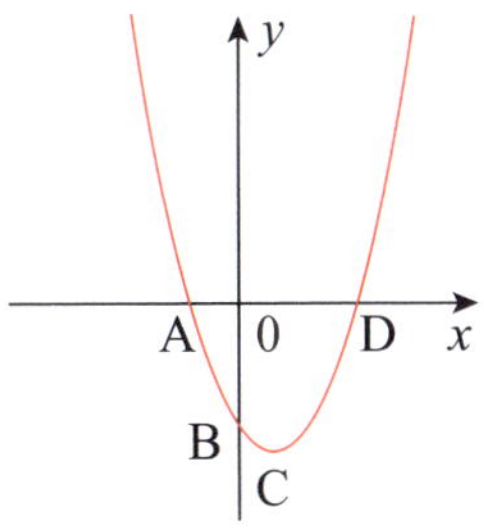

Figure *a*

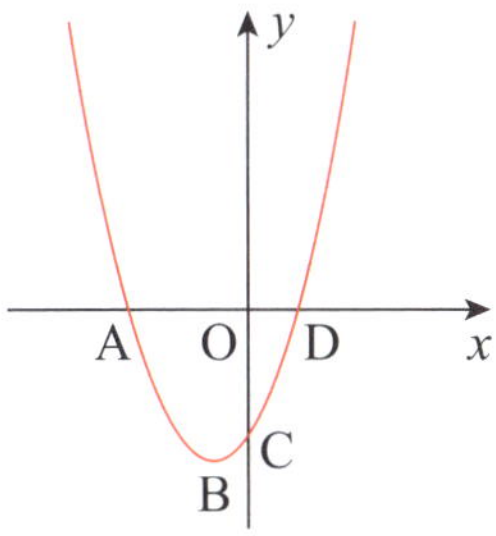

Figure *b*

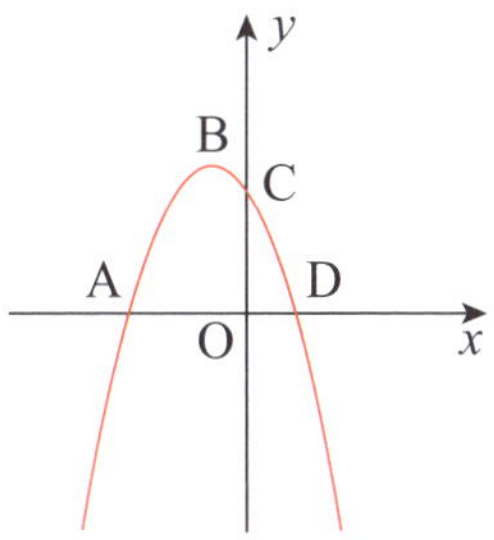

Figure *c*

3 Factoriser $h(x)$.

4 Donner alors, sans justifier, les coordonnées des points remarquables A, B, C et D placés sur le graphique choisi.

12 Droite et parabole (intersection) ★ 30 min

Corrigé p. 24

Lycée Saint-Just, Lyon

Le plan est muni d'un repère $(O; \vec{\imath}, \vec{\jmath})$. La parabole $\mathcal{P}$ a pour équation :

$$y = x^2 .$$

1 **(a)** Construire $\mathcal{P}$ et la droite $\mathcal{D}$ d'équation :

$$y = -2x + 2 .$$

(b) Calculer les coordonnées des points d'intersection de $\mathcal{P}$ et $\mathcal{D}$.

2 m étant un réel, $\mathcal{D}_m$ est la droite d'équation :

$$y = -2x + m .$$

(a) Montrer que $\mathcal{D}_m$ est parallèle à $\mathcal{D}$.

(b) Déterminer m pour que la droite $\mathcal{D}_m$ coupe $\mathcal{P}$ en un seul point. Construire la droite correspondante et calculer les coordonnées du point d'intersection.

(c) Déterminer les valeurs m pour lesquelles la droite $\mathcal{D}_m$ coupe $\mathcal{P}$ en deux points distincts A_m et B_m.

On appelle alors I_m le milieu de $[A_m B_m]$. Quel est l'ensemble des points I_m lorsque m varie ?

13 Recherche des coefficients ★ 30 min

Corrigé p. 26

Lycée Edgar Quinet, Paris

1 Soit $f(x) = ax^2 + 15x + c$.

Trouver deux réels a et c de telle sorte que f ait pour racines $\frac{4}{3}$ et $-\frac{1}{2}$.

2 Soit $g(x) = 7x^2 + bx + 2$. Déterminer les valeurs de b pour lesquelles g n'admet pas de racines.

3 Une fonction trinôme du second degré admet un minimum égal à -1. Combien a-t-elle de racines ?

4 Une pelouse a la forme d'un rectangle dont la longueur est le double de la largeur, une allée de 3 mètres l'entoure et l'aire totale de la pelouse et de l'allée est 360 m^2.
Quelles sont les dimensions de la pelouse ?

14 À la recherche du nombre mystérieux ★★ 15 min

Corrigé p. 27

Lycée Mansart, Saint-Cyr-l'Ecole

On désigne par N un nombre entier de deux chiffres. Son chiffre des dizaines est x et son chiffre des unités y. La somme des chiffres est 14 et le produit de N par le nombre entier obtenu en inversant l'ordre des chiffres est 5 605. Déterminer N.

15 Algorithme du second degré ★★ 30 min

Corrigé p. 28

Lycée Odilon Redon, Pauillac

Écrire un algorithme permettant de calculer automatiquement, étant donnés les coefficients réels a, b et c du trinôme du second degré $ax^2 + bx + c$, les racines du trinôme.

16 Problème ouvert ★★★ 30 min

Corrigé p. 30

Lycée Notre-Dame-du-Grandchamp, Versailles

On dispose d'une ficelle de 1 mètre que l'on coupe en deux morceaux, pas forcément égaux. Avec un des morceaux, on forme un carré, et avec l'autre, on forme un rectangle dont la longueur est le double de la largeur.
Comment couper la ficelle de sorte que la somme des aires du carré et du rectangle soit minimale ?

COURS
INTERROS
CORRIGÉS

Inéquations du second degré

17 Étude de signe

★ 15 min Corrigé p. 31

Lycée Jean Puy, Roanne

1 Étudier le signe de chacun des trinômes suivants :

(a) $A(x) = x^2 + x + 1.$

(b) $B(x) = -\frac{1}{2}x^2 + x - \frac{1}{2}.$

(c) $C(x) = -2x^2 + 7x - 6.$

2 En déduire les solutions des inéquations :

$$B(x) \geqslant 0 \qquad \text{et} \qquad C(x) < 0.$$

18 Résolution d'inéquations

★ 20 min Corrigé p. 32

Lycée Notre-Dame-de-Toutes-Aides, Nantes

Résoudre dans $\mathbb{R}$ les deux inéquations suivantes :

1 $\frac{1}{x-1} < \frac{x+1}{x-2}.$

2 $\frac{x^2 - 5x + 6}{x^2 + 3x - 10} \leqslant 1.$

19 Étude de deux courbes

★★ 15 min Corrigé p. 33

Lycée Alexandre Dumas, Saint-Cloud

Soient f et g deux fonctions qui ont pour expressions respectives $f(x) = \frac{12x - 8}{6x - 3}$ et $g(x) = 3x - 2.$
Étudier la position relative des deux courbes représentant f et g.

20 Trinôme inconnu

★★★ 15 min Corrigé p. 34

Lycée Paul Painlevé, Oyonnax

Trouver les valeurs possibles du réel a telles que l'inéquation $x^2 + ax + 4 \leqslant 0$ n'ait pas de solution.

Somme et produit de racines

21 Somme et produit ★ 10 min

Corrigé p. 35

Lycée Saint-Louis-de-Gonzagues, Paris

Trouver pour les sommes et produits suivants, les couples de réels correspondant :

1. $a+b=4$, $ab=4$.
2. $a+b=8$, $ab=12$.
3. $x+y=24$, $ab=324$.

22 Dimensions d'un rectangle ★ 10 min

Corrigé p. 35

Lycée Camille Jullian, Bordeaux

Trouver les dimensions d'un rectangle dont l'aire vaut 315 et dont le périmètre vaut 72.

23 Second degré et géométrie ★ 15 min

Corrigé p. 35

Lycée Bouchardon, Chaumont

1. Déterminer les dimensions d'un rectangle dont l'aire est 275 m^2 et le périmètre 72 m.
2. Calculer les longueurs des côtés de l'angle droit d'un triangle rectangle dont l'hypoténuse mesure 5 cm et dont l'aire est 6 cm^2.

24 Forme $x^2 - Sx + P = 0$ ★★ 20 min

Corrigé p. 36

Lycée Saint-Stanislas, Paris

Résoudre dans $\mathbb{R}$ les équations :

1. $x^2 - (3+\sqrt{2})x + 3\sqrt{2} = 0$.
2. $2{,}7x^2 + 8{,}1x - 10{,}8 = 0$.
3. $x^2 - (\alpha+\beta)x + \alpha\beta = 0$, avec $\alpha > \beta$.

25 Recherche de deux nombres ★★ 15 min

Corrigé p. 37

Lycée Saint-Étienne, Rennes

Retrouvez le corrigé de cet exercice en vidéo avec live!

Peut-on trouver deux nombres réels x et y tels que la somme de leurs inverses soit $\frac{1}{2}$ et la somme de leurs carrés $\frac{25}{36}$? (Justifier votre réponse.)

26 Trois nombres inconnus ★★★ 15 min

Corrigé p. 38

Lycée Camille Jullian, Bordeaux

Trouver trois nombres entiers x, y et z tels que $x < y < z$ et :

$$\begin{cases} x + y + z = 27 \\ xz + yz = 180 \\ xy = 35 \end{cases}$$

Factorisations

27 Factorisation d'un polynôme ★ 20 min

Corrigé p. 39

Lycée Pasteur, Neuilly

Soit $P(x) = 8x^3 - 48x^2 + 94x - 60$.

1. En écrivant $(a+b)^3 = (a+b)^2(a+b)$, développer, pour tous nombres réels a et b, l'identité remarquable $(a+b)^3$.
2. Déterminer les trois réels a, b et c tels que :
$$P(x) = a(2x-5)^3 + b(2x-5)^2 + c(2x-5)\,.$$
3. En déduire une factorisation de $P(x)$.
4. Résoudre alors l'équation $P(x) = 0$.

28 Fonction rationnelle ★★ 30 min

Corrigé p. 41

Lycée Charlemagne, Paris

Soit le polynôme :

$$P(x) = x^4 + 6x^3 - 11x^2 - 60x + 100\,.$$

1. Déterminer trois réels a, b et c tels que la fonction trinôme du second degré $Q(x) = ax^2 + bx + c$ vérifie la relation :
$$P(x) = \big(Q(x)\big)^2.$$
2. Résoudre alors l'équation $P(x) = 0$.
3. **(a)** Trouver trois réels a, b, c tels que :
$$x^3 + 6x^2 + 6x + 5 = (x+5)(ax^2 + bx + c)\,.$$
(b) Déterminer l'ensemble de définition de la fonction rationnelle f suivante et la simplifier :
$$f(x) = \frac{x^4 + 6x^3 - 11x^2 - 60x + 100}{x^3 + 6x^2 + 6x + 5}\,.$$

COURS INTERROS CORRIGÉS

29 Sommet et racine

★★ 20 min Corrigé p. 42

Lycée La Bruyère, Versailles

Trouver une fonction polynôme du second degré dont la courbe représentative dans un repère du plan a pour sommet le point S de coordonnées $(-1\ ;\ 2)$ et dont une racine vaut $\frac{5}{2}$.

Pour aller plus loin...

30 Des techniques de résolution variées

★ 40 min Corrigé p. 43

Lycée Pierre de Fermat, Toulouse

1 **(a)** Résoudre dans $\mathbb{R}$ (en calculant le discriminant) l'équation :

$$u^2 - 6u - 16 = 0\,.$$

(b) En déduire les solutions de l'équation : $(|x| - 2)^2 = 2\,(|x| + 10)$.

2 **(a)** Résoudre dans $\mathbb{R}$ (grâce à une racine apparente) l'équation :

$$u^2 - 5u - 6 = 0\,.$$

(b) En déduire les solutions de l'équation : $\sqrt{15 - x} = x - 3$.

3 **(a)** Résoudre dans $\mathbb{R}$ (grâce à la forme canonique) l'équation

$$u^2 - 7u + 6 = 0\,.$$

(b) Un drapeau a pour dimensions 3 et 4 (en mètres) et la « croix blanche » est de largeur constante. Quelle est cette largeur sachant que l'aire de la croix est égale à l'aire rouge ?

31 Revenir au second degré

★★ 15 min Corrigé p. 44

Lycée Jean-Pierre Vernant, Pin-Justaret

Résoudre dans $\mathbb{R}$ les équations suivantes :

1 $-6\sqrt{x} - 2x + 80 = 0.$

2 $2x^4 - 24 - 2x^2 = 0.$

3 $4x + \dfrac{8}{x} + 24 = 0.$

32 Choisir une méthode adaptée

★★ 20 min

Corrigé p. 45

Lycée Saint-Martin, Pontoise

Résoudre, le plus simplement possible, les équations suivantes :

1. $x^2 - 16 + 2(x - 4) = 0.$
2. $x^2 - 2{,}4x - 0{,}81 = 0.$
3. $\sqrt{2} + 2\sqrt{2}x = 4x.$
4. $\frac{x}{2} + 1 = \frac{x^2}{4}.$

Algorithmes & programmation

33 Affichage de plusieurs images

★ 5 min

Corrigé p. 46

On considère l'algorithme suivant :

```
Pour x variant de -5 à 5 avec un pas de 0.5:
f ← -3*(x+1)*(x+1)+4
Afficher f
Fin du Pour
```

1. Quel est le rôle de cet algorithme ?
2. Écrire le programme Python correspondant à cet algorithme.

34 Tableau de valeurs

★ 10 min

Corrigé p. 47

Soient les fonctions f et g définies sur $\mathbb{R}$ par :

$$f(x) = x^2 - 4x + 2 \qquad \text{et} \qquad g(x) = f(x + 2).$$

1. Écrire un algorithme permettant de construire un tableau de valeurs de f et g sur l'intervalle $[-5\ ;\ 5]$ avec un pas de 1, puis d'afficher les valeurs.
2. Écrire le programme Python correspondant. On mettra les différentes valeurs de f dans une liste nommée `F`, et celles de g dans une liste `G`.
Aide : on utilisera la méthode `F.append(<valeur>)` pour ajouter une valeur à la liste `L`.

35 À partir d'un tableau de valeurs

★★ 10 min

Corrigé p. 49

Un programme en Python

Retrouvez ce programme en ligne avec live!

```
F = []

for x in range(-10,11):
    F.append(-3*x*x+2*x+7)

print(F)

G = []
i = 0

for x in range(-10,11):
    G.append(F[i]+30*x-85)
    i += 1

print(G)
```

1 Qu'affiche ce programme ?

2 Compléter ce programme sans le modifier afin d'afficher le tableau de valeurs de la fonction $g : x \mapsto f(x-5)$ sur l'intervalle $[-10 ; 10]$ à partir des valeurs de $f(x)$.

3 Est-il nécessaire de compléter le dernier algorithme obtenu afin d'obtenir un tableau de valeurs de g sur $[-5 ; 15]$? Justifier.

1 V/F Résolution d'équations du second degré

Enoncé p. 7

1 *Vrai.* $a = 150$; $c = -17{,}5$. Les coefficients a et c étant de signe contraire, $-4ac$ est strictement positif donc le discriminant est strictement positif. L'équation admet deux racines réelles distinctes.

MÉTHODE

Si a et c sont de signes contraires, le trinôme $ax^2 + bx + c$ admet deux racines réelles distinctes.

2 *Faux.* $-x^2 + 6x - 9 = -(x - 3)^2$. Ce trinôme s'annule pour $x = 3$.

3 *Faux.* Les équations $ax^2 + bx + c = 0$ et $2ax^2 + 2bx + 2c = 0$ sont équivalentes et ont le même ensemble de solutions.

4 *Vrai.* Le discriminant de cette équation est strictement négatif.

5 *Vrai.* Pour tout réel x, $x^2 + 16 \geqslant 16$; $x^2 + 16$ est donc strictement positif.

2 V/F Propriétés d'un trinôme

Enoncé p. 7

1 *Faux.* En effet, si on développe la forme canonique, le terme constant trouvé est $-10\left(\frac{1}{16} + \frac{3}{80}\right)$ et est donc négatif alors qu'il devrait être égal à 1.

2 *Vrai.* La courbe représentative de f est une parabole qui admet la droite d'équation $x = -\frac{b}{2a}$ comme axe de symétrie.

Or ici, $-\frac{b}{2a} = \frac{-5}{-20} = \frac{1}{4}$.

3 *Faux.* Le discriminant du trinôme vaut $25 + 40 = 65$. Comme il est strictement positif, le trinôme a deux racines, et il est positif entre les racines.

4 *Vrai.* Comme le trinôme a deux racines, il se factorise bien en un produit de deux polynômes du premier degré.

3 V/F Signe de $f(x)$ et de Δ

Enoncé p. 7

1 *Vrai.* En effet, si Δ était positif ou nul, f aurait au moins une racine, c'est-à-dire qu'il existerait au moins un réel x tel que $f(x) = 0$, ce qui n'est pas le cas.

2 *Vrai.* Si $\Delta < 0$, alors f ne changerait pas de signe sur $\mathbb{R}$, et $f(\alpha)f(\beta)$ serait alors forcément positif.

3 *Faux*. Par exemple $f(x) = x^2 + 1$: on a $\Delta = -4$ mais $f(x)$ est positif pour tout réel x.

4 *Vrai*. En effet, β étant à l'extérieur des racines, $f(\beta)$ est alors du signe de a, et α étant à l'intérieur des racines, $f(\alpha)$ est du signe de $-a$; $f(\alpha)$ et $f(\beta)$ sont bien de signes opposés, et leur produit est négatif.

4 QCM Signes et coefficients

Enoncé p. 8

1 Réponses **b** et **c**. En effet, on calcule le discriminant du trinôme : $\Delta = 5$. Le trinôme a donc deux racines $\dfrac{5+\sqrt{5}}{5}$ et $\dfrac{5-\sqrt{5}}{5}$.
La réponse **a** est donc fausse. La factorisation proposée en **b** est exacte. Comme le trinôme admet deux racines distinctes, il n'est pas de signe constant, donc **c** est exacte. Par contre en -2 le trinôme prend la valeur positive 22, donc la réponse **d** est fausse.

2 Réponse **c**. La courbe est ouverte vers le haut, donc le coefficient de x^2 est positif, ce qui élimine les choix **b** et **d**. La forme canonique permet de trouver l'abscisse du sommet dans les deux autres cas : 2 pour **a** et $\dfrac{8}{10} = 0{,}8$ pour **c**, ce qui ne permet pas de les différencier. Par contre pour la proposition **a**, la courbe coupe l'axe des ordonnées en 17, alors qu'elle la coupe en 4 pour le choix **c**. Comme le repère est orthonormé, même si on ne connaît pas l'échelle, il est évident que le choix **a** ne peut pas alors convenir. En effet, l'ordonnée du point d'intersection de la courbe avec l'axe des ordonnées semble environ égale au double de l'abscisse du sommet et ne peut donc pas être égale à 17.

3 Réponse **b**. Si le discriminant est négatif ou nul, le trinôme est toujours du signe de -3 ou nul, donc négatif ou nul, ce qui montre que la réponse **a** est fausse.
Si le discriminant est strictement positif, le trinôme est négatif à l'extérieur des racines et positif entre les racines. Cela montre que les réponses **c** et **d** sont fausses. Il est par contre exact de dire qu'il n'est pas toujours positif, même si le discriminant est négatif.

4 Réponses **a** et **c**. Le trinôme n'a pas de racine, donc le discriminant est strictement négatif. De plus le trinôme est toujours négatif, donc a est négatif. Δ et a sont donc de même signe et négatifs.

5 Choisir les bonnes courbes

Enoncé p. 9

Lycée Pablo Picasso, Fontenay-sous-Bois

1 Lorsque le coefficient du terme de degré 2 est positif, la parabole est ouverte vers le haut. C'est donc le cas de la fonction f_1.

2 Lorsque le discriminant est négatif ou nul, le trinôme a au plus une racine, donc la parabole et l'axe des abscisses ont au plus un point en commun. C'est donc le cas des fonctions f_1 et f_3.

3 Le terme constant est strictement positif lorsque l'image de 0 est strictement positive. C'est le cas des fonctions f_1 et f_2.

6 Résolution d'équations

Enoncé p. 9

Lycée Buffon, Paris

1 Pour P_1, on a $\Delta = 9 - 4 \times (-2) \times 5 = 49$, d'où :

$$\begin{cases} x_1 = \dfrac{-3+7}{-4} = -1 \\ x_2 = \dfrac{-3-7}{-4} = \dfrac{5}{2} \end{cases} \qquad S = \left\{-1\,;\,\frac{5}{2}\right\}.$$

2 Pour P_2, on a $\Delta = 400 - 4 \times (-3) \times 7 = 484$, d'où :

$$\begin{cases} x_1 = \dfrac{-20+22}{-6} = -\dfrac{1}{3} \\ x_2 = \dfrac{-20-22}{-6} = 7 \end{cases} \qquad S = \left\{-\frac{1}{3}\,;\,7\right\}.$$

7 Équation avec paramètre

Enoncé p. 10

Lycée Jacques Amyot, Auxerre

Le discriminant du trinôme $x^2 - ax - 1$ est :

$$\Delta = (-a)^2 - 4 \times 1 \times (-1) = a^2 + 4.$$

Or, $a^2 \geqslant 0$ pour tout réel a, donc $a^2 + 4 \geqslant 4 > 0$ pour tout réel a.

Ainsi, le discriminant est toujours strictement positif, ce qui signifie que l'équation $x^2 - ax - 1 = 0$ admet toujours deux solutions distinctes.

8 Racines évidentes

Enoncé p. 10

Lycée Camille Jullian, Bordeaux

1 $x^2 - 9x + 8$. La somme des coefficients est $1 - 9 + 8 = 0$ donc $x_1 = 1$ est une racine évidente. La seconde racine est alors $x_2 = \dfrac{c}{a} = 8$.

2 $-5x^2 + 4x + 9$. La somme des coefficients est $-5 + 4 + 9 = 8$ donc « 1 » n'est pas une racine évidente. Mais pour $x = -1$, on a : $-5(-1)^2 + 4(-1) + 9 = -5 - 4 + 9 = 0$. Donc $x_2 = -1$ est une racine évidente. La seconde racine est donc x_2 telle que $x_1 x_2 = \dfrac{c}{a}$, soit $-x_2 = \dfrac{9}{-5}$; ainsi, $x_2 = \dfrac{9}{5}$.

3 $101x^2 - 100x - 1$. La somme des coefficients est nulle donc $x_1 = 1$ est une racine évidente. La seconde racine est donc $x_2 = -\frac{1}{101}$.

4 $5x^2 - 4x - 12$. Une racine évidente est $x_1 = 2$ car :

$$5(2)^2 - 4(2) - 12 = 20 - 8 - 12 = 0.$$

La seconde racine est alors x_2 telle que $2x_2 = \frac{-12}{5}$; ainsi, $x_2 = -\frac{6}{5}$.

9 Ensemble de définition de fonctions

Enoncé p. 10

Lycée Odilon Redon, Pauillac

1 L'expression $f(x)$ est définie pour toutes les valeurs réelles de x telles que son dénominateur n'est pas nul.
On cherche donc les valeurs de x pour lesquelles $2x^2 + x - 21 = 0$.
Ce trinôme du second degré a pour discriminant $\Delta = 1 + 168 = 169$, et admet donc deux racines réelles distinctes :

$$\begin{cases} x_1 = \dfrac{-1+13}{4} = 3 \\ x_2 = \dfrac{-1-13}{4} = -\dfrac{7}{2} \end{cases}$$

L'ensemble de définition de f est donc $\mathcal{D}_f = \mathbb{R} \setminus \left\{-\frac{7}{2} ; 3\right\}$.

2 L'expression $g(x)$ est définie lorsque le trinôme du second degré :

$$T(x) = -3x^2 + 14x - 15$$

est positif ou nul.
Ce trinôme a pour discriminant $\Delta = 196 - 180 = 16$, et admet donc deux racines réelles distinctes :

$$\begin{cases} x_1 = \dfrac{-14+4}{-6} = \dfrac{5}{3} \\ x_2 = \dfrac{-14-4}{-6} = 3 \end{cases}$$

Le trinôme a donc pour signe :

x	$-\infty$		$\frac{5}{3}$		3		$+\infty$
$T(x)$		$-$	0	$+$	0	$-$	

Ainsi, l'ensemble de définition de la fonction g est $\mathcal{D}_g = \left[\frac{5}{3} ; 3\right]$.

10 Trinôme avec paramètre

Enoncé p. 10

Lycée Notre-Dame-du-Grandchamp, Versailles

1 On a $\Delta = m^2 - 8$. Le trinôme admet deux racines distinctes si et seulement si le discriminant est strictement positif. Il faut donc étudier le signe du trinôme en m : $m^2 - 8$.

La factorisation immédiate de ce trinôme en $(m - 2\sqrt{2})(m + 2\sqrt{2})$ montre qu'il admet deux racines et comme le coefficient de m^2 est positif, le trinôme est positif à l'extérieur des racines, c'est-à-dire sur $]-\infty\,;-2\sqrt{2}[\,\cup\,]2\sqrt{2}\,;+\infty[$.

Le trinôme $-2x^2 + mx - 1$ admet donc deux racines distinctes pour tout réel m dans $]-\infty\,;-2\sqrt{2}[\,\cup\,]2\sqrt{2}\,;+\infty[$.

2 Si une des racines vaut 1, alors $-2 \times 1^2 + m \times 1 - 1 = 0$, c'est à dire $m = 3$. On constate que 3 est bien dans l'ensemble trouvé question 1., et alors le trinôme a bien deux racines.

Pour $m = 3$ le trinôme devient $-2x^2 + 3x - 1$, de discriminant $\Delta = 9 - 8 = 1$, et ses racines sont :

$$x_1 = \frac{-3-1}{-4} = 1 \quad \text{et} \quad x_2 = \frac{-3+1}{-4} = \frac{1}{2}.$$

11 Lecture graphique

Enoncé p. 10

Lycée Hector Berlioz, Vincennes

1 On développe l'expression proposée :

$$\begin{aligned} 5\left(x - \frac{3}{10}\right)^2 - \frac{49}{20} &= 5\left(x^2 - \frac{6x}{10} + \frac{9}{100}\right) - \frac{49}{20} \\ &= 5x^2 - \frac{30x}{10} + \frac{9-49}{20} \\ &= 5x^2 - 3x - 2. \end{aligned}$$

On retrouve bien l'expression de $h(x)$.

2 Le coefficient de x est positif, donc la parabole est ouverte vers le haut.

Le minimum de la fonction est atteint pour $x = \dfrac{3}{10}$. Il a donc une abscisse positive. Cela signifie que la représentation graphique de h est celle de la figure a.

3 À partir de la forme canonique, on peut factoriser $h(x)$ à l'aide de l'identité $A^2 - B^2 = (A - B)(A + B)$. Cela donne :

$$\begin{aligned} h(x) &= 5\left[\left(x - \frac{3}{10}\right)^2 - \frac{49}{100}\right] \\ &= 5\left(x - \frac{3}{10} - \frac{7}{10}\right)\left(x - \frac{3}{10} + \frac{7}{10}\right) \\ &= 5(x-1)\left(x + \frac{2}{5}\right). \end{aligned}$$

4 A correspond à la plus petite racine et a pour coordonnées $\left(-\frac{2}{5} ; 0\right)$.
B est l'intersection avec l'axe des ordonnées et a pour coordonnées $(0 ; h(0))$, donc $(0 ; -2)$.
C est le sommet dont les coordonnées se lisent dans la forme canonique : $\left(\frac{3}{10} ; -\frac{49}{20}\right)$.
D correspond à la seconde racine, et a pour coordonnées $(1 ; 0)$.

12 Droite et parabole (intersection)

Enoncé p. 11

Lycée Saint-Just, Lyon

1 **(a)** La représentation de la parabole $\mathcal{P}$ et de la droite $\mathcal{D}$ est la suivante :

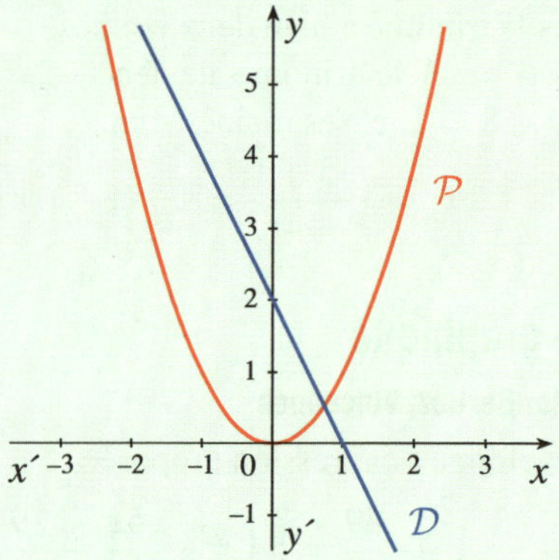

(b) Les abscisses des points d'intersection de $\mathcal{P}$ et de $\mathcal{D}$ sont solutions de l'équation :

$$-2x + 2 = x^2.$$

Or :

$$\begin{aligned} x^2 + 2x - 2 = 0 &\iff (x+1)^2 - 1 - 2 = 0 \\ &\iff (x+1)^2 = 3 \\ &\iff x + 1 = \sqrt{3} \quad \text{ou} \quad x + 1 = -\sqrt{3} \end{aligned}$$

d'où les racines :

$$x_1 = -1 + \sqrt{3} \quad \text{et} \quad x_2 = -1 - \sqrt{3}.$$

$\mathcal{D}$ coupe $\mathcal{P}$ en deux points de coordonnées respectives :

$$\left(-1 + \sqrt{3} ; 4 - 2\sqrt{3}\right) \quad \text{et} \quad \left(-1 - \sqrt{3} ; 4 + 2\sqrt{3}\right).$$

MÉTHODE

On aurait aussi pu utiliser le discriminant pour trouver les racines.

2 **(a)** $\mathcal{D}_m$ a un coefficient directeur égal à -2, comme $\mathcal{D}$: elle est donc parallèle à $\mathcal{D}$.

(b) Pour déterminer la droite qui a un seul point d'intersection avec $\mathcal{P}$, il suffit de résoudre l'équation :

$$-2x + m = x^2 \quad \text{soit} \quad x^2 + 2x - m = 0.$$

et de déterminer la condition pour laquelle il n'y a qu'une seule solution.

On a $\Delta = 4 + 4m$. Pour avoir une solution unique, il faut et il suffit que $\Delta = 0$, soit $m = -1$.

La solution est alors la racine double :

$$x = -\frac{b}{2a} = -\frac{2}{2} = -1$$

d'où :

$$y = (-1)^2 = 1\,.$$

On a alors le graphe :

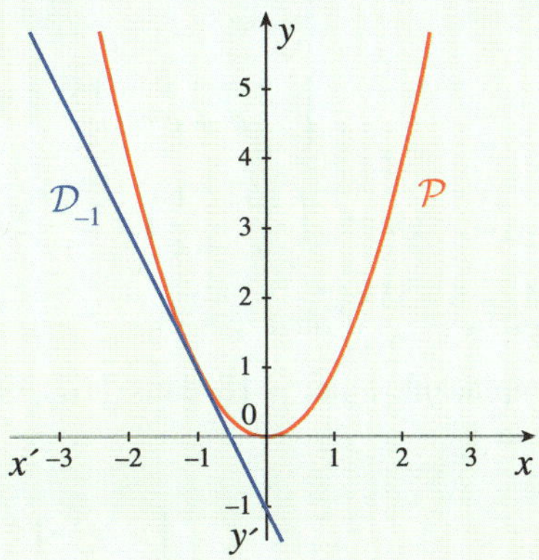

Le point d'intersection de $\mathcal{D}_{-1}$ et $\mathcal{P}$ a pour coordonnées $(-1\,;\,1)$.

(c) On a deux points d'intersection lorsque $\Delta > 0$, soit $4 + 4m > 0$. Soit finalement :

$$m > -1\,.$$

Le milieu de $[A_m B_m]$ a pour coordonnées :

$$\left(\frac{x_{A_m} + x_{B_m}}{2}\,;\,\frac{y_{A_m} + y_{B_m}}{2}\right)$$

x_{A_m} et x_{B_m} étant les solutions de $x^2 + 2x - m = 0$.

On a :

$$x_{A_m} + x_{B_m} = \frac{-2 + \sqrt{4+4m}}{2} + \frac{-2 - \sqrt{4+4m}}{2} = -2$$

donc :

$$x_{I_m} = -1\,.$$

A_m et B_m sont sur $\mathcal{D}_m$, donc leur milieu I_m l'est aussi. Donc :

$$y_{I_m} = -2x_{I_m} + m = m + 2$$

d'où $I_m(-1\,;m+2)$, soit l'ensemble des points :

$$\{(-1\,;2+m),\quad m\in]-1\,;+\infty[\}\,.$$

On obtient donc une demi-droite ouverte définie par :

$$(x=-1, y>1).$$

13 Recherche des coefficients

Enoncé p. 12

Lycée Edgar Quinet, Paris

1 $f\left(\dfrac{4}{3}\right)=0 \iff \dfrac{16}{9}a+20+c=0.$

$f\left(-\dfrac{1}{2}\right)=0 \iff \dfrac{1}{4}a-\dfrac{15}{2}+c=0.$

On doit résoudre le système :

$$\begin{cases}\dfrac{16}{9}a+c=-20 & (L_1)\\[2mm] \dfrac{1}{4}a+c=\dfrac{15}{2} & (L_2)\end{cases}$$

$(L_1)-(L_2)$ donne : $\left(\dfrac{16}{9}-\dfrac{1}{4}\right)a=-20-\dfrac{15}{2},$

soit $\dfrac{55}{36}a=-\dfrac{55}{2}$ d'où $a=-18$.

En remplaçant a par -18 dans (L_1) on a alors $-32+c=-20$, d'où $c=12$.

D'où :

$$\begin{cases}a=-18\\ c=12\end{cases}$$

2 Pour que l'équation $g(x)=7x^2+bx+2=0$ n'admette pas de racine, il faut et il suffit que $\Delta<0$, soit :

$$\Delta=b^2-56<0$$

soit encore :

$$(b-2\sqrt{14})(b+2\sqrt{14})<0\,.$$

On a un trinôme du second degré négatif entre les racines, soit pour :

$$b\in\left]-2\sqrt{14}\,;2\sqrt{14}\right[\,.$$

3 La fonction f admet un minimum ; on est donc dans le cas $a>0$.

Si on avait $\Delta\leqslant 0$, $f(x)$ serait, pour tout x réel, nul ou du signe de a, donc positif.

Comme la valeur -1 est atteinte, $\Delta>0$, il y a deux racines distinctes.

4 Notons L la longueur et l la largeur de la pelouse, avec $L=2l$.

La longueur et la largeur totale de la surface délimitée par l'allée de trois mètres (qui correspond donc à la somme des surfaces de la pelouse et de l'allée) valent alors, respectivement $L + 6$ et $l + 6$, ainsi qu'on peut le voir sur le schéma page suivante.

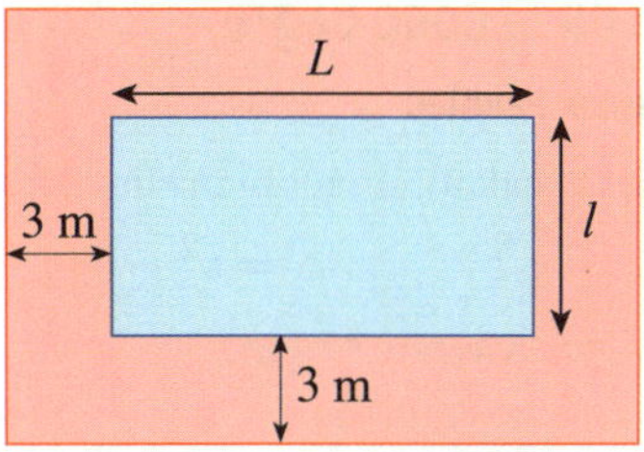

L'aire totale vaut donc $\mathcal{A} = (L + 6)(l + 6) = 360$, ce qui donne :

$$\mathcal{A} - 360 = (2l + 6)(l + 6) - 360 = 2l^2 + 18l + 36 - 360 = 0$$

d'où :

$$l^2 + 9l - 162 = 0\,.$$

On a alors $\Delta = 81 + 648 = 729$, d'où les solutions :

$$l = 9 \quad \text{ou} \quad l = -18.$$

La seconde solution n'étant évidemment pas possible, la pelouse mesure donc 9 m de largeur sur 18 m de longueur.

14 À la recherche du nombre mystérieux

Enoncé p. 12

Lycée Mansart, Saint-Cyr-l'Ecole

Soit x le chiffre des dizaines et y le chiffre des unités de N.
On a alors $N = 10x + y$ avec $x + y = 14$.

De plus, si on permute les chiffres de N, on obtient un nombre N' qui a comme chiffre des dizaines y et comme chiffre des unités x. Donc :

$$N' = 10y + x.$$

La condition $NN' = 5\,605$ s'écrit alors :

$$(10x + y)(10y + x) = 5\,605\,.$$

On résout le système :

$$\begin{cases} x + y = 14 \\ (10x + y)(10y + x) = 5\,605 \end{cases}$$

c'est-à-dire :

$$\begin{cases} y = 14 - x \\ -81x^2 + 1\,134x - 3\,645 = 0\,. \end{cases}$$

En simplifiant par -81, l'équation du second degré se ramène à :

$$x^2 - 14x + 45 = 0.$$

Cette équation, dont le discriminant est 16, admet deux solutions : 9 et 5. On en déduit que le nombre N peut être soit 95 soit 59.

15 Algorithme du second degré

Enoncé p. 12

Lycée Odilon Redon, Pauillac

Pour automatiser le calcul, il faut bien sûr calculer le discriminant :

$$\Delta = b^2 - 4ac$$

et distinguer les trois cas :

- $\Delta < 0$,
- $\Delta = 0$,
- $\Delta > 0$.

Il faut aussi penser, pour que l'algorithme soit général, à traiter le cas où $a = 0$.

```
Lire a, b, c
Si a=0
    Afficher "Pas du second degré"
Sinon
    Delta ← b²-4*a*c
    Si Delta<0
        Afficher "Pas de solution"
    Fin Si
    Si Delta=0
        x0 ← -b/(2*a)
        Afficher "Une solution"
        Afficher x0
    Fin du Si
    Si Delta>0
        x1 ← (-b-√Delta)/(2a)
        x2 ← (-b+√Delta)/(2a)
        Afficher "Deux solutions:"
        Afficher x1, x2
    Fin Si
Fin Si
```

Sur une calculatrice TI, on pourra programmer cet algorithme de la manière suivante :

```
Prompt A
Prompt B
Prompt C
If A=0
Then
Disp "PAS DU SECOND DEGRE"
Else
B²-4*A*C → D
Disp "Delta=", D
If D<0
Then
Disp "PAS DE SOLUTION"
End
If D=0
Then
-B/(2*A) → X
Disp "UNE SEULE SOLUTION"
Disp X
End
If D>0
Then
(-B-√(D))/(2*A) → Y
(-B+√(D))/(2*A) → Z
Disp "DEUX SOLUTIONS"
Disp Y
Disp Z
End
End
```

Le programme écrit en Python correspondant se trouve page suivante.

En Python

Retrouvez ce programme en ligne avec live!

```
from math import *

a = float(input("Entrer la valeur de a : "))
b = float(input("Entrer la valeur de b : "))
c = float(input("Entrer la valeur de c : "))

if a == 0:
    print("Ce n'est pas du second degré.")
else:
    Delta = b**2-4*a*c
    print("Delta =",Delta)
    if Delta < 0:
        print("Pas de solution.")
    elif Delta == 0:
        X=-b/(2*a)
        print("Une seule solution :",X)
    else:
        Y=(-b-sqrt(Delta))/(2*a)
        Z=(-b+sqrt(Delta))/(2*a)
        print("Deux solutions :",Y,"et",Z)
```

16 Problème ouvert

Enoncé p. 12

Lycée Notre-Dame-du-Grandchamp, Versailles

Appelons x la longueur, en mètres, de ficelle qui sert à former le carré, alors il reste $1 - x$ mètres pour former le rectangle.
Puisque la longueur L du rectangle est deux fois sa largeur ℓ, le périmètre du rectangle vaut $2(\ell + 2\ell) = 6\ell = 1 - x$. On en déduit que $\ell = \dfrac{1-x}{6}$.

De plus, le côté a du carré vérifie $4a = x$.
L'aire du carré est donc $\left(\dfrac{x}{4}\right)^2 = \dfrac{x^2}{16}$
et l'aire du rectangle est $\dfrac{1-x}{6} \times 2 \times \dfrac{1-x}{6} = \dfrac{(1-x)^2}{18}$.
L'aire totale est donc égale à $f(x) = \dfrac{x^2}{16} + \dfrac{(1-x)^2}{18}$.
Le problème consiste donc à étudier si le polynôme du second degré $f(x)$ admet un minimum, et si c'est le cas, déterminer pour quelle valeur de x il est atteint.

En développant l'expression, on trouve :

$$f(x) = \frac{x^2}{16} + \frac{1}{18} - \frac{x}{9} + \frac{x^2}{18},$$

c'est-à-dire :

$$f(x) = \frac{17}{144}x^2 - \frac{1}{9}x + \frac{1}{18}.$$

Le coefficient de x^2 étant positif, on sait que cette fonction est décroissante puis croissante et admet un minimum qui est atteint pour :

$$x = -\frac{b}{2a} = \frac{\frac{1}{9}}{\frac{2 \times 17}{144}} = \frac{1 \times 144}{9 \times 2 \times 17} = \frac{8}{17}.$$

Le problème a donc bien une solution, en coupant un morceau de longueur $\frac{8}{17}$ de mètre pour faire le carré.

17 Étude de signe

Enoncé p. 13

Lycée Jean Puy, Roanne

1 (a) Pour $A(x)$: $\Delta = -3$. Le coefficient de x^2 est 1, donc positif. $A(x)$ est toujours positif.

(b) Pour $B(x)$: $\Delta = 1^2 - 4 \times \left(-\frac{1}{2}\right) \times \left(-\frac{1}{2}\right) = 0$.

Le trinôme s'annule pour $x = \frac{-1}{2 \times \left(-\frac{1}{2}\right)} = 1$. Ailleurs, il est toujours du signe du coefficient de x^2, donc il est toujours négatif.

(c) Pour $C(x)$: $\Delta = 7^2 - 4 \times (-2) \times (-6) = 1$.

Le trinôme admet deux racines :

$$x_1 = \frac{-7-1}{2 \times (-2)} = \frac{-8}{-4} = 2 \text{ et } x_2 = \frac{-7+1}{2 \times (-2)} = \frac{-6}{-4} = \frac{3}{2}.$$

Le trinôme est du signe du coefficient de x^2, donc négatif, à l'extérieur des racines, et positif entre les racines.

On résume les résultats dans les trois tableaux de signes suivants :

x	$-\infty$		$+\infty$
$A(x)$		$+$	

x	$-\infty$		1		$+\infty$
$B(x)$		$-$	0	$-$	

x	$-\infty$		$\frac{3}{2}$		2		$+\infty$
$C(x)$		$-$	0	$+$	0	$-$	

COURS INTERROS CORRIGÉS

2 D'après les tableaux de signes, l'ensemble solution de $B(x) \geqslant 0$ est $\{1\}$, et l'ensemble solution de $C(x) < 0$ est $\left]-\infty ; \frac{3}{2}\right[\cup]2 ; +\infty[$.

18 Résolution d'inéquations

Enoncé p. 13

Lycée Notre-Dame-de-Toutes-Aides, Nantes

MÉTHODE

Pour résoudre une inéquation, il faut toujours commencer par trouver l'ensemble de définition, car les différentes manipulations peuvent faire perdre de vue que certaines valeurs sont interdites.

1 L'ensemble de définition correspond simplement à la non nullité des dénominateurs, soit :

$$\mathcal{D}_f = \mathbb{R} \setminus \{1 ; 2\}.$$

On peut donc transformer l'inégalité pour obtenir :

$$\frac{x+1}{x-2} - \frac{1}{x-1} > 0$$

soit, en réduisant au même dénominateur :

$$\frac{x^2-1-x+2}{(x-1)(x-2)} > 0$$

$$\text{ou encore : } \frac{x^2-x+1}{(x-1)(x-2)} > 0.$$

Le discriminant de $x^2 - x + 1$ est $\Delta = 1 - 4 = -3$.

Comme $\Delta < 0$, le numérateur est toujours positif ($a = 1$ donc $a > 0$). Il ne reste donc plus qu'à étudier le signe du dénominateur (qui est un trinôme du second degré dont les racines sont 1 et 2, et dont le coefficient de x^2 est 1, donc positif) ; on a alors le tableau de signes :

x	$-\infty$		1		2		$+\infty$
$(x-1)(x-2)$		+	0	−	0	+	

On obtient donc :

$$S =]-\infty ; 1[\cup]2 ; +\infty[.$$

2 On a :

$$\frac{x^2-5x+6}{x^2+3x-10} \leqslant 1.$$

L'ensemble de définition correspond à la non nullité du dénominateur.

Le discriminant de $x^2 + 3x - 10$ est $\Delta = 9 + 40 = 49$, d'où les racines :

$$x_1 = \frac{-3-7}{2} = -5 \quad \text{et} \quad x_2 = \frac{-3+7}{2} = 2.$$

L'ensemble de définition est donc :

$$\mathcal{D}_g = \mathbb{R} \setminus \{-5\,;2\}.$$

En transformant l'inéquation, on obtient :

$$\frac{x^2 - 5x + 6}{x^2 + 3x - 10} - 1 \leqslant 0$$

et, en réduisant au même dénominateur :

$$\frac{x^2 - 5x + 6 - x^2 - 3x + 10}{x^2 + 3x - 10} \leqslant 0$$

$$\text{soit } \frac{-8x + 16}{x^2 + 3x - 10} \leqslant 0,$$

ce qui équivaut, en divisant par -8, à :

$$\frac{x - 2}{x^2 + 3x - 10} \geqslant 0 \qquad (\text{car } -8 < 0).$$

Posons :

$$Q(x) = \frac{x - 2}{x^2 + 3x - 10}.$$

Dressons un tableau de signes :

x	$-\infty$		-5		2		$+\infty$
$x^2 + 3x - 10$		$+$	0	$-$	0	$+$	
$x - 2$		$-$	|	$-$	0	$+$	
$Q(x)$		$-$	||	$+$	||	$+$	

On obtient donc l'ensemble des solutions $S =]-5\,;2[\cup]2\,;+\infty[$.

⚠ ATTENTION

On voit ici la nécessité de déterminer dès le début l'ensemble de définition, sans quoi on risquait, ici par exemple, de prendre en compte la valeur 2.

19 Étude de deux courbes

➔ Enoncé p. 13

Lycée Alexandre Dumas, Saint-Cloud

MÉTHODE

Pour étudier la position relative de deux courbes, on étudie le signe de la différence entre les deux fonctions représentées.

La fonction f est définie sur $\mathbb{R} \setminus \left\{\frac{1}{2}\right\}$ et la fonction g est définie sur $\mathbb{R}$. On étudie le signe de la différence $f(x) - g(x)$ sur $\mathbb{R} \setminus \left\{\frac{1}{2}\right\}$. Cela donne :

$$\frac{12x-8}{6x-3} - (3x-2) \leqslant 0$$
$$\Leftrightarrow \frac{12x-8-(3x-2)(6x-3)}{6x-3} \leqslant 0$$
$$\Leftrightarrow \frac{12x-8-18x^2+21x-6}{6x-3} \leqslant 0$$
$$\Leftrightarrow \frac{-18x^2+33x-14}{6x-3} \leqslant 0.$$

On commence par étudier le signe du trinôme du second degré au numérateur. Son discriminant vaut $\Delta = 81 = 9^2$. Il admet donc deux racines $x_1 = \frac{7}{6}$ et $x_2 = \frac{2}{3}$. Comme le coefficient de x^2 est négatif, le trinôme est positif entre ses racines et négatif à l'extérieur.
On trouve le signe du quotient du trinôme par l'expression affine $6x - 3$ à l'aide d'un tableau de signes :

x	$-\infty$		$\frac{1}{2}$		$\frac{2}{3}$		$\frac{7}{6}$		$+\infty$
$-18x^2+33x-14$		$-$		$-$	0	$+$	0	$-$	
$6x-3$		$-$	0	$+$		$+$		$+$	
$f(x)-g(x)$		$+$	‖	$-$	0	$+$	0	$-$	

On en déduit que la courbe de f est en dessous de la courbe de g pour $x \in \left]\frac{1}{2} ; \frac{2}{3}\right[\cup \left]\frac{7}{6} ; +\infty\right[$; les courbes se coupent pour $x = \frac{2}{3}$ et $x = \frac{7}{6}$.
La courbe de f est au-dessus de celle de g dans les autres cas.

20 Trinôme inconnu

Enoncé p. 13

Lycée Paul Painlevé, Oyonnax

Calculons le discriminant du trinôme $x^2 + ax + 4$:

$$\Delta = a^2 - 16.$$

On veut que l'inéquation $x^2 + ax + 4 \leqslant 0$ n'ait pas de solution, donc il faut et il suffit que Δ soit strictement négatif. Il faut donc que $a^2 - 16 < 0$.
Or, $a^2 - 16$ est un trinôme en a, dont les racines sont -4 et 4. Le coefficient de a^2 est 1, il est positif.
Par conséquent $a^2 - 16$ est négatif entre les racines.
Les valeurs de a telles que l'inéquation $x^2 + ax + 4$ n'ait pas de solution sont donc toutes les valeurs de l'intervalle $]-4 ; 4[$.

21 Somme et produit

Enoncé p. 14

Lycée Saint-Louis-de-Gonzagues, Paris

1 D'après le cours, a et b sont les racines du trinôme $x^2-4x+4=(x-2)^2$. La racine double est $x=2$. donc $a=b=2$.

2 D'après le cours, a et b sont les racines du trinôme $x^2-8x+12$.

$$\Delta = 8^2 - 4 \times (-1) \times (-12) = 16 = 4^2.$$

D'où $x_1 = \dfrac{-8+4}{-2} = 2$ et $x_2 = \dfrac{-8-4}{-2} = 6$.

Ainsi, $a=2$ et $b=6$, ou $a=6$ et $b=2$.

3 D'après le cours, a et b sont les racines du trinôme $x^2-24x+324$.

$$\Delta = 24^2 - 4 \times (-1) \times (-324) = -720 < 0.$$

Il n'existe donc pas de nombres a et b correspondant à cette somme et ce produit.

22 Dimensions d'un rectangle

Enoncé p. 14

Lycée Camille Jullian, Bordeaux

Notons x et y les dimensions du rectangle (longueur et largeur).

- L'aire du rectangle se calcule avec la formule « longueur $\times$ largeur », donc elle s'exprime ici par : xy. Or, elle vaut 315 d'après l'énoncé.
  Ainsi, $xy = 315$.
- Le périmètre du rectangle est « $2 \times$ (longueur + largeur) », donc ici égal à $2(x+y)$. Or, elle vaut 72 d'après l'énoncé; donc $2(x+y)=72$, c'est-à-dire, en divisant par 2 les membres de cette égalité : $x+y=36$.

On sait donc maintenant que le produit de x et y vaut 315 et que leur somme vaut 36. Ainsi, x et y sont les solutions de l'équation $x^2-36x+315=0$, dont le discriminant est $\Delta = (-36)^2 - 4 \times 315 = 36$.

Les deux solutions de l'équation sont donc :

$$x = \frac{36-6}{2} = 15 \qquad \text{et} \qquad y = \frac{36+6}{2} = 21.$$

Le rectangle a donc pour dimensions 21×15.

23 Second degré et géométrie

Enoncé p. 14

Lycée Bouchardon, Chaumont

1 Désignons par x et y les dimensions du rectangle, exprimées en mètres ($x \geqslant y$). Les nombres x et y vérifient le système suivant :

$$\begin{cases} 2(x+y) & = 72 \\ x \times y & = 275 \end{cases} \quad \text{soit :} \quad \begin{cases} x+y & = 36 \\ xy & = 275. \end{cases}$$

x et y sont donc les solutions de l'équation $x^2 - 36x + 275 = 0$.

Le discriminant est : $\Delta = (-36)^2 - 4 \times 275 = 196$.

L'équation admet deux solutions 25 et 11.

On en déduit que les dimensions du rectangle sont 25 m et 11 m.

2 Désignons par a et b les mesures des côtés de l'angle droit exprimées en centimètres, avec $a \geqslant b$. Les nombres a et b vérifient le système :

$$\begin{cases} a^2 + b^2 = 25 \\ \frac{1}{2}ab = 6 \end{cases} \Leftrightarrow \begin{cases} a^2 + b^2 = 25 \\ a^2b^2 = 12^2 = 144 \end{cases}$$

Posons $A = a^2$ et $B = b^2$. Alors, A et B sont solutions de l'équation $x^2 - 25x + 144 = 0$, dont le discriminant est :

$$\Delta = (-25)^2 - 4 \times 144 = 49.$$

Ainsi, $A = \dfrac{25 - \sqrt{49}}{2} = 9$ et $B = \dfrac{25 + \sqrt{49}}{2} = 16$.

Comme a et b sont positifs, $a = \sqrt{9} = 3$ et $b = \sqrt{16} = 4$.

Les côtés de l'angle droit du triangle rectangle mesurent respectivement 4 cm et 3 cm.

24 Forme $x^2 - Sx + P = 0$

Enoncé p. 14

Lycée Saint-Stanislas, Paris

1 $\Delta = \left[-\left(3+\sqrt{2}\right)\right]^2 - 4 \times 1 \times 3\sqrt{2} = 11 - 6\sqrt{2} = \left(3 - \sqrt{2}\right)^2$.

En effet, $\left(3 - \sqrt{2}\right)^2 = 9 - 6\sqrt{2} + 2 = 11 - 6\sqrt{2}$.

$$x_1 = \frac{3 + \sqrt{2} + 3 - \sqrt{2}}{2} = 3.$$

$$x_2 = \frac{3 + \sqrt{2} - 3 + \sqrt{2}}{2} = \sqrt{2}.$$

Donc $S = \left\{\sqrt{2}\,;3\right\}$

2 $\Delta = (8{,}1)^2 + 4 \times 2{,}7 \times 10{,}8 = 182{,}25 = (13{,}5)^2$.

$$x_1 = \frac{-8{,}1 + 13{,}5}{2 \times 2{,}7} = 1.$$

$$x_2 = \frac{-8{,}1 - 13{,}5}{2 \times 2{,}7} = -4.$$

Donc $S = \{-4\,;1\}$

3 $$\begin{aligned}\Delta &= [-(\alpha+\beta)]^2 - 4\times 1\times \alpha\beta = \alpha^2 + 2\alpha\beta + \beta^2 - 4\alpha\beta\\ &= \alpha^2 - 2\alpha\beta + \beta^2\\ &= (\alpha-\beta)^2.\\ x_1 &= \frac{\alpha+\beta+\alpha-\beta}{2} = \alpha.\\ x_2 &= \frac{\alpha+\beta-\alpha+\beta}{2} = \beta.\end{aligned}$$

Donc $S = \{\alpha\ ;\ \beta\}$

25 Recherche de deux nombres

Enoncé p. 14

Lycée Saint-Étienne, Rennes

live! Soient x et y les deux nombres cherchés. Les nombres x et y sont non nuls et vérifient le système :

$$\begin{cases}\dfrac{1}{x}+\dfrac{1}{y}=\dfrac{1}{2}\\[2mm] x^2+y^2=\dfrac{25}{36}\end{cases} \iff \begin{cases}\dfrac{x+y}{xy}=\dfrac{1}{2}\\[2mm] (x+y)^2-2xy=\dfrac{25}{36}\end{cases}$$

On pose $S = x + y$ et $P = xy$. Le système précédent s'écrit alors :

$$\begin{cases}P=2S\\[2mm] S^2-2P=\dfrac{25}{36}\end{cases} \quad \text{ce qui équivaut à} \quad \begin{cases}P=2S\\[2mm] S^2-4S=\dfrac{25}{36}\end{cases}.$$

On résout l'équation du second degré :

$$S^2-4S-\frac{25}{36}=0\,.$$

Son discriminant est :

$$\Delta = 16+4\times\frac{25}{36}=\frac{169}{9}\,.$$

L'équation admet deux solutions : $\dfrac{25}{6}$ et $-\dfrac{1}{6}$.

Si $S=\dfrac{25}{6}$, alors $P = 2\times\dfrac{25}{6}=\dfrac{25}{3}$.

Si $S=-\dfrac{1}{6}$, alors $P=2\times\left(-\dfrac{1}{6}\right)=-\dfrac{1}{3}$.

On détermine alors les nombres x et y en résolvant les systèmes :

$$(1)\begin{cases}x+y=\dfrac{25}{6}\\[2mm] xy=\dfrac{25}{3}\end{cases} \quad\text{ou}\quad (2)\begin{cases}x+y=-\dfrac{1}{6}\\[2mm] xy=-\dfrac{1}{3}\end{cases}$$

On connaît alors la somme et le produit de x et y.

L'équation du second degré du système (1) est :

$$x^2 - \frac{25}{6}x + \frac{25}{3} = 0$$

et a un discriminant strictement négatif donc elle n'admet aucune solution réelle et le premier système n'a donc pas de solution.

L'équation du second degré du système (2) est :

$$x^2 + \frac{1}{6}x - \frac{1}{3} = 0$$

et a pour discriminant $\Delta = \dfrac{49}{36}$ donc l'équation admet deux solutions réelles : $\dfrac{1}{2}$ et $-\dfrac{2}{3}$.

Les deux nombres répondant à la question posée sont donc $\dfrac{1}{2}$ et $-\dfrac{2}{3}$.

26 Trois nombres inconnus

Enoncé p. 15

Lycée Camille Jullian, Bordeaux

Le système donné peut se mettre sous la forme :

$$\begin{cases} x + y + z = 27 \\ z(x + y) = 180 \\ xy = 35 \end{cases}.$$

En posant $T = x + y$ et en ne prenant que les deux premières lignes, on a :

$$\begin{cases} T + z = 27 \\ Tz = 180 \end{cases}.$$

On connaît donc la somme et le produit de z et T ; ainsi, z et T sont les solutions de l'équation $a^2 - 27a + 180 = 0$, dont le discriminant est $\Delta = (-27)^2 - 4 \times 180 = 9$. Les deux solutions sont donc :

$$\frac{27 - 3}{2} = 12 \quad \text{et} \quad \frac{27 + 3}{2} = 15.$$

Ainsi,

$$\begin{cases} T = x + y = 12 \\ z = 15 \end{cases} \quad \text{ou} \quad \begin{cases} T = x + y = 15 \\ z = 12 \end{cases}.$$

- 1er cas : $x + y = 12$. D'après l'énoncé, $xy = 35$ donc x et y sont solutions de l'équation $b^2 - 12x + 35 = 0$, de discriminant $\Delta = (-12)^2 - 4 \times 35 = 4$. Or, $x < y$ donc :

$$x = \frac{12 - 2}{2} = 5 \quad \text{et} \quad y = \frac{12 + 2}{2} = 7.$$

- 2e cas : $x + y = 15$. De plus, $xy = 35$ donc x et y sont solutions de l'équation $b^2 - 15x + 35 = 0$, de discriminant $\Delta = (-15)^2 - 4 \times 35 = 85$, qui n'est pas un carré parfait, ce qui implique que x et y ne sont nécessairement pas entiers, ce qui contredit l'énoncé.

Il n'y a donc qu'une seule possibilité : $x = 5$, $y = 7$ et $z = 15$.

27 Factorisation d'un polynôme

Enoncé p. 15

Lycée Pasteur, Neuilly

1 En développant, on obtient, pour tous nombres réels a et b :

$$\begin{aligned}(a+b)^3 &= (a+b)^2(a+b)\\ &= (a^2+2ab+b^2)(a+b)\\ &= a^3+3a^2b+3ab^2+b^3\,.\end{aligned}$$

2 On doit avoir :

$$P(x) = 8x^3 - 48x^2 + 94x - 60 = a(2x-5)^3 + b(2x-5)^2 + c(2x-5)\,.$$

On peut développer les identités remarquables du terme de droite.
On a pour $(2x - 5)^3$:

$$\begin{aligned}(2x-5)^3 &= (2x)^3 + 3(2x)^2(-5) + 3(2x)(-5)^2 + (-5)^3\\ &= 8x^3 - 60x^2 + 150x - 125.\end{aligned}$$

De même, on a pour $(2x - 5)^2$:

$$(2x-5)^2 = 4x^2 - 20x + 25.$$

Ce qui donne :

$$P(x) = a(8x^3 - 60x^2 + 150x - 125) + b(4x^2 - 20x + 25) + c(2x - 5)$$

$$P(x) = 8ax^3 + (-60a + 4b)x^2 + (150a - 20b + 2c)x + (-125a + 25b - 5c).$$

Or, on a : $P(x) = 8x^3 - 48x^2 + 94x - 60$.
On doit donc résoudre le système :

$$\begin{cases} 8a & = 8\\ -60a + 4b & = -48\\ 150a - 20b + 2c & = 94\\ -125a + 25b - 5c & = -60\end{cases}$$

On obtient de la première ligne $a = 1$, donc :

$$\begin{cases} a & = 1\\ -60 + 4b & = -48\\ 150 - 20b + 2c & = 94\\ -125 + 25b - 5c & = -60\end{cases}$$

La deuxième ligne donne $b = 3$ et on obtient :

$$\begin{cases} a & = 1 \\ b & = 3 \\ 90 + 2c & = 94 \end{cases}$$

d'où enfin $c = 2$ et l'on a bien, dans la quatrième ligne :

$$-125 + 75 - 10 = -60\,.$$

On a donc le triplet solution (1,3,2) et :

$$P(x) = (2x-5)^3 + 3(2x-5)^2 + 2(2x-5)\,.$$

3 Pour en déduire une factorisation de $P(x)$, il suffit de constater que l'on peut mettre $(2x - 5)$ en facteur dans l'expression :

$$P(x) = (2x-5)^3 + 3(2x-5)^2 + 2(2x-5)\,,$$

ce qui donne ici :

$$\begin{aligned} P(x) &= (2x-5)^3 + 3(2x-5)^2 + 2(2x-5) \\ &= (2x-5)\left[(2x-5)^2 + 3(2x-5) + 2\right] \\ &= (2x-5)(4x^2 - 20x + 25 + 6x - 15 + 2) \\ &= (2x-5)(4x^2 - 14x + 12). \end{aligned}$$

Il ne reste donc plus qu'à factoriser :

$$g(x) = 4x^2 - 14x + 12\,.$$

On a $\Delta = b^2 - 4ac = 196 - 16 \times 12 = 4$, d'où :

$$x_1 = \frac{14-2}{8} = \frac{3}{2} \quad \text{et} \quad x_2 = \frac{14+2}{8} = 2\,.$$

D'où :

$$4x^2 - 14x + 12 = 4\left(x - \frac{3}{2}\right)(x-2)\,.$$

On a donc finalement :

$$P(x) = 4(2x-5)(x-2)\left(x - \frac{3}{2}\right),$$

qui est une factorisation de $P(x)$.

4 D'après la factorisation précédente, l'équation $P(x) = 0$ est une équation produit de termes du premier degré.

On a ainsi, $P(x) = 0$ si et seulement si $2x - 5 = 0$ ou $x - 2 = 0$ ou $x - \frac{3}{2} = 0$.

Finalement, $S = \left\{\frac{3}{2}\,;2\,;\frac{5}{2}\right\}$.

28 Fonction rationnelle

Enoncé p. 15

Lycée Charlemagne, Paris

1 On considère le polynôme $P(x) = x^4 + 6x^3 - 11x^2 - 60x + 100$, que l'on souhaite écrire sous la forme :

$$P(x) = \left(Q(x)\right)^2.$$

$Q(x) = ax^2 + bx + c$ étant un trinôme du second degré, on peut développer $\left(Q(x)\right)^2$:

$$\begin{aligned}\left(Q(x)\right)^2 &= (ax^2 + bx + c)^2 \\ &= (ax^2 + bx + c)(ax^2 + bx + c) \\ &= a^2x^4 + 2abx^3 + (b^2 + 2ac)x^2 + 2bcx + c^2.\end{aligned}$$

Les polynômes P et Q^2 sont égaux si et seulement si :

$$\begin{cases} a^2 & = 1 \\ 2ab & = 6 \\ b^2 + 2ac & = -11 \\ 2bc & = -60 \\ c^2 & = 100 \end{cases}$$

Q et $-Q$ étant indifféremment solutions, on peut donc prendre $a = 1$ ou $a = -1$: choisissons $a > 0$. On obtient alors :

$$\begin{cases} a & = 1 \\ b & = 3 \\ c & = -10 \end{cases}$$

Finalement :

$$P(x) = (Q(x))^2\ ,$$

avec $Q(x) = x^2 + 3x - 10$.

2 Résoudre $P(x) = 0$ équivaut à résoudre $Q(x) = 0$, soit :

$$x^2 + 3x - 10 = 0.$$

On a $\Delta = 9 + 40 = 49$, d'où

$$x_1 = \frac{-3+7}{2} = 2 \quad \text{et} \quad x_2 = \frac{-3-7}{2} = -5.$$

Ainsi :

$$S = \{-5{,}2\}.$$

COURS INTERROS CORRIGÉS

3 **(a)** En développant, on a :

$$(x+5)(ax^2+bx+c) = ax^3 + (5a+b)x^2 + (5b+c)x + 5c\,.$$

Par identification des coefficients des termes de même degré on obtient donc :

$$\begin{cases} a = 1 \\ 5a+b = 6 \\ 5b+c = 6 \\ 5c = 5 \end{cases} \quad \text{d'où} \quad \begin{cases} a = 1 \\ b = 1 \\ c = 1 \end{cases}$$

et on a donc la factorisation $x^3+6x^2+6x+5 = (x+5)(x^2+x+1)$.

(b) D'après les questions précédentes :

$$f(x) = \frac{x^4+6x^3-11x^2-60x+100}{x^3+6x^2+6x+5} = \frac{P(x)}{x^3+6x^2+6x+5}$$
$$= \frac{(x^2+3x-10)^2}{(x+5)(x^2+x+1)}\,.$$

Déterminons $\mathcal{D}_f$: $f(x)$ existe si et seulement si :

$$(x+5)(x^2+x+1) \neq 0$$

soit :

$$x+5 \neq 0 \quad \text{et} \quad x^2+x+1 \neq 0\,.$$

L'équation $x+5=0$ équivaut à $x=-5$.

Cherchons à résoudre $x^2+x+1=0$:

$\Delta = 1 - 4 \times 1 \times 1 = -3 < 0$, donc cette équation n'admet pas de solutions réelles.

D'où $\mathcal{D}_f = \mathbb{R} \setminus \{-5\}$.

Les racines du trinôme $x^2+3x-10$ sont -5 et 2 (question 2), donc :

$$x^2+3x-10 = (x+5)(x-2)\,.$$

Finalement :

$$f(x) = \frac{(x+5)^2(x-2)^2}{(x+5)(x^2+x+1)} = \frac{(x+5)(x-2)^2}{x^2+x+1} \quad \text{pour } x \neq -5\,.$$

29 Sommet et racine

Enoncé p. 16

Lycée La Bruyère, Versailles

Une fonction du second degré est représentée par une parabole dont l'axe de symétrie passe par le sommet. Ici, l'axe de symétrie est donc la droite d'équation $x=-1$. Comme le polynôme a pour racinc $\frac{5}{2}$, la parabole coupe l'axe des abscisses au point d'abscisse $\frac{5}{2}$. Par symétrie par rapport à la droite d'équation $x = -1$, elle coupe aussi l'axe des abscisses au point d'abscisse r tel que $\dfrac{r+\frac{5}{2}}{2} = -1$, c'est-à-dire $r = -\dfrac{9}{2}$.

On connaît donc les deux racines du polynôme. Il se factorise donc sous la forme $f(x) = a\left(x - \dfrac{5}{2}\right)\left(x + \dfrac{9}{2}\right)$ où a est un réel à déterminer.

Comme S est le sommet de la parabole, il faut de plus que $f(-1) = 2$, ce qui donne l'équation :

$$2 = a\left(-1 - \frac{5}{2}\right)\left(-1 + \frac{9}{2}\right).$$

C'est-à-dire : $a = -\dfrac{8}{49}$.

Le polynôme recherché est donc : $f(x) = -\dfrac{8}{49}\left(x - \dfrac{5}{2}\right)\left(x + \dfrac{9}{2}\right)$.

30 Des techniques de résolution variées

Enoncé p. 16

Lycée Pierre de Fermat, Toulouse

1 **(a)** Soit l'équation $u^2 - 6u - 16 = 0$. $\Delta = 36 + 64 = 100$.

L'équation admet deux solutions : 8 et -2.

(b) On considère l'équation $(|x| - 2)^2 = 2(|x| + 10)$.

On pose $u = |x|$.

L'équation précédente s'écrit alors : $(u - 2)^2 = 2(u + 10)$, soit en effectuant et en réduisant : $u^2 - 6u - 16 = 0$.

D'après la question précédente, l'équation $u^2 - 6u - 16 = 0$ admet deux solutions : 8 et -2.

On cherche alors x tel que $|x| = 8$ ou $|x| = -2$. Or, il n'existe aucun réel x tel que $|x| = -2$, tandis que l'équation $|x| = 8$ admet deux solutions : 8 et -8.

L'équation $(|x| - 2)^2 = 2(|x| + 10)$ admet donc deux solutions : 8 et -8.

2 **(a)** L'équation $u^2 - 5u - 6 = 0$ admet comme solution évidente $x_1 = -1$.

Or, le produit des racines vaut $x_1x_2 = \dfrac{c}{a}$ donc $-x_2 = \dfrac{-6}{1}$, soit $x_2 = 6$.

Les solutions sont donc -1 et 6.

(b) On rappelle que l'équation $\sqrt{a} = b$ équivaut à $b \geqslant 0$ et $a = b^2$.

Donc l'équation $\sqrt{15 - x} = x - 3$ équivaut à :

$$x \geqslant 3 \quad \text{et} \quad 15 - x = x^2 - 6x + 9 \text{ soit } x^2 - 5x - 6 = 0\,.$$

D'après la question précédente, cette équation admet deux racines : 6 et -1. Seule 6 vérifie la condition $x \geqslant 3$. Il en résulte que l'équation proposée admet pour unique solution : 6.

3 **(a)** L'équation $u^2 - 7u + 6 = 0$ équivaut successivement à :

$$\left(u - \frac{7}{2}\right)^2 - \frac{49}{4} + 6 = 0$$

$$\left(u - \frac{7}{2}\right)^2 - \frac{25}{4} = 0$$

$$\left(u - \frac{7}{2} - \frac{5}{2}\right)\left(u - \frac{7}{2} + \frac{5}{2}\right) = 0$$

$$(u - 6)(u - 1) = 0\,.$$

L'équation admet deux solutions : 6 et 1.

(b) Soit x la largeur de la croix, exprimée en mètres $(0 < x < 3)$. L'aire du drapeau est 12 m^2, l'aire de la croix est $3x + 4x - x^2$. L'aire de la croix blanche est égale à l'aire rouge si et seulement si :

$$7x - x^2 = 12 - (7x - x^2)\,,$$

soit $2x^2 - 14x + 12 = 0$.

En divisant les deux membres par 2, on obtient : $x^2 - 7x + 6 = 0$.

D'après la question précédente, cette équation admet deux solutions : 6 et 1. Seule la valeur 1 convient.

La largeur de la croix blanche est donc égale à 1 mètre.

31 Revenir au second degré

Enoncé p. 16

Lycée Jean-Pierre Vernant, Pin-Justaret

1 On pose $X = \sqrt{x}$.

L'équation est alors équivalente à $-2X^2 - 6X + 80 = 0$ et $X = \sqrt{x}$.

L'équation du second degré en X a pour discriminant $676 = 26^2$ et admet donc deux solutions, -8 et 5. Comme $X = \sqrt{x}$, seule la solution positive est à envisager et alors $\sqrt{x} = 5$, donc $x = 25$. L'équation a donc une solution unique : 25.

2 L'équation à résoudre est une équation bicarrée. On pose $X = x^2$.

L'équation est alors équivalente à $2X^2 - 2X - 24 = 0$ avec $x^2 = X$.

L'équation du second degré en X a pour discriminant $196 = 14^2$ et admet donc deux solutions : $X = -$ et $X = 4$.

Cela donne les deux équations en x : $x^2 = -3$ ou $x^2 = 4$. Seule la deuxième équation a des solutions, 2 et -2.

Donc l'équation à résoudre a deux solutions : -2 et 2.

3 On remarque que 0 n'est pas solution de l'équation (c'est une valeur interdite). On peut donc multiplier les deux membres de l'équation par x et obtenir une équation équivalente : $4x^2 + 8 + 24x = 0$. En veillant à l'ordonner suivant les puissances décroissantes de x, on calcule son discriminant,
$24^2 - 4 \times 4 \times 8 = 448 = (8\sqrt{7})^2$.
On trouve donc deux solutions : $-3 - \sqrt{7}$ et $-3 + \sqrt{7}$, qui conviennent toutes les deux puisqu'elles ne sont pas nulles.

32 Choisir une méthode adaptée

Enoncé p. 17

Lycée Saint-Martin, Pontoise

1 On peut voir tout de suite que 4 est solution ; on a en effet :

$$x^2 - 16 = (x-4)(x+4)$$

donc :

$$x^2 - 16 + 2(x-4) = (x-4)(x+4+2) = (x-4)(x+6).$$

D'où les deux solutions :

$$x = 4, \qquad x = -6 \qquad \text{et} \qquad S = \{4, -6\}.$$

2 On a :

$$\begin{aligned} x^2 - 2{,}4x - 0{,}81 &= (x - 1{,}2)^2 - 0{,}81 - 1{,}44 \\ &= (x - 1{,}2)^2 - 2{,}25. \end{aligned}$$

Or, $2{,}25 = 1{,}5^2$ donc :

$$\begin{aligned} x^2 - 2{,}4x - 0{,}81 &= (x - 1{,}2 - 1{,}5)(x - 1{,}2 + 1{,}5) \\ &= (x - 2{,}7)(x + 0{,}3), \end{aligned}$$

d'où les deux solutions :

$$x = 2{,}7, \qquad x = -0{,}3 \qquad \text{et} \qquad S = \{-0{,}3\,; 2{,}7\}.$$

Remarque : on pourrait aussi calculer le discriminant.

3 On a ici une équation du premier degré, que l'on peut écrire sous la forme :

$$x(4 - 2\sqrt{2}) = \sqrt{2}$$

donc :

$$\begin{aligned} x &= \frac{\sqrt{2}}{4 - 2\sqrt{2}} \\ &= \frac{\sqrt{2}(2+\sqrt{2})}{2(2-\sqrt{2})(2+\sqrt{2})} \end{aligned}$$

$$\begin{aligned} x &= \frac{2\sqrt{2}+2}{2(2^2-2)} \\ &= \frac{2\sqrt{2}+2}{4} \\ &= \frac{\sqrt{2}+1}{2}. \end{aligned}$$

Remarque : on a utilisé ici la quantité conjuguée de $2-\sqrt{2}$.

On a alors $S = \left\{\dfrac{\sqrt{2}+1}{2}\right\}$.

4 On a, en multipliant les deux membres par 4 :

$$\begin{aligned} 2x+4 = x^2 &\iff x^2-2x-4=0 \\ &\iff (x-1)^2-1-4=0 \\ &\iff (x-1)^2=5 \\ &\iff x-1=\sqrt{5} \quad \text{ou} \quad x-1=-\sqrt{5} \end{aligned}$$

On a donc les racines :

$$\begin{cases} x_1 = 1+\sqrt{5} \\ x_2 = 1-\sqrt{5} \end{cases} \qquad \text{et} \qquad S = \left\{1-\sqrt{5}\,;1+\sqrt{5}\right\}.$$

Remarque : on aurait aussi pu utiliser le discriminant.

33 Affichage de plusieurs images

Enoncé p. 17

1 Cet algorithme est constitué d'une boucle « Pour » (boucle *itérative*) de variable `x` qui prend ses valeurs de −5 à 5, avec une différence entre chaque valeur de 0,5.

Dans cette boucle,

- on affecte à la variable `f` la valeur $-3(x+1)^2+4$ (on reconnaît ici la forme canonique d'une fonction de degré 2) ;
- on affiche la valeur de la variable `f`.

Le rôle de cet algorithme est donc d'afficher les images des valeurs −5, −4,5, −4, −3,5,..., 4,5, 5 par la fonction f définie par :

$$f(x) = -3(x+1)^2+4.$$

2 En Python, faire une boucle avec une variable non entière ne se fait pas avec la fonction `range` (qui n'accepte que des entiers.

On peut contourner ce problème en utilisant une boucle « Tant que » comme dans le programme suivant :

En Python

```
x = -5
while x<=5:
    f = -3*(x+1)**2+4
    print(f)
    x += 0.5
```

34 Tableau de valeurs

Enoncé p. 17

1 Un algorithme possible est le suivant :

Algorithme

```
Initialisations:
  F et G sont deux listes vides
Traitement:
  Pour x allant de -5 à 5:
     f ← x*x-4*x+2
     g ← (x+2)*(x+2)-4*(x+2)+2
     Ajouter f à la liste F
     Ajouter g à la liste G
  Fin du Pour
Sortie:
  Afficher F et G
```

2 Le programme Python correspondant est :

En Python

Retrouvez ce programme en ligne avec live!

```
F,G = [], []
for x in range(-5,6):
    f = x*x-4*x+2
    g = (x+2)*(x+2)-4*(x+2)+2
    F.append(f)
    G.append(g)

print("Les valeurs de f(x) sont :",F)
print("Les valeurs de g(x) sont :",G)
```

et il retourne :

```
Les valeurs de f(x) sont :
[47, 34, 23, 14, 7, 2, -1, -2, -1, 2, 7]
Les valeurs de g(x) sont :
[23, 14, 7, 2, -1, -2, -1, 2, 7, 14, 23]
```

Explications du programme.

- La ligne « `F,G = [],[]` » définie deux listes `F` et `G`, qui sont vides (crochets à l'intérieur desquels il n'y a pas de valeurs).
- « `for x in range(-5,6)` » créé une boucle « Pour » dont la variable est `x`; cette variable va prendre des valeurs comprises entre −5 (incluse) et 6 (exclue). Par défaut, le pas est égal à 1.
  Donc `x` va prendre les valeurs : −5, −4, −3, ..., 4 et 5.
- Dans la boucle, on calcule l'image de `x` par les fonctions f et g, images stockées respectivement dans les variables `f` et `g`.
- Les instructions « `F.append(f)` » et « `G.append(g)` » ajoutent respectivement aux listes `F` et `G` la valeur nouvellement stockée dans `f` et dans `g`.
- À la fin de la boucle, les listes `F` et `G` contiendront toutes les images calculées. Il n'y a plus qu'à les afficher (avec l'instruction `print`).

35 À partir d'un tableau de valeurs

Enoncé p. 18

1 Ce programme affiche le tableau de valeurs de la fonction f sur l'intervalle $[-10 ; 10]$.

ATTENTION

N'oubliez pas que l'instruction `range(a,b)` parcourt l'intervalle $[a ; b-1]$.

2
$$\begin{aligned} g(x) &= f(x-5) \\ &= -3(x-5)^2 + 2(x-5) + 7 \\ &= -3(x^2 - 10x + 25) + 2x - 10 + 7 \\ &= (-3x^2 + 2x + 7) + 30x - 75 - 10 \\ &= f(x) + 30x - 85. \end{aligned}$$

Il est ici nécessaire d'exprimer $g(x)$ en fonction de $f(x)$ afin de pouvoir utiliser la liste `F` contenant les valeurs de $f(x)$.

À l'aide de cette dernière expression, on peut alors compléter le programme ainsi :

```
G = []
i = 0

for x in range(-10,11):
    G.append(F[i]+30*x-85)
    i += 1

print(G)
```

Il est ici nécessaire d'introduire la variable `i` qui sert à savoir à chaque passage dans la boucle la valeur à prendre dans la liste `F`. L'instruction « `i += 1` » sert à *incrémenter* cette variable, c'est-à-dire à lui ajouter 1 à chaque passage (on peut aussi écrire « `i = i+1` »).

3 $g(x) = f(x - 5)$ signifie que la courbe représentative de g est obtenue par translation de vecteur $\vec{u}\begin{pmatrix}5\\0\end{pmatrix}$ à partir de celle de f.

Ainsi, sur $[-5 ; 15]$, les valeurs de $g(x)$ sont égales à celles de $f(x)$ sur $[-5 - 5 ; 15 - 5] = [-10 ; 10]$. Il n'est donc pas utile de compléter l'algorithme pour les obtenir car elles sont déjà stockées dans la liste `F`.

Chapitre 2

Dérivation

Plan du chapitre

Exercice type 1 — Lycée Marseilleveyre, Marseille

Soit f la fonction définie sur $\mathbb{R} \setminus \{0\}$ par :

$$f(x) = \frac{x^2 + x + 2}{x}.$$

1 À l'aide de la définition, déterminer le nombre dérivé de f en 1.

2 Déterminer, avec les formules de cours, la fonction dérivée de la fonction f et vérifier le résultat obtenu à la question 1.

3 Écrire une équation de la tangente à la courbe représentative de f au point d'abscisse 1.

4 Existe-t-il des tangentes à la courbe parallèles à la droite d'équation $y = -7x - 5$?
Si oui, préciser les points de la courbe qui correspondent à ces tangentes.

Voir corrigé page 56

1 Fonctions de référence

1.1 Fonction racine carrée

Définition 1

La fonction *racine carrée* est la fonction f définie sur $[0 ; +\infty[$ par l'expression $f(x) = \sqrt{x}$.

x	0	$+\infty$
f	0 ↗	

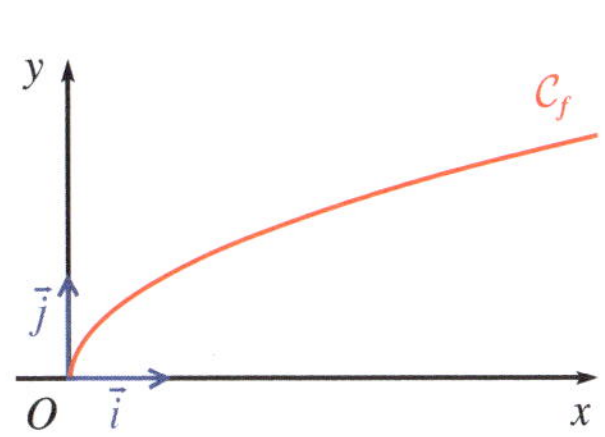

Propriété 1

Pour $x \in]0\,;\,1[$, la courbe représentative de la fonction f est au-dessus de celle de la fonction g, qui est au-dessus de celle de la fonction h.
Pour $x \in]1\,;\,+\infty[$, la courbe représentative de h est au-dessus de celle de g, qui est au-dessus de celle de f.
Ces courbes se coupent aux points de coordonnées (0 ; 0) et (1 ; 1).

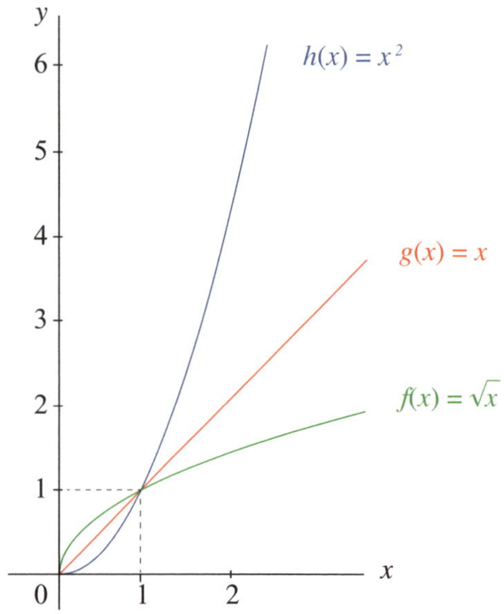

1.2 Fonction valeur absolue

Définition 2

On note $|x - a|$ la distance entre les deux réels x et a.

Exemples

- La distance entre les nombres x et -2 est $|x-(-2)|$, c'est-à-dire $|x+2|$.
- La distance entre 2 et 4 est $|2-4| = 2$.

Définition 3

La fonction *valeur absolue* est la fonction g définie sur $\mathbb{R}$ par l'expression

$$g(x) = |x| = \begin{cases} x & \text{si} \quad x \geqslant 0 \\ -x & \text{si} \quad x < 0 \end{cases}$$

La courbe représentative de la fonction valeur absolue est la suivante :

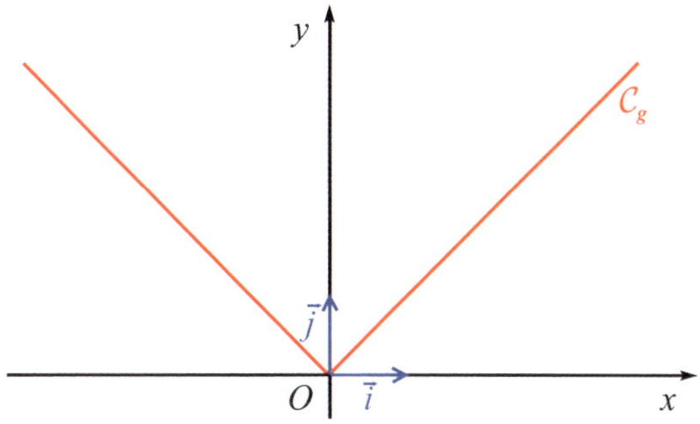

2 Fonction dérivée

Retrouvez cette partie du cours en vidéo avec live!

2.1 Nombre dérivé et tangente à une courbe

Définition 4 : taux d'accroissement

Soit f une fonction dont le domaine de définition est $\mathcal{D}_f$. Soient $a \in \mathcal{D}_f$ et $h \in \mathbb{R}$ tel que $a + h \in \mathcal{D}_f$.
Le *taux d'accroissement* de f en a est le nombre :

$$\tau(h) = \frac{f(a+h) - f(a)}{h} \quad , \quad h \neq 0.$$

Exemple : $f(x) = x^2$. Pour tout $a \in \mathbb{R}$ et pour $h \neq 0$,

$$\tau(h) = \frac{(a+h)^2 - a^2}{h} = \frac{a^2 + 2ah + h^2 - a^2}{h} = \frac{h(2a+h)}{h} = 2a + h.$$

Définition 5 : nombre dérivé

Soit f une fonction, dont le domaine de définition est $\mathcal{D}_f$. Soit $a \in \mathcal{D}_f$.
Le *nombre dérivé* de f en a est, quand il existe, le taux d'accroissement en a quand h se rapproche de 0. On note alors :

$$\lim_{h \to 0} \tau(h) = f'(a).$$

Exemple : $f(x) = x^2$, $a \in \mathbb{R}$ et $\tau(h) = 2a + h$.
Quand h se rapproche de 0, $\tau(h)$ se rapproche de $2a$ donc :

$$f'(a) = \lim_{h \to 0} \tau(h) = 2a.$$

Définition 6 : fonction dérivable

On dit qu'une fonction f est dérivable sur un intervalle I quand, pour tout $a \in I$, $f'(a)$ est un nombre fini.

Exemple : $f(x) = x^2$ et $f'(a) = 2a$ pour tout réel a. $f'(a)$ est toujours un nombre fini donc f est dérivable sur $\mathbb{R}$.

Propriété 2 : non dérivabilité de la valeur absolue en 0

La fonction valeur absolue n'est pas dérivable en 0.

En effet,

- pour $x < 0$, $f(x) = |x| = -x$ et $\tau(h) = \dfrac{-(a+h)-(-a)}{h} = -1$, donc $f'(0) = -1$;
- pour $x > 0$, $f(x) = |x| = x$ et $\tau(h) = \dfrac{(a+h)-a}{h} = 1$, donc $f'(0) = 1$.

Les deux nombres obtenus étant différents, la fonction n'est pas dérivable en 0.

2.2 Tangente à une courbe

Définition 7

Soit f une fonction dérivable sur un intervalle I, et soit $\mathcal{C}$ sa courbe représentative sur I. Soit $a \in I$.
La *tangente* à $\mathcal{C}$ au point d'abscisse a est la droite passant par le point de coordonnées $\big(a\ ;\ f(a)\big)$ et de coefficient directeur $f'(a)$.

Propriété 3

L'équation réduite de la tangente $\mathcal{T}$ à $\mathcal{C}$ au point d'abscisse a est :

$$y = f(a) + f'(a)(x - a).$$

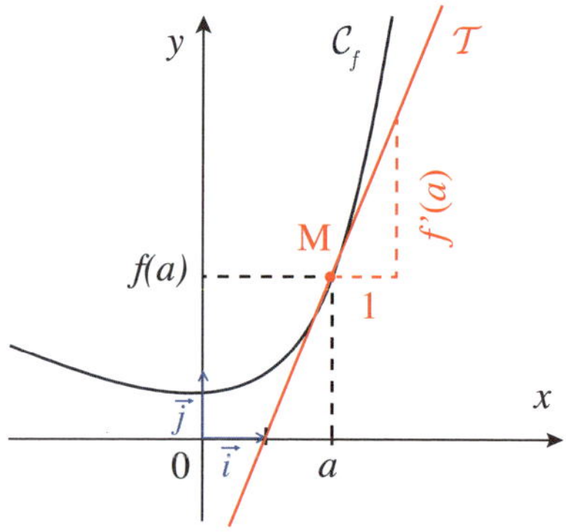

2.3 Fonction dérivée

Définition 8

Soit f une fonction dérivable sur un intervalle I. La fonction qui à tout réel x de I associe son nombre dérivé $f'(x)$ est appelée *fonction dérivée de f*. On la note f'.

Les formules importantes à retenir sont les suivantes :

$f(x)$	$f'(x)$	Intervalle de dérivabilité	Intervalle de définition
$k \in \mathbb{R}$	0	$\mathbb{R}$	$\mathbb{R}$
x	1	$\mathbb{R}$	$\mathbb{R}$
$x^n \quad n \in \mathbb{N}^*$	nx^{n-1}	$\mathbb{R}$	$\mathbb{R}$
$\frac{1}{x}$	$-\frac{1}{x^2}$	$]-\infty\,;0[$ et $]0\,;+\infty[$	$]-\infty\,;0[$ et $]0\,;+\infty[$
$\sqrt{x}$	$\frac{1}{2\sqrt{x}}$	$]0\,;+\infty[$	$[0\,;+\infty[$

Remarque : la fonction $x \mapsto \sqrt{x}$ est définie sur $[0\,;\,+\infty[$, mais elle est dérivable sur $]0\,;\,+\infty[$.

2.4 Opérations sur les dérivées

Fonction	Dérivée
$f(x) = u(x) + v(x)$	$f'(x) = u'(x) + v'(x)$
$f(x) = u(x) \times v(x)$	$f'(x) = u'(x) \times v(x) + u(x) \times v'(x)$
$f(x) = ku(x) \quad (k \in \mathbb{R})$	$f'(x) = ku'(x)$
$f(x) = \frac{1}{u(x)}$	$f'(x) = -\frac{u'(x)}{[u(x)]^2}$
$f(x) = \frac{u(x)}{v(x)}$	$f'(x) = \frac{u'(x) \times v(x) - u(x) \times v'(x)}{[v(x)]^2}$
$f(x) = g(ax+b)$	$f'(x) = a \times g'(ax+b)$

Solution de l'exercice type 1

Lycée Marseilleveyre, Marseille

1 Soit h un réel non nul.

On pose :

$$t(h) = \frac{f(1+h) - f(1)}{h}.$$

Comme $f(x) = \dfrac{x^2 + x + 2}{x}$, alors :

$$f(1) = 4 \quad \text{et} \quad f(1+h) = \frac{(1+h)^2 + (1+h) + 2}{1+h},$$

soit : $f(1+h) = \dfrac{h^2 + 3h + 4}{1+h}$.

On a alors :

$$\begin{aligned} t(h) &= \frac{f(1+h) - f(1)}{h} \\ &= \frac{\frac{h^2+3h+4}{1+h} - 4}{h} \\ &= \frac{\frac{h^2+3h+4-4(1+h)}{1+h}}{h} \\ &= \frac{h^2 - h}{h(1+h)} \\ &= \frac{h-1}{h+1}. \end{aligned}$$

Quand h tend vers 0, $t(h)$ tend vers -1. On en déduit que f est dérivable en 1 et que $f'(1) = -1$.

2 La fonction f est une fonction rationnelle définie et dérivable sur $\mathbb{R}\setminus\{0\}$.

Pour tout réel x, on a :

$$\begin{aligned} f'(x) &= \frac{x(2x+1) - (x^2 + x + 2)}{x^2} \\ &= \frac{x^2 - 2}{x^2}. \end{aligned}$$

On peut alors calculer directement : $f'(1) = \dfrac{1-2}{1} = -1$.

On a ainsi vérifié le résultat de la question 1.

3 Une équation de la tangente à la courbe représentative de f au point d'abscisse 1 est :

$$y = f'(1)(x-1) + f(1).$$

Comme $f'(1) = -1$ et $f(1) = 4$, la tangente admet comme équation :

$$y = -(x-1) + 4 \qquad \text{soit :} \qquad y = -x + 5.$$

Solution de l'exercice type 1 (suite)

Lycée Marseilleveyre, Marseille

4 Soit a un réel non nul ; d'après le cours, la tangente $\mathcal{T}$ à la courbe représentative de la fonction f au point d'abscisse a, admet comme coefficient directeur $f'(a)$.

La droite $\mathcal{T}$ est parallèle à la droite d'équation $y = -7x - 5$ si et seulement si ces deux droites ont même coefficient directeur, c'est-à-dire si et seulement si $f'(a) = -7$, soit :

$$\frac{a^2 - 2}{a^2} = -7.$$

Cette équation équivaut successivement à $a^2 - 2 = -7a^2$, soit :

$$a^2 = \frac{1}{4}$$

ce qui signifie que :

$$a = \frac{1}{2} \quad \text{ou} \quad a = -\frac{1}{2}.$$

On en déduit qu'il existe deux points de la courbe tels que la tangente à la courbe en ces points soit parallèle à la droite d'équation $y = -7x - 5$.

$$\begin{aligned} f\left(-\frac{1}{2}\right) &= \frac{\left(-\frac{1}{2}\right)^2 - \frac{1}{2} + 2}{-\frac{1}{2}} \\ &= \frac{\frac{1}{4} - \frac{2}{4} + \frac{8}{4}}{-\frac{1}{2}} \\ &= \frac{7}{4} \times (-2) \\ &= -\frac{7}{2} \end{aligned}$$

$$\begin{aligned} f\left(\frac{1}{2}\right) &= \frac{\left(\frac{1}{2}\right)^2 + \frac{1}{2} + 2}{\frac{1}{2}} \\ &= \frac{\frac{1}{4} + \frac{2}{4} + \frac{8}{4}}{\frac{1}{2}} \\ &= \frac{11}{4} \times 2 \\ &= \frac{11}{2} \end{aligned}$$

Ce sont les points de coordonnées : $\left(\frac{1}{2} ; \frac{11}{2}\right)$ et $\left(-\frac{1}{2} ; -\frac{7}{2}\right)$.

Voir énoncé page 51

COURS

INTERROS

CORRIGÉS

3 Étude de fonction

Exercice type 2 — **Lycée Montaigne, Bordeaux**

Étudier la fonction f définie sur $\mathbb{R} \setminus \{-2\}$ par : $f(x) = \dfrac{x^2}{x+2}$.

Voir corrigé page 59

Retrouvez le corrigé de cet exercice en vidéo (dans la seconde partie) avec live!

3.1 Signe de la dérivée et sens de variation

Théorème 1

Soit f une fonction dérivable sur un intervalle I :

$$f'(x) \geqslant 0 \quad \text{sur } I \iff f \text{ croissante sur } I$$
$$f'(x) \leqslant 0 \quad \text{sur } I \iff f \text{ décroissante sur } I$$
$$f'(x) = 0 \quad \text{sur } I \iff f \text{ constante sur } I$$

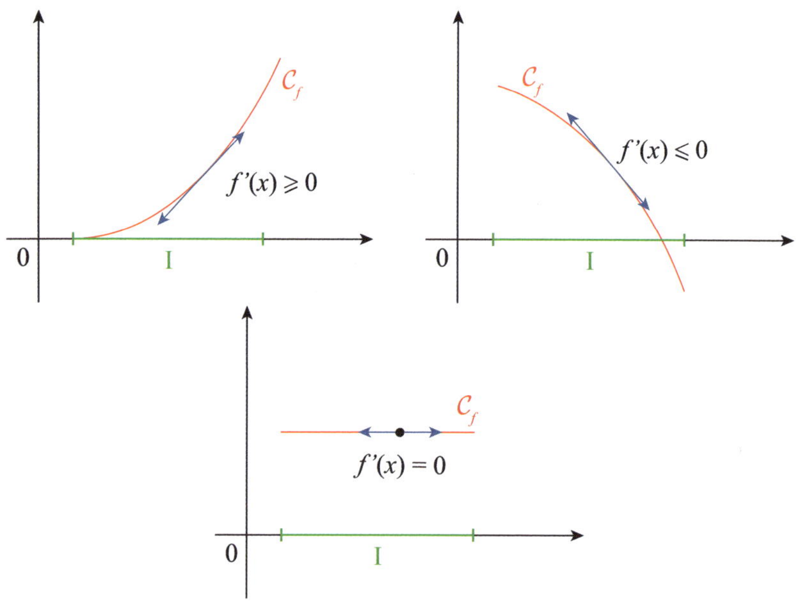

Conséquences : pour savoir le sens de variation d'une fonction, il faut déterminer le ou les signes de sa dérivée :

- sur les intervalles où $f'(x) < 0$, f est strictement décroissante ;
- sur les intervalles où $f'(x) > 0$, f est strictement croissante.

3.2 Extremum

Soit f une fonction définie sur $[a ; b]$ et dérivable sur $]a ; b[$ (noter que l'on exclut les bornes). Soit $x_0 \in [a ; b]$.

- Si $x_0 \in]a ; b[$, f admet un extremum local en x_0 si et seulement si f' s'annule et change de signe en x_0.

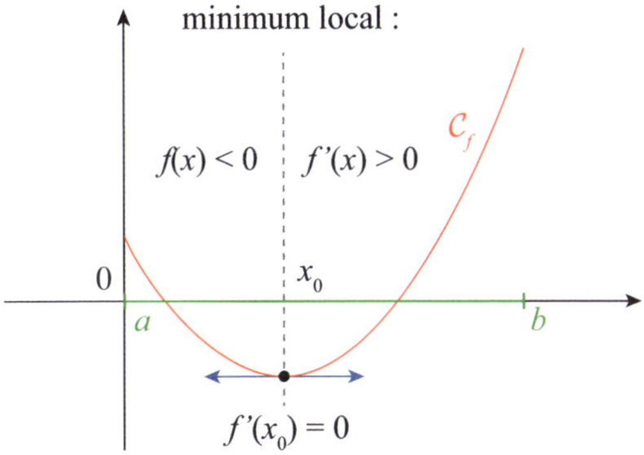

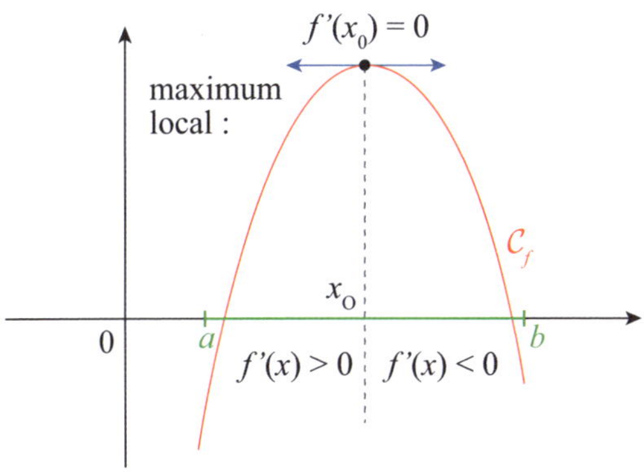

- Si $x_0 = a$ ou $x_0 = b$, il faut regarder le tableau de variation de f pour savoir si elle admet un extremum local en l'un de ces points.

Retrouvez le corrigé de cet exercice en vidéo avec live!

Solution de l'exercice type 2

Lycée Montaigne, Bordeaux

- $$f'(x) = \frac{2x(x+2) - x^2(1)}{(x+2)^2} = \frac{2x^2 + 4x - x^2}{(x+2)^2} = \frac{x^2 + 4x}{(x+2)^2} = \frac{x(x+4)}{(x+2)^2}.$$

...

Solution de l'exercice type 2 (suite)

Lycée Montaigne, Bordeaux

- On dresse ensuite un tableau de signes de $f'(x)$.

x	$-\infty$		-4		-2		0		$+\infty$
x		$-$		$-$		$-$	0	$+$	
$x+4$		$-$	0	$+$		$+$		$+$	
$(x+2)^2$		$+$		$+$	0	$+$		$+$	
$f'(x)$		$+$	0	$-$	||	$-$	0	$+$	

- On dresse alors le tableau de variation de f.

x	$-\infty$		-4		-2		0		$+\infty$
$f'(x)$		$+$	0	$-$	||	$-$	0	$+$	
f		$\nearrow$	-8	$\searrow$	||	$\searrow$	0	$\nearrow$	

$$f(-4) = \frac{16}{-2} = -8 \quad \text{et} \quad f(0) = 0.$$

Par curiosité, on peut tracer la courbe représentative de f sur la calculatrice et vérifier que les variations trouvées sont cohérentes.

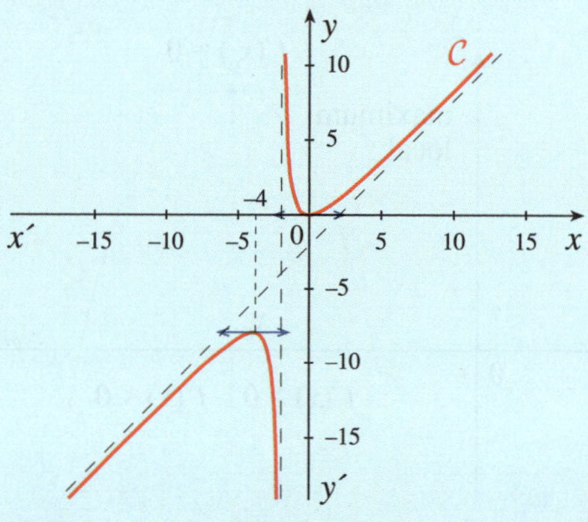

Voir énoncé page 58

1 V/F Dérivabilité

10 min Corrigé p. 73

Les propositions suivantes sont-elles vraies ou fausses ?

1. Si une fonction f est définie en x_0, alors f est dérivable en x_0.
2. La fonction racine carrée n'est pas dérivable en 0 donc la fonction $f : x \mapsto x\sqrt{x}$ ne l'est pas non plus.
3. La dérivée d'une fonction polynôme de degré n ($n \in \mathbb{N}^*$) est une fonction polynôme de degré n.
4. Soit f une fonction telle que $f(1) = 5$, alors $f'(1) = 0$.

2 V/F Extremum

10 min Corrigé p. 73

Les propositions suivantes sont-elles vraies ou fausses ?

1. Soit f la fonction définie sur $I = [1 ; 2]$ par $f(x) = x^2 + 1$. La fonction f' ne s'annule pas sur I donc f n'admet pas d'extremum sur I.
2. Si deux fonctions ont la même dérivée, alors elles sont égales.
3. Si $f'(x_0) = 0$, alors la fonction f admet un extremum en x_0.

3 QCM Ensemble de définition et de dérivabilité

10 min Corrigé p. 73

Parmi les propositions faites, une seule est correcte. Laquelle ? Justifier en donnant, selon les cas, l'ensemble de définition ou l'ensemble de dérivabilité le plus grand qui convienne.

1. La fonction f est définie sur $\mathbb{R}_+$ par $f(x) = 2x\sqrt{x}$.
La fonction f est dérivable sur :

   a $]0 ; +\infty[$ b $[0 ; +\infty[$ c $\mathbb{R} \setminus \{0\}$

2. La fonction $g : x \mapsto -\dfrac{3}{x^2 + 5}$ est définie sur :

   a $\mathbb{R}$ b $\mathbb{R} \setminus \left\{\sqrt{5}\right\}$ c $\mathbb{R}_+$

3. La fonction $h : x \mapsto \dfrac{x^3}{5} - 4x^2 + \sqrt{3}$ est définie sur :

   a $\mathbb{R}$ b $\mathbb{R} \setminus \{5\}$ c $\mathbb{R}_+$

4. La fonction h définie à la question précédente est dérivable sur :

   a $\mathbb{R}_+$ b $\mathbb{R}$ c $\mathbb{R}_+^*$

4 QCM Dérivée et lecture graphique

10 min

Corrigé p. 74

Sur la figure ci-dessous sont représentées la fonction f, définie et dérivable sur $\mathbb{R}$, et ses tangentes aux points d'abscisse -2, et 3.

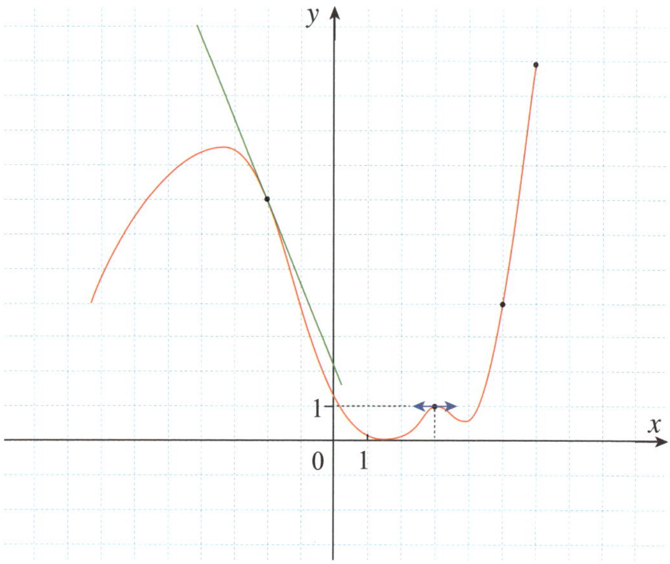

Donner la ou les bonnes réponses aux suivantes.

1 $f'(-2) =$

a $-\frac{5}{2}$ b $\frac{1}{5}$ c 5

2 $f'(3) =$

a 0 b 1 c On ne peut pas savoir

3 $f'(5) =$

a $\frac{1}{7}$ b 7 c On ne peut pas savoir

4 L'équation de la tangente à la courbe représentative de f au point d'abscisse -2 est :

a $y = -\frac{5}{2}x + 2$ b $y = 5x + 2$ c $y = -5x - 3$

5 Lecture graphique avec la dérivée ★ 10 min

Corrigé p. 74

Lycée Hector Berlioz, Vincennes

Soit f une fonction définie et dérivable sur $[-4\,;4]$.
La courbe ci-dessous représente la fonction f' dérivée de f.

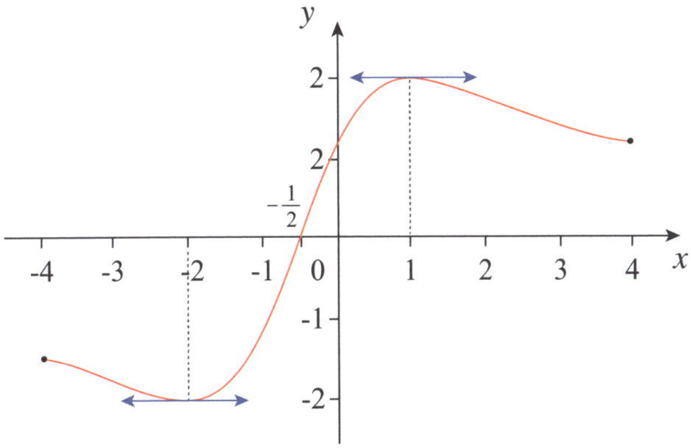

Dire si les affirmations ci-dessous sont vraies ou fausses. Justifier dans chaque cas.

1 $f'(-2) = 0$.

2 La fonction f admet un extremum local en $-\dfrac{1}{2}$.

3 La fonction f est décroissante sur $[1\,;4]$.

4 La tangente à la courbe représentative de f au point d'abscisse 1 a pour coefficient directeur 2.

Nombres dérivés et tangentes

6 Équations de tangentes ★ 10 min

Corrigé p. 75

Lycée Kremlin-Bicêtre, Meaux

Dans chacun des cas suivants, écrire une équation de la tangente en M à la courbe $\mathcal{C}$ d'équation $y = f(x)$.

1 $y = \dfrac{1}{x}$, $M(-2\,;-\dfrac{1}{2})$.

2 $y = \sqrt{x} + x$, $M(1\,;2)$.

COURS
INTERROS
CORRIGÉS

7 Lecture graphique et tangente

★ 10 min Corrigé p. 75

Lycée international Victor Hugo, Colomiers

On considère une fonction f définie sur $[0\ ;6]$. La courbe $\mathcal{C}_f$ représentant f est donnée ci-dessous :

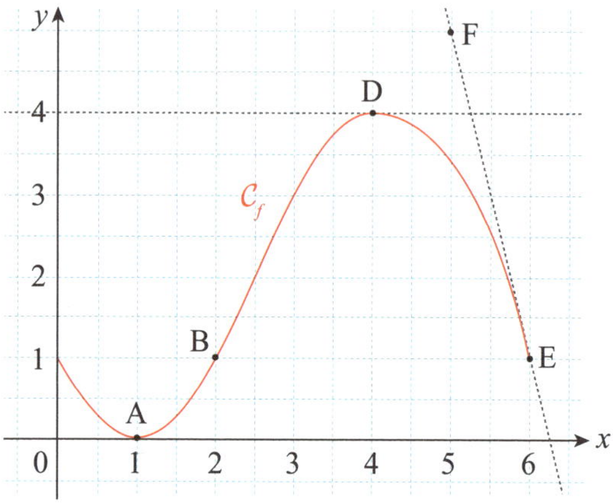

Cette courbe passe par les points $A(1\ ;0)$, $B(2\ ;1)$, $D(4\ ;4)$ et $E(6\ ;1)$.
La tangente en A à la courbe $\mathcal{C}_f$ est confondue avec l'axe des abscisses ; la tangente en D à $\mathcal{C}_f$ est parallèle à cet axe.
La tangente à la courbe au point E passe par le point $F(5\ ;5)$.
Par lecture graphique ou à l'aide des renseignements donnés :

1 Déterminer $f(4)$ et $f(6)$.

2 Déterminer $f'(4)$ et $f'(6)$.

3 Résoudre les équations $f(x) = 0$ et $f'(x) = 0$.

4 Déterminer l'équation réduite de la tangente $\mathcal{T}_1$ à la courbe $\mathcal{C}_f$ au point D, puis celle de la tangente $\mathcal{T}_2$ au point E.

8 Hyperbole

★★ 20 min Corrigé p. 76

Lycée Sophie Germain, Paris

On considère la fonction $f : x \mapsto \dfrac{a}{x}$, $a \in \mathbb{R}_+^*$.
On désigne par $\mathcal{H}_a$ l'hyperbole représentant cette fonction dans un plan muni d'un repère orthonormal $(O; \vec{\imath}, \vec{\jmath})$.
Dans la suite du problème, M_0 désigne le point d'abscisse x_0 sur $\mathcal{H}_a$, où $x_0 \in \mathbb{R}_+^*$.

1 Donner une équation de la tangente Δ au point d'abscisse x_0, en fonction de x_0.

2 Δ coupe les droites (Ox) et (Oy) en H et K.
Montrer que M_0 est le milieu du segment $[HK]$.

3 En déduire un procédé géométrique pour construire la tangente à $\mathcal{H}_a$ en M_0.

9 Étude d'une tangente ★★ 20 min

Corrigé p. 77

Lycée Camille See, Paris

Retrouvez le corrigé de cet exercice en vidéo avec live!

Déterminer m pour que la courbe représentative $\mathcal{C}$ de la fonction définie par :

$$f(x) = \frac{mx+1}{(2-m)x+3}$$

admette au point d'abscisse -1 une tangente de coefficient directeur -2.

10 Tangentes parallèles ★★ 20 min

Corrigé p. 78

Lycée Jacques Amyot, Auxerre

Soit f la fonction définie sur $\mathbb{R}$ par $f(x) = x^3 + 3x^2 - 9x + 6$ et $\mathcal{C}$ sa courbe représentative dans un repère du plan.

1. Soit $a \in \mathbb{R}$. Exprimer $f'(a)$.
2. Donner une équation de la droite (T), tangente à $\mathcal{C}$ au point d'abscisse 2.
3. Montrer qu'il existe un autre point de $\mathcal{C}$ en lequel la tangente est parallèle à (T).
4. La courbe $\mathcal{C}$ admet-elle des tangentes parallèles à l'axe des abscisses ? Si oui, préciser en quel(s) point(s).

11 Utiliser des renseignements ★★★ 15 min

Corrigé p. 79

Lycée du Parc, Lyon

Soit f une fonction définie et dérivable sur $]0\,;+\infty[$, strictement croissante sur l'intervalle $]0\,;2]$ et strictement décroissante sur l'intervalle $[2\,;+\infty[$. La fonction n'est pas définie en 0. On note f' la fonction dérivée de f sur son ensemble de définition.
On note $\mathcal{C}$ la courbe représentative de f dans un repère.

$\mathcal{C}$ passe par les points $A\left(\frac{1}{2}\,;-2\right)$, $B(1\,;0)$ et $C(2\,;1)$. E est le point de coordonnées $\left(1\,;\frac{3}{2}\right)$.

La courbe $\mathcal{C}$ admet au point C une tangente parallèle à l'axe des abscisses.
La droite (AE) est tangente à la courbe $\mathcal{C}$ en A.

1. Que vaut $f(2)$, $f'(2)$, $f\left(\frac{1}{2}\right)$ et $f'\left(\frac{1}{2}\right)$?
2. Donner l'équation de la tangente en A à la courbe $\mathcal{C}$.
3. On sait de plus que l'équation $f(x) = 0$ admet deux solutions, 1 et 3,5. Tracer, dans un repère orthonormal, une courbe pouvant représenter la fonction f, ainsi que les tangentes aux point A et C.

COURS INTERROS CORRIGÉS

Ensembles de définition et dérivabilité

12 Dérivabilité en $a = 1$

★ 10 min Corrigé p. 80

Lycée Alain, Le Vésinet

Soit f la fonction définie sur $\mathbb{R}^*$ par : $f(x) = \dfrac{1}{x^2}$.

On pose, pour $h \neq 0$: $t(h) = \dfrac{f(1+h) - f(1)}{h}$.

1 Montrer que l'on a : $t(h) = \dfrac{-2-h}{(1+h)^2}$.

2 Montrer que f est dérivable en 1 et préciser son nombre dérivé.

13 Ensemble de définition

★ 15 min Corrigé p. 80

Lycée Jean Renoir, Bondy

Déterminer le domaine de définition $\mathcal{D}_f$ des fonctions suivantes, ainsi que leur dérivée $f'(x)$.

1 $f(x) = \dfrac{3x^2 - 4x + 7}{2x^2 - x - 1}$.

2 $f(x) = 3 - 5x + \dfrac{1}{4x - 7}$.

3 $f(x) = \dfrac{2x + 3}{(-x^2 + 2)(x + 3)}$.

14 Ensemble de dérivabilité

★ 20 min Corrigé p. 82

Lycée Sophie Germain, Paris

Dans chacun des cas suivants, déterminer l'ensemble de définition de la fonction f, l'ensemble de dérivabilité de f, puis calculer $f'(x)$ sur son ensemble de dérivabilité.

1 $f : x \mapsto (2x - 3)\sqrt{x}$.

2 $g : x \mapsto \dfrac{2 - 3x}{x^2 - 5x + 4}$.

3 $k : x \mapsto \dfrac{x\sqrt{x}}{x^2 + 3}$.

15 Valeur absolue et dérivabilité

★★ 15 min Corrigé p. 83

Lycée Jeanne d'Albret, Saint-Germain-en-Laye

Soit f la fonction définie sur $\mathbb{R}$ par $f(x) = |x^2 - 4| - 1$.

Étudier la dérivabilité de f en $a = 2$.

16 Dérivabilité d'un produit

★★ 15 min Corrigé p. 84

Lycée Pierre de Fermat, Toulouse

On sait que si f et g sont deux fonctions dérivables en a, alors la fonction fg est dérivable en a et on sait que $(fg)'(a) = f'(a)g(a) + f(a)g'(a)$.

Soit la fonction ϕ définie sur $\mathbb{R}$ par $\phi(x) = x|x|$.

1. La fonction ϕ est-elle dérivable en 0 ?
2. La condition « f et g dérivables en a » est-elle nécessaire pour que (fg) soit dérivable en a ?

Étude de fonctions

17 Recherche de fonctions dérivées

★ 30 min Corrigé p. 84

Lycée Richelieu, Rueil-Malmaison

Calculer les dérivées des fonctions suivantes :

1. $f(x) = \dfrac{2x+1}{x^2 - x + 1}$.
2. $g(x) = \dfrac{1}{x^4 - x^2 + 1}$.
3. $h(x) = \dfrac{1}{2\sqrt{x}}$.

18 Coût marginal

★★ 20 min Corrigé p. 85

Lycée Fénelon, Paris

Le coût de production de x objets est donné par la fonction :

$$C(x) = 180 + 12x - 0{,}01x^2.$$

1. Le coût marginal $C_m(x)$ est défini comme l'accroissement du coût total occasionné par la production de la xe pièce, ce qu'on peut écrire :

$$C_m(x) = C(x) - C(x-1).$$

   Donner l'expression de $C_m(x)$ dans le cas étudié.
2. Donner l'expression de la dérivée $C'(x)$.
3. Si l'on utilise $C'(x)$ comme valeur approchée du coût marginal $C_m(x)$, quelle erreur commet-on ?
   Donner la valeur de cette erreur lorsqu'on produit le 100e objet.

19 Valeur annulant la dérivée

★★ 20 min Corrigé p. 86

Lycée Charlemagne, Paris

Soient u et v deux fonctions dérivables sur un intervalle I de $\mathbb{R}$ telles que v et v' ne s'annulent pas sur cet intervalle.

1 On considère la fonction $f = \frac{u}{v}$.

Prouver que si a est un nombre de I tel que $f'(a) = 0$, alors $f(a) = \frac{u'(a)}{v'(a)}$.

2 Application.

On pose $f(x) = \frac{x^2 + 3x - 4}{x^2 + 1}$ définie pour tout x de $\mathbb{R}$.

(a) Calculer $f'(x)$ et donner la valeur exacte de a, nombre positif tel que $f'(a) = 0$.

(b) Utiliser le résultat de la question 1. pour donner la valeur exacte de $f(a)$.

20 Position d'une parabole et de droites

★★★ 30 min Corrigé p. 87

Lycée Thiers, Marseille

Dans un repère orthonormal, soit $\mathcal{P}$ la parabole d'équation :

$$y = \frac{1}{4}x^2.$$

Soit $\mathcal{D}_m$ la droite d'équation $mx - y + 1 = 0$, m étant élément de $\mathbb{R}$.

1 **(a)** Montrer que, quel que soit m, $\mathcal{D}_m$ et $\mathcal{P}$ se coupent en deux points distincts A et B d'abscisses x' et x''.

(b) Montrer que $x'x''$ ne dépend pas de m.

2 **(a)** Calculer les coordonnées du point d'intersection I_m des tangentes à $\mathcal{P}$ aux points A et B.

(b) Déterminer la longueur $AI_m^2 + BI_m^2 - AB^2$.
En déduire que les tangentes à $\mathcal{P}$ aux points A et B sont perpendiculaires.

(c) Quel est l'ensemble des points I_m lorsque m décrit $\mathbb{R}$?

Optimisation

21 Recherche d'extrema

★ 10 min Corrigé p. 90

Lycée Jean-Baptiste de La Salle, Saint-Denis

Trouvez les extrema de la fonction f définie par :

$$f(x) = x^3 - 4x^2 + x - 2\,.$$

22 Recherche d'une aire minimale

★ 50 min Corrigé p. 91

Lycée Saint-Louis de Gonzague, Paris

$ABCD$ est un carré du plan tel que $AB = 2$. I est le milieu de $[AB]$.
M est un point variable et différent de I sur la demi-droite $[Iz)$, perpendiculaire à la droite (AB) et représentée ci-dessous.

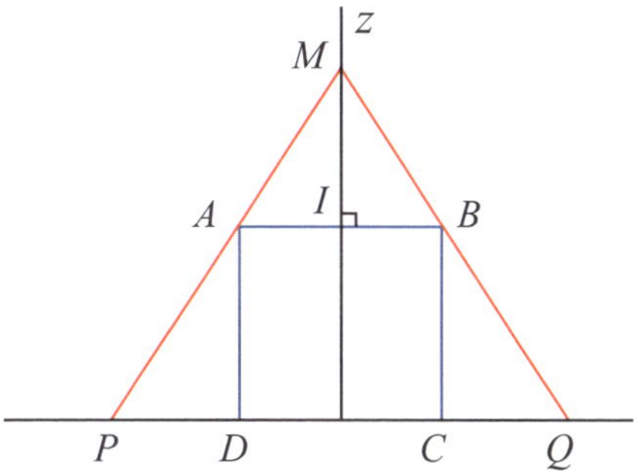

Les droites (MA) et (MB) coupent la droite (CD) en P et Q respectivement. On pose $IM = x$. f est la fonction qui, à x, associe l'aire du triangle MPQ.

1 Quel est l'ensemble de définition de f ?

2 (a) Montrer que $f(x) = \dfrac{(x+2)^2}{x}$.

(b) Où faut-il placer M pour que l'aire du triangle MPQ soit minimale ?

3 Montrer que pour tout réel x de l'ensemble de définition de f,

$$f(x) = x + 4 + \frac{4}{x}.$$

4 Déterminer, par un calcul mental simple, l'arrondi à l'unité de la mesure de l'aire du triangle MPQ lorsque $x = 1\,980$. Justifier.

23 Optimisation en économie

★★ 25 min Corrigé p. 92

Lycée Odilon Redon, Pauillac

Une entreprise fabrique et vend chaque jour un nombre x d'objets.
Les contraintes de fabrication impose que le nombre x d'objets soit dans l'intervalle $I = [1 ; 100]$.
Chaque objet est vendu 100 euros, et on suppose que tous les objets fabriqués sont vendus. Le coût unitaire de production par objet produit est donné par la fonction U définie sur I par :

$$U(x) = 2x - 83 - \frac{900}{x}.$$

1 (a) Écrire un algorithme permettant de déterminer le bénéfice maximal que peut réaliser l'entreprise.

(b) Quel est ce bénéfice maximal ? Pour quelle quantité d'objets vendus et fabriqués est-il réalisé ?

COURS INTERROS CORRIGÉS

2 **(a)** Montrer que le bénéfice global $B(x)$ réalisé par l'entreprise pour x objets produits et vendus est donné par :

$$B(x) = -2x^2 + 183x + 900.$$

(b) Calculer $B'(x)$ et en déduire le sens de variation de la fonction B sur I.

(c) Retrouve-t-on le résultat de la question 1 ? Expliquer pourquoi.

24 Optimisation dans le plan

★★ 25 min Corrigé p. 94

Lycée Pablo Picasso, Fontenay-sous-Bois

À l'intérieur de la feuille de papier rectangulaire $ABCD$ représentée ci-dessous, on dispose d'une zone rectangulaire imprimable $EFGH$ d'aire 150 cm^2.
On note $x = AB$ et $y = BC$. Les longueurs sont exprimées en cm et on suppose que $x \in [5\ ;22]$ et $y > 3$.

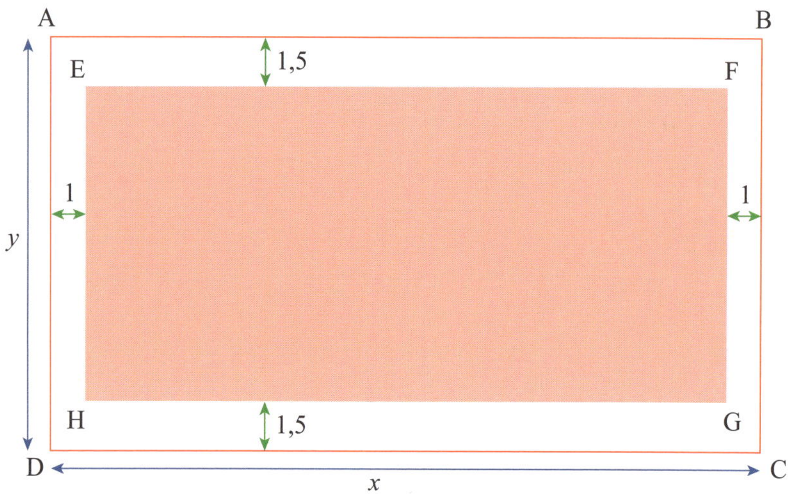

1 Justifier que pour tout x de $[5\ ;22]$, $y = 3 + \dfrac{150}{x-2}$.

2 Cas d'une feuille carrée :

(a) Démontrer que la feuille est carrée si et seulement si :

$$x^2 - 5x - 144 = 0.$$

(b) Existe-t-il des valeurs de x pour lesquelles la feuille est carrée ? Si oui, lesquelles ?

3 Soit g la fonction qui à tout réel x de $[5\ ;22]$ associe l'aire, en cm^2, de la feuille.

(a) Démontrer que $g(x) = \dfrac{3x^2 + 144x}{x-2}$.

(b) Calculer $g'(x)$, étudier son signe et en déduire le tableau de variation de g.

(c) Pour quelle valeur de x l'aire est-elle minimale ? Quelle est cette aire minimale ?

4 Pour quelles valeurs de x l'aire est-elle supérieure ou égale à $224\ \text{cm}^2$?

25 Optimisation et parabole ★★ 25 min

Corrigé p. 96

Lycée Teilhard de Chardin, Saint-Maur-des-Fossés

À l'intérieur de la parabole $\mathcal{P}$ d'équation $y = x^2$ et sous la droite $\mathcal{D}$ d'équation $y = 5$, on veut inscrire, comme sur la figure ci-dessous, un rectangle dont l'aire soit la plus grande possible. M et P appartiennent à la parabole $\mathcal{P}$ et N et Q appartiennent à la droite $\mathcal{D}$.

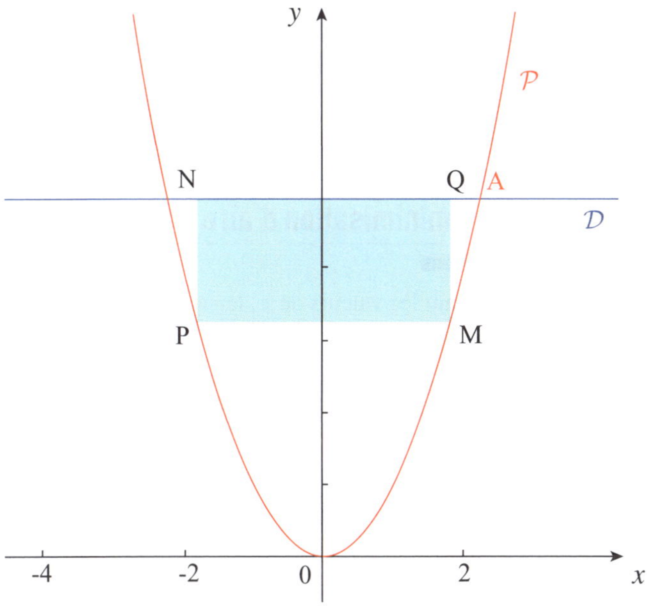

1 Soit x l'abscisse du point M de la parabole situé sur l'arc $\overset{\frown}{OA}$. Exprimer l'aire du rectangle $MPNQ$ en fonction de x.

2 Soit la fonction f qui à x associe l'aire du rectangle $MPNQ$.

(a) Quel est son ensemble de définition ?

(b) Étudier les variations de f sur son ensemble de définition.

3 Donner la valeur exacte des coordonnées du point M qui correspond à l'aire maximale et donner la valeur exacte de cette aire maximale.

26 Optimisation dans l'espace ★★★ 25 min

Corrigé p. 97

Lycée international Victor Hugo, Colomiers

$ABCDEFGH$ est un cube d'arête 6 cm.
M est un point de $[AB]$ et I un point de $[AE]$ tels que $AM = EI = x$.
On construit à l'intérieur du cube le parallélépipède rectangle $AMNPIJKL$ tel que $AMNP$ soit un carré.

1. Quelles sont les valeurs possibles de x ?
2. Déterminer la valeur de x pour laquelle le volume du parallélépipède rectangle $AMNPIJKL$ est maximale, et donner ce volume.

27 Recherche des extrema d'une aire ★★★ 45 min

Corrigé p. 98

Lycée Montesquieu, Herblay

On découpe une ficelle de longueur l en deux morceaux ; avec l'un d'eux, on forme un triangle équilatéral, et avec l'autre, un carré.

Comment couper la ficelle pour que la somme des aires obtenues soit minimale ? maximale ?

28 Un problème de minimisation d'aire ★★★ 45 min

Corrigé p. 100

Lycée Riquet, Saint-Orens

1. Déterminer suivant les valeurs de x, le signe de $x^3 - 216$.
   On pourra remarquer que $216 = 6^3$.
2. Un laboratoire pharmaceutique fabrique un produit solide conditionné sous la forme d'un petit parallélépipède rectangle dont le volume est égal à 576 mm^3.
   On note y la hauteur ; ses autres dimensions sont x et $2x$ (x et y sont en mm).

   (a) Calculer y en fonction de x.

   (b) Démontrer que la surface totale, en mm^2, de ce solide est donnée par la fonction S définie pour $x \neq 0$ par :
   $$S(x) = 4\left(x^2 + \frac{432}{x}\right).$$

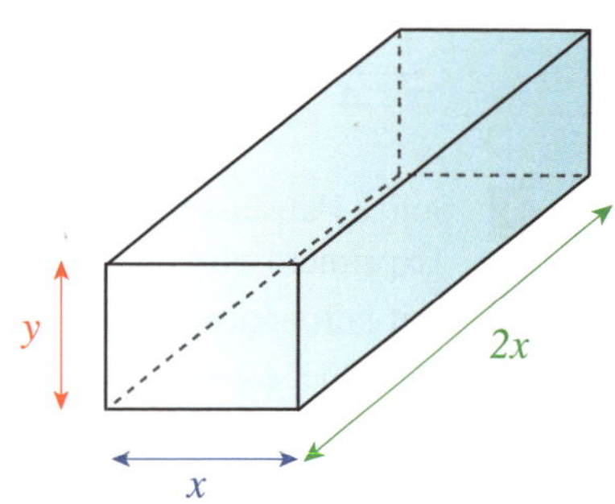

   (c) Les conditions d'emballage imposent que x soit compris entre 3 et 12 mm. Étudier le sens de variation de S sur l'intervalle [3 ; 12] et en déduire les dimensions du parallélépipède rectangle pour que la surface totale soit minimale.

1 V/F Dérivabilité

Enoncé p. 61

1 *Faux.* Les fonctions : $x \mapsto |x|$ et $x \mapsto \sqrt{x}$ sont toutes les deux définies en $x_0 = 0$; cependant, elles n'y sont pas dérivables.

2 *Faux.* Il est exact que la fonction : $x \mapsto \sqrt{x}$ n'est pas dérivable en 0 ; cependant, f est dérivable en 0.

On a, pour tout $h > 0$, $T(h) = \dfrac{f(h) - f(0)}{h}$. Soit :

$$T(h) = \frac{h\sqrt{h}}{h} = \sqrt{h}.$$

$T(h)$ admet une limite finie égale à 0 lorsque h tend vers 0. Donc la fonction f est dérivable en 0 et $f'(0) = 0$.

3 *Faux.* La dérivée de la fonction $f(x) = x^n$ est $f(x) = nx^{n-1}$ qui est de degré $n - 1$.

4 *Faux.* Soit f la fonction définie sur $\mathbb{R}$ par $f(x) = x^2 + 4$. On a bien $f(1) = 5$.

La fonction f est dérivable sur $\mathbb{R}$ et, pour tout réel x, $f'(x) = 2x$. Par suite, $f'(1) = 2$.

2 V/F Extremum

Enoncé p. 61

1 *Faux.* La fonction f est dérivable sur $\mathbb{R}$; sa dérivée est définie sur $\mathbb{R}$ par $f'(x) = 2x$. On peut donc remarquer que f' ne s'annule pas sur I. Cependant, f est strictement croissante sur I. Elle admet donc un minimum en 1 et un maximum en 2.

2 *Faux.* Considérons, par exemple, les fonctions f et g définies sur $\mathbb{R}$ par $f(x) = x^2 + 13$ et $g(x) = x^2 - 5$.

Ces deux fonctions sont dérivables sur $\mathbb{R}$ et, pour tout x réel,

$$f'(x) = g'(x) = 2x\,.$$

3 *Faux.* La fonction $f : x \to x^3$ a pour dérivée la fonction f' définie sur $\mathbb{R}$ par $f'(x) = 3x^2$. f' s'annule en 0 mais ne change pas de signe. La fonction f n'admet pas d'extremum en 0.

3 QCM Ensemble de définition et de dérivabilité

Enoncé p. 61

1 Réponse **b**. En effet, la fonction f est dérivable sur $]0\,;+\infty[$ comme produit de fonctions dérivables sur cet intervalle.

Étudions maintenant la dérivabilité de f en 0 en revenant à la définition :

$$\lim_{h\to 0} \frac{f(0+h) - f(0)}{h} = \lim_{h\to 0} \frac{h\sqrt{h}}{h} = \lim_{h\to 0} \sqrt{h} = 0.$$

Donc f est dérivable en 0 et $f'(0) = 0$.

COURS INTERROS CORRIGÉS

2 Réponse [a]. En effet, $x^2 + 5 \geqslant 5$ puisque x^2 ne peut être négatif. Donc le dénominateur ne s'annule jamais.

3 Réponse [a]. L'erreur consisterait à confondre $\sqrt{3}$ et $\sqrt{x}$.

4 Réponse [b]. De même la dérivée de $x \mapsto \sqrt{3}$ est 0, puisque $\sqrt{3}$ est un nombre réel.

4 QCM Dérivée et lecture graphique

Enoncé p. 62

1 Réponse [a]. La tangente au point d'abscisse -2 passe par les points $A(-2\,;7)$ et $B(0\,;2)$.

Son coefficient directeur est donc $\dfrac{2-7}{0-(-2)} = -\dfrac{5}{2}$. Or par définition, ce coefficient directeur est $f'(-2)$.

2 Réponse [a]. La double flèche horizontale au point de la courbe d'abscisse 3 signifie qu'il y a en ce point une tangente horizontale, donc $f'(3) = 0$.

3 Réponse [c]. La tangente en ce point n'est pas tracée donc il n'y a aucun moyen de déterminer son coefficient directeur.

4 Réponse [a]. On sait déjà que le coefficient directeur de cette tangente est $-\dfrac{5}{2}$. De plus la droite, qui a donc une équation de la forme $y = -\dfrac{5}{2}x + p$, passe par le point $A(-2\,;7)$.

Les coordonnées de A vérifient donc l'équation de la tangente et on a : $7 = -\dfrac{5}{2} \times (-2) + p$, ce qui donne $p = 2$.

L'équation de la tangente est donc $y = -\dfrac{5}{2}x + 2$.

5 Lecture graphique avec la dérivée

Enoncé p. 63

Lycée Hector Berlioz, Vincennes

1 *Faux*. La dérivée admet une tangente horizontale, donc $f''(-2) = 0$, mais $f'(-2) = -2$.

2 *Vrai*. En effet, pour $x = -\dfrac{1}{2}$, la dérivée s'annule et change de signe. f admet donc un extremum en cette valeur. Il s'agit d'ailleurs d'un minimum, puisque f' est d'abord négative, puis positive, donc f est d'abord décroissante, puis croissante.

3 *Faux*. Sur cet intervalle, la fonction dérivée est positive, donc f est croissante.

4 *Vrai*. $f'(1) = 2$, donc le coefficient directeur de la tangente sera bien 2.

6 Équations de tangentes

Enoncé p. 63

Lycée Kremlin-Bicêtre, Meaux

1 On sait que le coefficient directeur de la tangente en un point est égal au nombre dérivé en ce point et l'on a $f(x) = \frac{1}{x}$.

La fonction f est dérivable sur $]-\infty\,;0[\cup]0\,;+\infty[$ et $f'(x) = -\frac{1}{x^2}$.

En particulier en -2 :

$$f'(-2) = -\frac{1}{4} \quad \text{et} \quad f(-2) = -\frac{1}{2}.$$

Une équation de la tangente est :

$$y = -\frac{1}{2} - \frac{1}{4}(x+2)$$

ou encore :

$$y = -\frac{1}{4}x - 1.$$

2 En utilisant le même raisonnement pour $f(x) = \sqrt{x} + x$, on a :

$$f'(x) = \frac{1}{2\sqrt{x}} + 1$$

et en particulier :

$$f'(1) = \frac{3}{2} \quad \text{et} \quad f(1) = 2.$$

Une équation de la tangente est $y = 2 + \frac{3}{2}(x-1)$, soit :

$$y = \frac{3}{2}x + \frac{1}{2}.$$

7 Lecture graphique et tangente

Enoncé p. 64

Lycée international Victor Hugo, Colomiers

1 $f(4) = 4$; $f(6) = 1$.

2 $f'(4) = 0$ (on a une tangente parallèle à l'axe des abscisses) et $f'(6) = -4$. En effet, la tangente en E passe par $E(6\,;1)$ et $F(5\,;5)$, donc son coefficient directeur est $\frac{5-1}{5-6} = -4$.

Or, par définition, ce coefficient directeur est égal à $f'(6)$.

3 $f(x) = 0 \Leftrightarrow x = 1$: le point A est le seul point de la courbe sur l'axe des abscisses.

$f'(x) = 0 \Leftrightarrow x = 1$ ou $x = 4$. En effet, pour ces deux valeurs on a une tangente horizontale, donc de coefficient directeur 0.

4 Pour $\mathcal{T}_1$: le coefficient directeur est nul (voir question 3), et cette droite passe par le point D. Donc l'équation de $\mathcal{T}_1$ est $y = 4$.

COURS INTERROS CORRIGÉS

Pour $\mathcal{T}_2$: on sait déjà que le coefficient directeur est -4, donc l'équation est de la forme $y = -4x$+p.

De plus, le point E appartient à la tangente, donc ses coordonnées vérifient l'équation.

On a donc : $1 = -4 \times 6 + p$, et donc $p = 25$.

L'équation réduite de $\mathcal{T}_2$ est $y = -4x + 25$.

8 Hyperbole

Enoncé p. 64

Lycée Sophie Germain, Paris

1 $f'(x) = -\dfrac{a}{x^2}$ donc $f'(x_0) = -\dfrac{a}{x_0^2}$.

L'équation de la tangente est donc : $y = -\dfrac{a}{x_0^2}(x - x_0) + \dfrac{a}{x_0}$, soit :

$$y = -\frac{a}{x_0^2}x + \frac{2a}{x_0}.$$

2 Δ coupe l'axe des abscisses lorsque $y = 0$. On a alors $-\dfrac{a}{x_0^2}x + \dfrac{2a}{x_0} = 0$, et donc :

$$x = \frac{-\dfrac{2a}{x_0}}{-\dfrac{a}{x_0^2}} = -\frac{2a}{x_0} \times \frac{-x_0^2}{a} = 2x_0.$$

H a donc pour coordonnées $(2x_0\,;0)$.

Δ coupe l'axe des ordonnées lorsque $x = 0$, on a alors $y = \dfrac{2a}{x_0}$.

K a donc pour coordonnées $\left(0\,;\dfrac{2a}{x_0}\right)$.

Le milieu de $[HK]$ a pour coordonnées $\left(\dfrac{2x_0 + 0}{2}\,;\dfrac{0 + \dfrac{2a}{x_0}}{2}\right)$, soit $\left(x_0\,;\dfrac{a}{x_0}\right)$, et ce sont bien les coordonnées de M_0.

3 Il y a en fait deux constructions possibles :

- Soit on s'intéresse au triangle OHK : il est rectangle en O, et sa médiane issue de O est $[OM_0]$ d'après le résultat précédent.
  Or, dans un triangle rectangle, la médiane a pour longueur la moitié de la longueur de l'hypoténuse.
  Donc on peut tracer un cercle de rayon OM_0 et de centre M_0.
  Il coupera les deux axes en H et K.

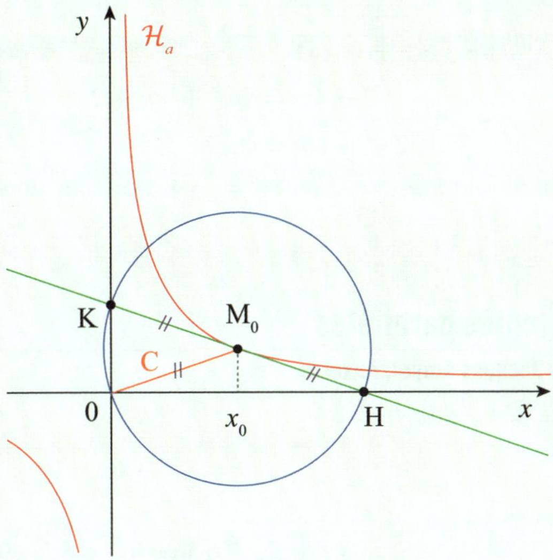

- On pourrait aussi n'utiliser que le résultat intermédiaire, qui est l'abscisse de H : on reporte deux fois l'abscisse x_0 à partir de O sur l'axe des abscisses, puis on joint les points H et M_0, ce qui permet de tracer la tangente.

9 Étude d'une tangente

Enoncé p. 65

Lycée Camille See, Paris

Pour que la courbe représentative $\mathcal{C}$ de la fonction définie par $f(x) = \dfrac{mx+1}{(2-m)x+3}$ admette au point d'abscisse -1 une tangente de coefficient directeur -2, il faut d'abord que f soit définie en -1, donc que $(2-m)(-1)+3 \neq 0$, c'est-à-dire $m \neq -1$.

f est alors dérivable en -1 et on doit avoir $f'(-1) = -2$. La dérivée de f vaut :

$$\begin{aligned} f'(x) &= \frac{m(2x-mx+3)-(mx+1)(2-m)}{(2x-mx+3)^2} \\ &= \frac{2mx-m^2x+3m-2mx-2+m^2x+m}{(2x-mx+3)^2} \\ &= \frac{4m-2}{(2x-mx+3)^2}. \end{aligned}$$

Au point -1, on a :

$$f'(-1) = \frac{4m-2}{(m+1)^2}.$$

Il faut donc avoir : $\dfrac{4m-2}{(m+1)^2} = -2$

$$2 - 4m = 2m^2 + 4m + 2$$

$$2m^2 + 8m = 0.$$

On obtient alors $m = 0$ ou $m = -4$, qui sont donc les deux solutions recherchées : $S = \{-4{,}0\}$.

10 Tangentes parallèles

Enoncé p. 65

Lycée Jacques Amyot, Auxerre

1 La dérivée de f est :

$$f'(x) = 3x^2 + 6x - 9.$$

Ainsi,

$$\forall a \in \mathbb{R},\ f'(a) = 3a^2 + 6a - 9.$$

2 D'après le cours, l'équation réduite de la tangente à $\mathcal{C}$ au point d'abscisse a est :

$$y = f'(a)(x-a) + f(a).$$

Pour $a = 2$, on obtient :

$$\begin{aligned} & y = f'(2)(x-2) + f(2) \\ \Longleftrightarrow\ & y = (3 \times 2^2 + 6 \times 2 - 9)(x-2) + (2^3 + 3 \times 2^2 - 9 \times 2 + 6 \\ \Longleftrightarrow\ & y = 15(x-2) + 8 \\ \Longleftrightarrow\ & y = 15x - 22 \end{aligned}$$

L'équation réduite de (T) est donc $y = 15x - 22$.

3 S'il existe un point d'abscisse b en lequel la tangente à $\mathcal{C}$ est parallèle à (T), alors $f'(b) = 15$ (les coefficients directeurs des tangentes sont nécessairement égaux).

$$\begin{aligned} f'(b) = 15 \iff & 3b^2 + 6b - 9 = 15 \\ \iff & 3b^2 + 6b - 24 = 0 \\ \iff & b^2 + 2b - 8 = 0 \text{ (en divisant tout par 3).} \end{aligned}$$

Le discriminant du trinôme $b^2 + 2b - 8$ est :

$$\Delta = 2^2 - 4 \times 1 \times (-8) = 36.$$

Il a donc deux racines :

$$b_1 = \frac{-2-6}{2} = -4 \qquad \text{et} \qquad b_2 = \frac{-2+6}{2} = 2.$$

Il y a donc deux points en lesquels le coefficient directeur de la tangente à $\mathcal{C}$ est égal à 2 : celui d'abscisse -4 et celui d'abscisse 2 (déjà vu précédemment).

4 $\mathcal{C}$ admet une ou des tangentes parallèles à l'axe des abscisses s'il existe au moins une valeur de a pour laquelle $f'(a) = 0$

$$f'(a) = 0 \iff 3a^2 + 6a - 9 = 0$$
$$\iff a^2 + 2a - 3 = 0 \text{ (en divisant tout par 3).}$$

a_1 est une racine évidente de $a^2 + 2a - 3$ donc la seconde racine est $a_2 = -3$ (on utilise le résultat $a_1 a_2 = \frac{c}{a} = \frac{-3}{1}$).
Il existe donc bien deux points (d'abscisses respectives 1 et -3) en lesquels la tangente à $\mathcal{C}$ est horizontale.

11 Utiliser des renseignements

Enoncé p. 65

Lycée du Parc, Lyon

1 C a pour coordonnées (2 ; 1) et appartient à $\mathcal{C}$.
Donc $f(2) = 1$.

La tangente en C à $\mathcal{C}$ est parallèle à l'axe des abscisses donc :

$$f'(2) = 0.$$

$A\left(\frac{1}{2} ; -2\right)$ appartient à $\mathcal{C}$, donc :

$$f\left(\frac{1}{2}\right) = -2.$$

(AE) est tangente à la courbe $\mathcal{C}$ en A, donc le coefficient directeur de (AE) est égal à la dérivée de f en l'abscisse de A.

Ce coefficient directeur est égal à :

$$\frac{\frac{3}{2} - (-2)}{1 - \frac{1}{2}} = \frac{\frac{7}{2}}{\frac{1}{2}} = 7.$$

On a donc $f'\left(\frac{1}{2}\right) = 7$.

2 On utilise la formule $y = f'(a)(x - a) + f(a)$.

$$y = 7\left(x - \frac{1}{2}\right) - 2 = 7x - \frac{7}{2} - 2 = 7x - \frac{11}{2}.$$

L'équation de la tangente en A à la courbe $\mathcal{C}$ est $y = 7x - \frac{11}{2}$.

COURS
INTERROS
CORRIGÉS

3 On a le graphique suivant :

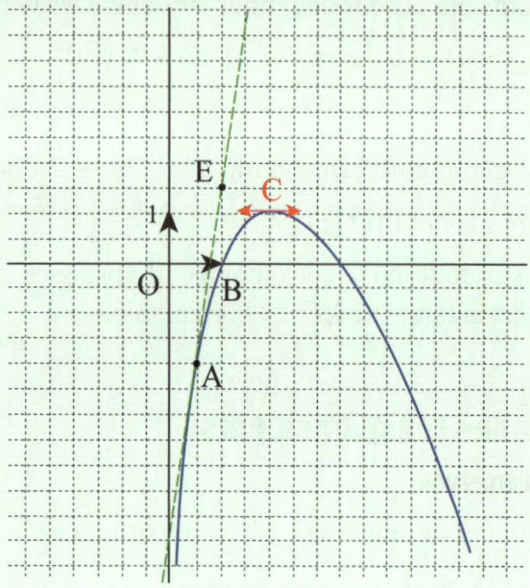

12 Dérivabilité en $a = 1$

Enoncé p. 66

Lycée Alain, Le Vésinet

1 On a :

$$t(h) = \frac{f(1+h) - f(1)}{h} = \frac{\dfrac{1}{(1+h)^2} - \dfrac{1}{1^2}}{h} = \frac{\dfrac{1}{(1+h)^2} - 1}{h}$$

$$= \frac{1 - (1+h)^2}{h(1+h)^2} = \frac{-h^2 - 2h}{h(1+h)^2} = \frac{-2-h}{(1+h)^2}.$$

2 On a donc $\lim_{h \to 0} t(h) = -2$, d'où :

$$\lim_{h \to 0} \frac{f(1+h) - f(1)}{h} = -2.$$

f est dérivable en 1 et son nombre dérivé en 1 vaut -2.

Soit : $f'(1) = -2$.

13 Ensemble de définition

Enoncé p. 66

Lycée Jean Renoir, Bondy

1 $f(x)$ existe si et seulement si $2x^2 - x - 1 \neq 0$.

Étudions le trinôme $2x^2 - x - 1$:

$\Delta = 9$ donc ses racines sont :

$$x_1 = \frac{1+3}{4} = 1 \quad \text{et} \quad x_2 = \frac{1-3}{4} = -\frac{1}{2}.$$

Finalement :

$$\mathcal{D}_f = \mathbb{R} \setminus \left\{-\frac{1}{2}\,;1\right\}$$

La fonction f est une fonction rationnelle. Elle est dérivable sur son ensemble de définition.

$$\begin{aligned} f'(x) &= \frac{(6x-4)(2x^2-x-1)-(3x^2-4x+7)(4x-1)}{(2x^2-x-1)^2} \\ &= \frac{12x^3-14x^2-2x+4-(12x^3-16x^2+28x-3x^2+4x-7)}{(2x^2-x-1)^2} \\ &= \frac{5x^2-34x+11}{(2x^2-x-1)^2}. \end{aligned}$$

2 $f(x)$ existe si et seulement si $4x-7 \neq 0$, d'où :

$$\mathcal{D}_f = \mathbb{R} \setminus \left\{\frac{7}{4}\right\}$$

La fonction f est une fonction rationnelle. Elle est dérivable sur son ensemble de définition et :

$$f'(x) = -5 - \frac{4}{(4x-7)^2}.$$

3 $f(x)$ existe si et seulement si $(-x^2+2)(x+3) \neq 0$, soit si et seulement si $-x^2+2 \neq 0$ et $x+3 \neq 0$, d'où :

$$\mathcal{D}_f = \mathbb{R} \setminus \left\{-3\,;-\sqrt{2}\,;\sqrt{2}\right\}$$

La fonction f est une fonction rationnelle, dérivable sur son ensemble de définition avec, pour tout $x \in \mathcal{D}_f$, $f(x) = \dfrac{u(x)}{v(x)}$, où :

$$u(x) = 2x+3 \quad \text{et} \quad v(x) = (-x^2+2)(x+3)\,.$$

On a $u'(x) = 2$ et, en utilisant la formule de dérivation d'un produit, $v'(x) = (-2x)(x+3)+(-x^2+2)(1) = -3x^2-6x+2$.
On a donc :

$$\begin{aligned} f'(x) &= \frac{2(-x^2+2)(x+3)-(2x+3)(-3x^2-6x+2)}{(-x^2+2)^2(x+3)^2} \\ &= \frac{4x^3+15x^2+18x+6}{(-x^2+2)^2(x+3)^2}. \end{aligned}$$

COURS

INTERROS

CORRIGÉS

14 Ensemble de dérivabilité

Enoncé p. 66

Lycée Sophie Germain, Paris

1 f est définie sur $\mathbb{R}_+$ et dérivable sur $\mathbb{R}_+^*$.

$$\begin{aligned} f'(x) &= 2\sqrt{x} + (2x-3) \times \frac{1}{2\sqrt{x}} \\ &= \frac{2\sqrt{x} \times 2\sqrt{x} + 2x - 3}{2\sqrt{x}} \\ &= \frac{6x-3}{2\sqrt{x}}. \end{aligned}$$

MÉTHODE

Il est intéressant d'aller jusqu'à la dernière écriture, car elle nous permettra d'étudier le signe de $f'(x)$.

f n'est pas dérivable en 0 : en effet, en revenant à la définition :

$$\lim_{h \to 0} \frac{f(0+h) - f(0)}{h} = \lim_{h \to 0} \frac{(2h-3)\sqrt{h}}{h} = \lim_{h \to 0} \left(2\sqrt{h} - \frac{3}{\sqrt{h}}\right).$$

Or, lorsque h se rapproche de 0, $\frac{3}{\sqrt{h}}$ devient de plus en plus grand ; on dit que cette quantité tend vers l'infini. La limite du taux de variation n'est donc pas un réel, et donc f n'est pas dérivable en 0.

2 g est définie et dérivable comme quotient de deux fonctions polynômes, lorsque le dénominateur est non nul.
$\Delta = 9$, le trinôme a donc deux racines, 1 et 4.
La fonction f est donc définie et dérivable sur $\mathbb{R} \setminus \{1 ; 4\}$.

$$\begin{aligned} g'(x) &= \frac{-3(x^2-5x+4) - (2-3x)(2x-5)}{(x^2-5x+4)^2} \\ &= \frac{-3x^2+15x-12-4x+10+6x^2-15x}{(x^2-5x+4)^2} \\ &= \frac{3x^2-4x-2}{(x^2-5x+4)^2}. \end{aligned}$$

Là encore, $g'(x)$ est sous une forme où l'étude de son signe sera facile.

3 Le dénominateur de $k(x)$ ne s'annule jamais. Par contre il y a une racine carrée.
Donc k est définie sur $\mathbb{R}_+$ et dérivable sur $\mathbb{R}_+^*$.

$$k'(x) = \frac{\left(\sqrt{x} + x \times \dfrac{1}{2\sqrt{x}}\right)(x^2+3) - x\sqrt{x} \times 2x}{(x^2+3)^2}$$

$$= \frac{\left(\sqrt{x} + \dfrac{\sqrt{x}}{2}\right)(x^2+3) - 2x^2\sqrt{x}}{(x^2+3)^2}$$

$$= \frac{\dfrac{3\sqrt{x}}{2}x^2 + \dfrac{3}{2}\sqrt{x} \times 3 - 2x^2\sqrt{x}}{(x^2+3)^2}$$

$$= \frac{\sqrt{x}\left(\dfrac{9-x^2}{2}\right)}{(x^2+3)^2}.$$

La forme obtenue à la fin peut laisser penser que k est dérivable en 0, puisque rien ne s'opposerait à remplacer x par 0 dans cette formule.

Il nous faut revenir à la définition :

$$\lim_{h \to 0} \frac{k(0+h) - k(0)}{h} = \lim_{h \to 0} \frac{\dfrac{h\sqrt{h}}{h^2+3}}{h} = \lim_{h \to 0} \frac{\sqrt{h}}{h^2+3} = 0.$$

Donc la fonction k est bien dérivable en 0, et son ensemble de dérivabilité est finalement $\mathbb{R}_+$.

15 Valeur absolue et dérivabilité

Enoncé p. 66

Lycée Jeanne d'Albret, Saint-Germain-en-Laye

Soit h un réel non nul, le taux de variation de la fonction f entre 2 et $2+h$ est :

$$t(h) = \frac{f(2+h) - f(2)}{h}.$$

Comme $f(x) = |x^2 - 4| - 1$, alors $t(h) = \dfrac{|(2+h)^2 - 4| - 1 + 1}{h}$.

Soit après réduction :

$$t(h) = \frac{|h^2 + 4h|}{h}.$$

On écrit $t(h)$ sous la forme $\dfrac{|h|}{h} \times |h+4|$.

Deux cas doivent alors être distingués :

- Si $h > 0$, alors $t(h) = h + 4$.
- Si $h < 0$, alors $t(h) = -|h+4|$.

Il en résulte que $t(h)$ n'a pas de limite en 0. En effet, si h tend vers 0 par valeurs positives, $t(h)$ tend vers 4 (calcul effectué dans la première expression) et si h tend vers 0 par valeurs négatives, alors $t(h)$ tend vers -4 (calcul effectué dans la seconde expression).

On en déduit que f n'est pas dérivable en $a = 2$.

16 Dérivabilité d'un produit

Enoncé p. 67

Lycée Pierre de Fermat, Toulouse

1 La fonction ϕ est définie sur $\mathbb{R}$ par $x \mapsto x|x|$.

Soit h un réel non nul, on pose :

$$t(h) = \frac{\phi(h) - \phi(0)}{h}.$$

On a alors :

$$t(h) = \frac{h|h|}{h} = |h|.$$

Il s'ensuit que $\lim\limits_{h \to 0} t(h) = 0$.

On en déduit que la fonction ϕ est dérivable en 0 et que $\phi'(0) = 0$.

2 Considérons les fonctions f et g définies sur $\mathbb{R}$ par $f(x) = x$ et $g(x) = |x|$.

La fonction f est dérivable sur $\mathbb{R}$ donc en particulier, elle est dérivable en 0.

En revanche, la fonction valeur absolue n'est pas dérivable en 0. Or, $\phi = fg$ et on a prouvé que la fonction ϕ est dérivable en 0.

On peut alors conclure que la condition « f et g dérivables en a » n'est pas nécessaire pour que fg soit dérivable en a. Puisque f est dérivable en 0, g ne l'est pas et néanmoins le produit fg est dérivable en 0.

17 Recherche de fonctions dérivées

Enoncé p. 67

Lycée Richelieu, Rueil-Malmaison

1 $f(x) = \dfrac{2x+1}{x^2 - x + 1}$.

La fonction f est une fonction rationnelle. Elle est dérivable sur son ensemble de définition. Or, le discriminant du trinôme $x^2 - x + 1$ est -3.

Donc l'équation $x^2 - x + 1 = 0$ n'admet pas de solution réelle.

COURS
INTERROS
CORRIGÉS

On en déduit que f est définie et dérivable sur $\mathbb{R}$.

$$\begin{aligned} f'(x) &= \frac{2(x^2 - x + 1) - (2x + 1)(2x - 1)}{(x^2 - x + 1)^2} \\ &= \frac{2x^2 - 2x + 2 - 4x^2 + 1}{(x^2 - x + 1)^2} \\ &= \frac{-2x^2 - 2x + 3}{(x^2 - x + 1)^2}. \end{aligned}$$

2 On doit chercher si le dénominateur s'annule pour certaines valeurs de x.

$x^4 - x^2 + 1 = 0$ est une équation dite *bicarrée* : pour la résoudre, on pose $X = x^2$, et l'équation devient alors :

$$X^2 - X + 1 = 0.$$

Cette équation est celle de la question 1., et nous avons montré qu'elle n'avait pas de solution réelle (discriminant négatif).
Donc l'équation $x^4 - x^2 + 1 = 0$ n'a pas de solution non plus, et g est définie et dérivable sur $\mathbb{R}$.

$$g'(x) = -\frac{4x^3 - 2x}{(x^4 - x^2 + 1)^2}.$$

3 $h(x) = \frac{1}{2} \times \frac{1}{\sqrt{x}}$. La fonction h est définie et dérivable sur $]0\ ;+\infty[$.

$$h'(x) = \frac{1}{2}\left(-\frac{\frac{1}{2\sqrt{x}}}{(\sqrt{x})^2}\right) = -\frac{1}{4x\sqrt{x}}.$$

18 Coût marginal

Enoncé p. 67

Lycée Fénelon, Paris

1
$$\begin{aligned} C_m(x) &= C(x) - C(x-1) \\ &= 180 + 12x - 0{,}01x^2 - \left[180 + 12(x-1) - 0{,}01(x-1)^2\right] \\ &= 180 + 12x - 0{,}01x^2 - 180 - 12x + 12 + 0{,}01x^2 - 0{,}02x + 0{,}01 \\ &= -0{,}02x + 12{,}01. \end{aligned}$$

2 $C'(x) = 12 - 0{,}02x$.

3 L'erreur commise est $C_m(x) - C'(x) = +0{,}01$, et ce, quel que soit l'objet produit.
Donc l'erreur produite lorsqu'on produit le 100e objet est 0,01.

19 Valeur annulant la dérivée

Enoncé p. 68

Lycée Charlemagne, Paris

1 Avec la définition de f, on peut calculer sa dérivée :

$$f'(x) = \frac{u'(x)v(x) - u(x)v'(x)}{(v(x))^2}.$$

On sait que $f'(a) = 0$, donc on a $u'(a)v(a) - u(a)v'(a) = 0$ (un quotient est nul si et seulement si son numérateur est nul et son dénominateur non nul, ce qui est le cas d'après les hypothèses).
On a donc $u'(a)v(a) = u(a)v'(a)$, et en divisant successivement par $v'(a)$ et $v(a)$ (on peut le faire puisque u et v ne s'annulent pas sur I), on obtient : $\dfrac{u'(a)}{v'(a)} = \dfrac{u(a)}{v(a)} = f(a)$ par définition.

2 **(a)**

$$\begin{aligned} f'(x) &= \frac{(2x+3)(x^2+1) - (x^2+3x-4)(2x)}{(x^2+1)^2} \\ &= \frac{2x^3+3x^2+2x+3-2x^3-6x^2+8x}{(x^2+1)^2} \\ &= \frac{-3x^2+10x+3}{(x^2+1)^2}. \end{aligned}$$

Cette dérivée s'annule si et seulement si $-3x^2 + 10x + 3 = 0$.
$\Delta = 100 + 36 = 136 = 4 \times 34$.
Les racines sont donc $x' = \dfrac{-10 - 2\sqrt{34}}{-6}$ et $x'' = \dfrac{-10 + 2\sqrt{34}}{-6}$.
Seule x' est positive, donc c'est elle qui est notée a. $a = \dfrac{5 + \sqrt{34}}{3}$.

(b) D'après la question 1, $f(a) = \dfrac{u'(a)}{v'(a)}$ avec $u(x) = x^2 + 3x - 4$ et $v(x) = x^2 + 1$.

$$\begin{aligned} f(a) &= \frac{2a+3}{2a} \\ &= \frac{2 \times \dfrac{5+\sqrt{34}}{3} + 3}{2 \times \dfrac{5+\sqrt{34}}{3}} \\ &= \frac{19 + 2\sqrt{34}}{10 + 2\sqrt{34}} \\ &= \frac{(19 + 2\sqrt{34})(10 - 2\sqrt{34})}{(10 + 2\sqrt{34})(10 - 2\sqrt{34})} \end{aligned}$$

$$
\begin{aligned}
f(a) &= \frac{190 - 4 \times 34 + 20\sqrt{34} - 38\sqrt{34}}{100 - 4 \times 34} \\
&= \frac{54 - 18\sqrt{34}}{-36} \\
&= \frac{18\sqrt{34} - 54}{36} \\
&= \frac{\sqrt{34} - 3}{2}.
\end{aligned}
$$

20 Position d'une parabole et de droites

Enoncé p. 68

Lycée Thiers, Marseille

1 Donnons pour commencer un schéma de $\mathcal{P}$ et de $\mathcal{D}_m$ (avec $m = 1$, à titre d'exemple) :

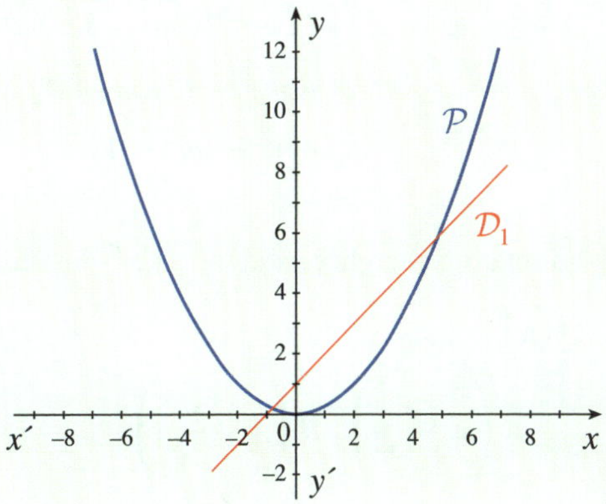

(a) Les points d'intersection de $\mathcal{D}_m$ et $\mathcal{P}$ ont pour coordonnées $(x\,;\,y)$, avec :

$$
\begin{cases} y = \dfrac{1}{4}x^2 \\ y = mx + 1 \end{cases} \qquad (1)
$$

soit :

$$
\begin{cases} y = mx + 1 \\ \dfrac{1}{4}x^2 = mx + 1 \end{cases}
$$

soit encore :

$$
\begin{cases} y = mx + 1 \\ x^2 - 4mx - 4 = 0 \end{cases}
$$

La seconde équation est une équation du second degré dont le discriminant est :

$$
\Delta = (4m)^2 + 16 = 16(m^2 + 1).
$$

Δ est strictement positif, ce qui assure l'existence de deux solutions distinctes x' et x'' auxquelles correspondent deux points d'intersection distincts $A(x'\,;\,y')$ et $B(x''\,;\,y'')$, avec :

$$y' = mx' + 1 = \frac{1}{4}x'^2$$

$$y'' = mx'' + 2 = \frac{1}{4}x''^2$$

(b) L'abscisse de A est :

$$x' = \frac{4m + \sqrt{16(m^2+1)}}{2} = 2m + 2\sqrt{m^2+1}.$$

L'abscisse de B est :

$$x'' = \frac{4m - \sqrt{16(m^2+1)}}{2} = 2m - 2\sqrt{m^2+1}.$$

On a alors :

$$\begin{aligned} x' \times x'' &= (2m + 2\sqrt{m^2+1})(2m - 2\sqrt{m^2+1}) \\ &= (2m)^2 - (2\sqrt{m^2+1})^2 \\ &= 4m^2 - 4m^2 - 4 \\ &= -4. \end{aligned}$$

La relation cherchée est donc : $x'x'' = -4$.

2 **(a)** On a :

$$A\left(x'\,;\,\frac{x'^2}{4}\right),\ B\left(x''\,;\,\frac{x''^2}{4}\right),\ f(x) = \frac{x^2}{4} \text{ et } f'(x) = \frac{x}{2}.$$

La tangente à la courbe en A a pour équation :

$$y = f(x') + f'(x')(x - x') = \frac{x'^2}{4} + \frac{x'}{2}(x - x').$$

De même, la tangente à la courbe en B a pour équation :

$$y = \frac{x''^2}{4} + \frac{x''}{2}(x - x'').$$

L'abscisse x de leur point d'intersection vérifie donc :

$$\begin{aligned} & \frac{x'^2}{4} + \frac{x'}{2}(x - x') = \frac{x''^2}{4} + \frac{x''}{2}(x - x'') \\ \iff\ & \frac{x'^2}{4} + \frac{xx'}{2} - \frac{x'^2}{2} = \frac{x''^2}{4} + \frac{xx''}{2} - \frac{x''^2}{2} \\ \iff\ & -\frac{x'^2}{4} + \frac{xx'}{2} = -\frac{x''^2}{4} + \frac{xx''}{2} \end{aligned}$$

$$\iff \frac{x}{2}(x'-x'') = \frac{x'^2 - x''^2}{4}$$
$$\iff \frac{x}{2}(x'-x'') = \frac{(x'-x'')(x'+x'')}{4}.$$

Et comme $x' - x'' \neq 0$,

$$x = \frac{x'+x''}{2} = \frac{4m}{2} = 2m \qquad (\text{car } x'+x'' = 4m).$$

L'ordonnée vaut :

$$y = \frac{x'^2}{4} + \frac{x'}{2}(2m - x') = \frac{x'^2}{4} + mx' - \frac{x'^2}{2} = -\frac{x'^2}{4} + mx'.$$

Or, $x'^2 - 4mx' = 4$, donc :

$$-\frac{x'^2}{4} + mx' = \frac{4}{-4} = -1.$$

Donc I_m a pour coordonnées $(2m\ ;\ -1)$.

(b) On a :

$$AI_m^2 = (2m - x')^2 + \left(1 + \frac{x'^2}{4}\right)^2 = (2m - x')^2 + (2 + mx')^2$$

car, comme $A \in \mathcal{D}_m$, $mx' - \frac{x'^2}{4} + 1 = 0 \iff \frac{x'^2}{4} = mx' + 1$,
d'où :

$$AI_m^2 = 4m^2 + x'^2 + 4 + m^2x'^2,$$

et de même, $BI_m^2 = 4m^2 + x''^2 + 4 + m^2x''^2$.
De plus :

$$AB^2 = (x' - x'')^2 + \left(\frac{x'^2}{4} - \frac{x''^2}{4}\right)^2 = (x' - x'')^2 + (mx' - mx'')^2.$$

On a alors :

$$\begin{aligned} AI_m^2 + BI_m^2 - AB^2 &= 8m^2 + x'^2 + x''^2 + 8 + m'^2x'^2 + x''^2 \\ &\quad - \Big(x'^2 - 2x'x'' + m^2(x'^2 + x''^2) - 2m^2x'x'' - 8m^2 \\ &\qquad + 8 + 2x'x'' + 2m^2x'x''\Big) \\ &= 8m^2 + 8 + 2x'x'' + 2m^2x'x''. \end{aligned}$$

Comme on a de plus montré précédemment la relation $x'x'' = -4$, on en déduit finalement que :

$$AI_m^2 + BI_m^2 - AB^2 = 0$$

et donc, d'après la réciproque du théorème de Pythagore, que le triangle ABI_m est rectangle en I_m, et donc que les deux tangentes sont perpendiculaires.

COURS

INTERROS

CORRIGÉS

(c) Lorsque, m décrit $\mathbb{R}$, I_m décrit la droite parallèle à l'axe des abscisses d'équation $y = -1$, ce qui est représenté sur la figure suivante :

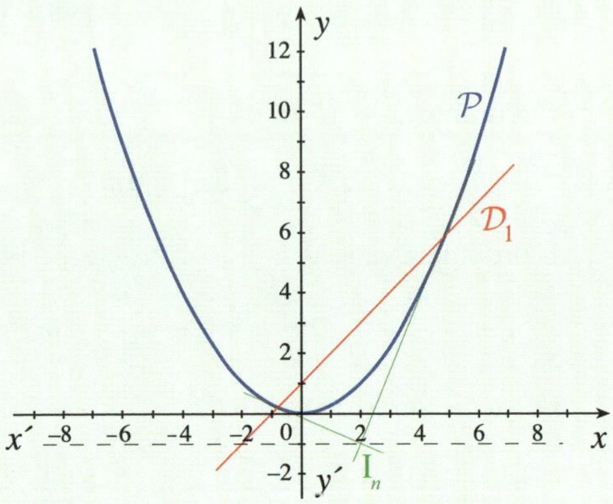

En effet, le point I_m a pour ordonnée -1 pour tout m, et si m décrit $\mathbb{R}$, $2m$ décrit aussi $\mathbb{R}$.

21 Recherche d'extrema

Enoncé p. 68

Lycée Jean-Baptiste de La Salle, Saint-Denis

La fonction f est une fonction polynôme définie et dérivable sur $\mathbb{R}$.

$$f'(x) = 3x^2 - 8x + 1\,.$$

f' est un polynôme du second degré. On a donc :

$$\Delta = 64 - 12 = 52 = \left(2\sqrt{13}\right)^2.$$

Les racines de f' sont :

$$\begin{cases} x_1 = \dfrac{8 - 2\sqrt{13}}{6} = \dfrac{4 - \sqrt{13}}{3} \approx 0{,}131 \\ x_2 = \dfrac{8 + 2\sqrt{13}}{6} = \dfrac{4 + \sqrt{13}}{3} \approx 2{,}535 \end{cases}$$

d'où le tableau de variation de f :

x		x_1		x_2	
$f'(x)$	$+$	0	$-$	0	$+$
$f(x)$	$\nearrow$		$\searrow$		$\nearrow$

et sa courbe représentative est donnée ci-dessous. f' s'annule et change de signe en x_1 et x_2. f admet donc deux extrema locaux : un en x_1 et un second en x_2.

f est croissante sur $]-\infty\,;x_1]$, décroissante sur $[x_1\,;x_2]$ et croissante sur $[x_2\,;+\infty[$.
f admet donc un maximum local en x_1 et un minimum local en x_2.

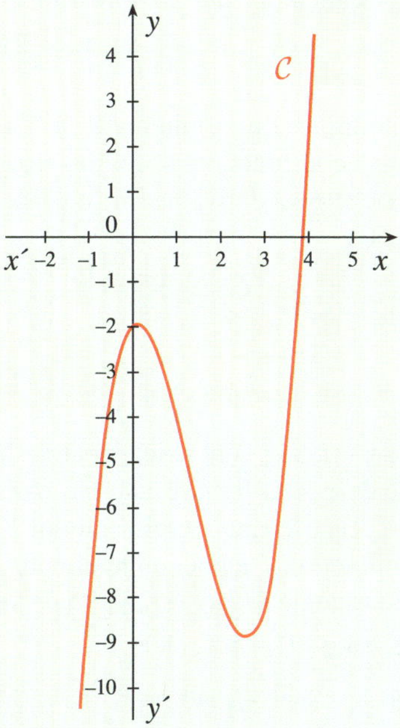

22 Recherche d'une aire minimale

Enoncé p. 69

Lycée Saint-Louis de Gonzague, Paris

1 Le point M appartient à la demi-droite $[Iz)$ et il est différent de I, donc $IM > 0$. L'ensemble de définition de la fonction f est $]0\,;+\infty[$.

2 **(a)** Soit H le point d'intersection des droites (IM) et (DC). Comme $ABCD$ est un carré, les droites (AB) et (DC) sont parallèles donc la droite (IM) qui est perpendiculaire à (AB) est aussi perpendiculaire à (DC).
On a donc :

$$f(x) = \frac{1}{2}PQ \times MH = PH \times MH.$$

Or, le point I appartient au segment $[MH]$ donc :

$$MH = MI + IH = 2 + x.$$

En appliquant le théorème de Thalès au triangle MPH, on obtient :

$$\frac{MI}{MH} = \frac{AI}{PH},$$

soit :

$$\frac{x}{x+2} = \frac{1}{PH}.$$

On en déduit que :

$$PH = \frac{x+2}{x}.$$

En remplaçant alors dans l'expression de $f(x)$, on obtient :

$$f(x) = \frac{(x+2)^2}{x}.$$

(b) Pour déterminer l'aire minimale du triangle MPQ, on étudie les variations de la fonction f. La fonction f est une fonction rationnelle donc elle est dérivable sur son ensemble de définition et, pour tout $x > 0$:

$$f'(x) = \frac{2x(x+2) - (x+2)^2}{x^2},$$

soit :

$$f'(x) = \frac{(x-2)(x+2)}{x^2}.$$

Comme $x+2$ et x^2 sont strictement positifs sur $]0\,;+\infty[$, $f'(x)$ est du signe de $x-2$. Il en résulte que f est strictement décroissante sur $]0\,;2]$ et strictement croissante sur $]2\,;+\infty[$.
Donc la fonction f admet un minimum pour $x = 2$.
L'aire du triangle MPQ est minimale lorsque $IM = 2$.

3 Pour tout réel x de $]0\,;+\infty[$, on a :

$$x + 4 + \frac{4}{x} = \frac{x(x+4)+4}{x} = \frac{x^2+4x+4}{x} = \frac{(x+2)^2}{x} = f(x).$$

4 Pour déterminer l'arrondi à l'unité de la mesure de l'aire du triangle MPQ lorsque $x = 1\,980$, on utilise l'écriture :

$$f(x) = x + 4 + \frac{4}{x}.$$

On a alors :

$$f(1\,980) = 1\,984 + \frac{4}{1\,980}.$$

On en déduit que l'arrondi cherché est 1 984.

23 Optimisation en économie

Enoncé p. 69

Lycée Odilon Redon, Pauillac

1 **(a)** Le nombre x d'objets produits et vendus est un nombre entier.

À l'aide d'un algorithme, on peut calculer toutes les valeurs du bénéfice réalisé $B(x)$ lorsque x parcourt tous les nombres entiers de 1 à 100.

Pour x objets, $x \in [1\,;100]$, on calcule successivement le coût unitaire `U` donné par l'expression de $U(x)$, le coût total `C=x*U`, la recette réalisée par leur vente `R=100*x`, et enfin le bénéfice `B=R-C`.

Pour chaque valeur de `x`, on teste la valeur trouvée pour `B` et on la conserve dans une variable `M` si elle est plus grande que celle qui y est déjà présente.

On pense aussi à garder de la même façon la valeur de x correspondante.

Algorithme

```
M ← 0
S ← 1
Pour x de 1 à 100
     U ← 2x-83-900/x
     C ← x*U
     R ← 100*x
     B ← R-C
     Si M<B
         M ← B
         S ← x
     Fin Si
Fin Pour
Afficher S
Afficher M
```

En Python

Retrouvez ce programme en ligne avec live!

```
M = 0
S = 1
for x in range (1,101):
    U = 2*x-83-900/x
    C = x*U
    R = 100*x
    B = R-C
    if M<B:
        M = B
        S = x

print("S = ",S,"et M =",M)
```

(b) En exécutant l'algorithme précédent, on trouve un bénéfice maximal de 5 086 €, obtenus pour $x = 46$ objets fabriqués.

2 **(a)** La recette réalisée pour x objets vendus est $R(x) = 100x$, et donc, le bénéfice global $B(x)$ réalisé par l'entreprise est donné par :

$$\begin{aligned} B(x) &= R(x) - xU(x) \\ &= 100x - x\left(2x - 83 - \frac{900}{x}\right) \\ &= -2x^2 + 183x + 900. \end{aligned}$$

(b) Pour tout réel $x \in I$, $B'(x) = -4x + 183$. On peut alors dresser le tableau de variation de B :

x	1	$\frac{183}{4}$	100
$B'(x)$	+	0	−
$B(x)$	↗	5 086,125	↘

(c) D'après les variations de B, on trouve un bénéfice maximum de 5 086,125 € pour $x = 45{,}75$ objets vendus et fabriqués.
On ne retrouve pas exactement le même résultat que précédemment car l'étude des variations de B donne un maximum pour un x réel, et non entier comme dans l'algorithme.
Comme ici le nombre d'objets x est un nombre entier, et que $B(45) = 5\,085$ et $B(46) = 5\,086$, on en déduit que le maximum de 5 086 € est obtenu pour $x = 46$ objets vendus.

24 Optimisation dans le plan

Enoncé p. 70

Lycée Pablo Picasso, Fontenay-sous-Bois

1 D'après l'énoncé, l'aire du rectangle $EFGH$ est : $(x-2)(y-3) = 150$, soit $y - 3 = \frac{150}{x-2}$.
On a donc bien $y = 3 + \frac{150}{x-2}$.

2 **(a)** Pour que la feuille soit carrée, il faut et il suffit que $x = y$, donc il faut et il suffit que $x = \frac{3x + 144}{x - 2}$.
On doit donc avoir $x^2 - 2x = 3x + 144$, donc $x^2 - 5x - 144 = 0$, ce qui est l'équation proposée.

(b) Pour cette équation du second degré, $\Delta = 25 + 4 \times 144 = 601$.
Donc il existe a priori deux valeurs de x telles que la feuille soit carrée : $x' = \frac{5 - \sqrt{601}}{2}$ et $x'' = \frac{5 + \sqrt{601}}{2}$.
Cependant seule x'' est acceptable puisque c'est la seule solution positive de l'équation appartenant à l'intervalle $[5\,;\,22]$.

Donc la seule valeur de x pour laquelle la feuille est carrée est $\dfrac{5+\sqrt{601}}{2}$.

3 **(a)** $$\begin{aligned} g(x) &= xy \\ &= x\left(3+\frac{150}{x-2}\right) \\ &= x\left(\frac{3(x-2)+150}{x-2}\right) \\ &= \frac{3x^2+144x}{x-2}. \end{aligned}$$

(b) $$\begin{aligned} g'(x) &= \frac{(6x+144)(x-2)-(3x^2+144x)}{(x-2)^2} \\ &= \frac{6x^2-12x+144x-288-3x^2-144x}{(x-2)^2} \\ &= \frac{3x^2-12x-288}{(x-2)^2}. \end{aligned}$$

$g'(x)$ s'annule si $3x^2-12x-288=0$.
$\Delta = 3\,600$. Le trinôme admet donc deux racines :

$$x' = \frac{12-60}{6} = -8 \text{ et } x'' = \frac{12+60}{6} = 12.$$

Le trinôme est du signe de a, donc positif à l'extérieur des racines, et négatif à l'intérieur des racines. Le dénominateur est toujours positif.

$$g(5) = 265 \quad ; \quad g(12) = 216 \quad ; \quad g(22) = 231.$$

On obtient donc le tableau de variation suivant :

x	5		12		22
$g'(x)$		$-$	0	$+$	
$g(x)$	265	↘	216	↗	231

MÉTHODE

On ne développe jamais le dénominateur d'une fonction dérivée car son écriture sous la forme d'un carré nous permet d'affirmer qu'il est positif.

(c) D'après le tableau de variation, l'aire est minimale pour $x = 12$, et elle est alors égale à 216 cm^2.

4 L'aire est supérieure ou égale à 224 si et seulement si :

$$\frac{3x^2+144x}{x-2} \geqslant 224 \Leftrightarrow 3x^2+144x \geqslant 224(x-2)$$
$$\Leftrightarrow 3x^2-80x+448 \geqslant 0.$$

$\Delta = 1\,024$. Les racines du trinôme sont donc : $x' = \dfrac{80-32}{6} = 8$ et $x'' = \dfrac{80+32}{6} = \dfrac{56}{3}$. Le trinôme est du signe de a (donc positif) à l'extérieur des racines.

x étant un nombre de l'intervalle $[5\,;22]$, l'aire de $MNPQ$ est donc supérieure ou égale à 224 si x est supérieur ou égal à $\dfrac{56}{3}$, ou si x est inférieur au égal à 8.

L'ensemble solution est donc $[5\,;8] \cup \left[\dfrac{56}{3}\,;22\right]$.

25 Optimisation et parabole

Enoncé p. 71

Lycée Teilhard de Chardin, Saint-Maur-des-Fossés

1 L'abscisse de M est x donc son ordonnée est x^2.
L'abscisse de Q est donc la même que celle de M, et son ordonnée est 5.
Par symétrie, l'abscisse de P est $-x$, son ordonnée est x^2, et l'abscisse de N est $-x$, et son ordonnée 5.
On a donc $PM = x-(-x) = 2x$ et $MQ = 5-x^2$.
L'aire du rectangle $MPNQ$ est donc $2x(5-x^2) = 10x-2x^3$.

2 $f(x) = 10x-2x^3$.

(a) x est positif et est au plus égal à l'abscisse de A (qui est l'antécédent de 5 par la fonction carré).
Donc $\mathcal{D}_f = \left[0\,;\sqrt{5}\right]$.

(b)
$$f'(x) = 10-6x^2$$
$$= -2(3x^2-5)$$
$$= -2\left(\sqrt{3}x-\sqrt{5}\right)\left(\sqrt{3}x+\sqrt{5}\right).$$

Le trinôme est du signe du coefficient de x^2 (donc négatif) à l'extérieur de ses racines $-\sqrt{\dfrac{5}{3}}$ et $\sqrt{\dfrac{5}{3}}$.
De plus,

- $f(0) = 0$;
- $f\left(\sqrt{\dfrac{5}{3}}\right) = 2\sqrt{\dfrac{5}{3}}\left(5-\dfrac{5}{3}\right) = \dfrac{20}{3}\sqrt{\dfrac{5}{3}}$;

- $f\left(\sqrt{5}\right) = 0$.

On obtient donc le tableau de variation suivant :

x	0		$\sqrt{\frac{5}{3}}$		$\sqrt{5}$
$f'(x)$		$+$	0	$-$	
$f(x)$	0	$\nearrow$	$\frac{20}{3}\sqrt{\frac{5}{3}}$	$\searrow$	0

3 D'après le tableau de variation ci-dessus, le point M correspondant à l'aire maximale a pour abscisse $\sqrt{\frac{5}{3}}$, donc son ordonnée est $\frac{5}{3}$.
La valeur exacte de l'aire maximale est, toujours d'après le tableau de variation : $\frac{20}{3}\sqrt{\frac{5}{3}}$.

26 Optimisation dans l'espace

Enoncé p. 72

Lycée international Victor Hugo, Colomiers

Voici la figure correspondant à l'énoncé :

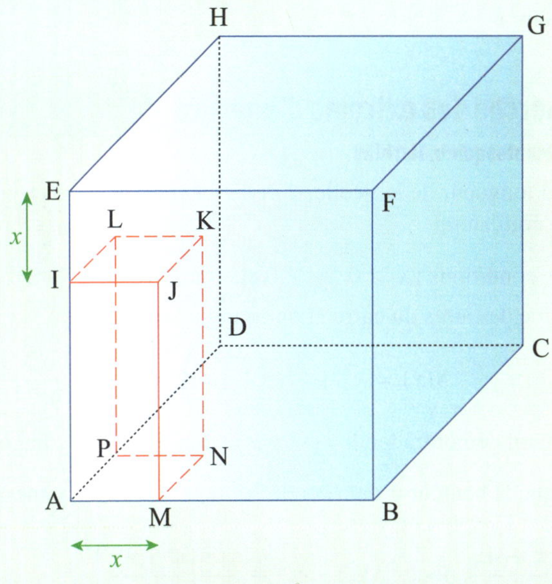

1 x est une longueur donc $x \geqslant 0$. Par ailleurs, le côté du cube étant 6, $x \leqslant 6$.
Donc $0 \leqslant x \leqslant 6$.

2 **MÉTHODE**

Aucune indication n'est donnée pour traiter cette question, et c'est volontaire. Le mot *maximale* doit faire penser à *optimisation*, et cela doit faire penser à sens de variation.

On va donc chercher à exprimer en fonction de x le volume du parallélépipède rectangle $AMNIJKL$, et on étudiera les variations de cette fonction.

La base de ce parallélépipède a pour aire x^2, et la hauteur est $6 - x$, donc son volume est $V(x) = x^2(6 - x) = -x^3 + 6x^2$.

$V'(x) = -3x^2 + 12x = -3x(x - 4)$.

$V'(x)$ est un trinôme du second degré dont on connaît les racines (0 et 4), donc on connaît son signe. $V(0) = 0$; $V(4) = 32$; $V(6) = 0$.

On obtient donc le tableau de variation suivant pour la fonction $V(x)$:

x	0		4		6
$V'(x)$		+	0	−	
$V(x)$	0	↗	32	↘	0

D'après ce tableau de variation, la valeur de x pour laquelle le volume est maximal est 4, et le volume maximal est 32 (le tout exprimé en cm et cm^3).

27 Recherche des extrema d'une aire

Enoncé p. 72

Lycée Montesquieu, Herblay

Soit ℓ la longueur de la ficelle, x celle du côté du carré et y celle du côté du triangle équilatéral.

On a les conditions : $x \geqslant 0$, $y \geqslant 0$ et, comme $\ell = 4x + 3y$, $\frac{\ell}{4} \geqslant x$.

La somme des aires du carré et du triangle est :

$$S(x) = x^2 + \frac{1}{2}y\left(\frac{y\sqrt{3}}{2}\right) = x^2 + \frac{y^2\sqrt{3}}{4}.$$

En effet, on démontre facilement par le théorème de Pythagore ou la trigonométrie que la hauteur d'un triangle équilatéral de côté y mesure $\frac{y\sqrt{3}}{2}$.

Or $y = \frac{\ell - 4x}{3}$, donc : $S(x) = x^2 + \frac{\sqrt{3}}{4}\left[\frac{\ell - 4x}{3}\right]^2$

$$= x^2\left(1 + \frac{4\sqrt{3}}{9}\right) - 2x\ell\frac{\sqrt{3}}{9} + \frac{\ell^2\sqrt{3}}{36}.$$

Étudions alors les variations de la fonction S définie sur $\left[0\,;\frac{\ell}{4}\right]$ par :

$$S(x) = x^2\left(1+\frac{4\sqrt{3}}{9}\right) - 2x\ell\frac{\sqrt{3}}{9} + \frac{\ell^2\sqrt{3}}{36}.$$

S est dérivable sur $\left[0\,;\frac{\ell}{4}\right]$ en tant que fonction polynôme. Pour tout x de $\left[0\,;\frac{\ell}{4}\right]$, on a : $S'(x) = 2x\left(1+\frac{4\sqrt{3}}{9}\right) - 2\ell\frac{\sqrt{3}}{9}$.

$S'(x) = 0 \Leftrightarrow 2x\left(9+4\sqrt{3}\right) = 2\ell\sqrt{3} \Leftrightarrow x = \frac{\ell\sqrt{3}}{9+4\sqrt{3}} \times \frac{\sqrt{3}}{\sqrt{3}} = \frac{\ell}{3\sqrt{3}+4}$.

On vérifie que $\frac{\ell}{3\sqrt{3}+4}$ est dans l'intervalle $\left[0\,;\frac{\ell}{4}\right]$.

$S'(x) \geqslant 0$ équivaut à :

$$2x\left(1+\frac{4\sqrt{3}}{9}\right) - 2\ell\frac{\sqrt{3}}{9} \geqslant 0, \text{ soit : } x \geqslant \frac{\ell}{3\sqrt{3}+4}.$$

La fonction S est donc décroissante sur $\left[0\,;\frac{\ell}{3\sqrt{3}+4}\right]$ et croissante sur $\left[\frac{\ell}{3\sqrt{3}+4}\,;\frac{\ell}{4}\right]$.

On en déduit que la fonction S admet un minimum en $\frac{\ell}{3\sqrt{3}+4}$.

La somme des aires du carré et du triangle est minimale lorsque $x = \frac{\ell}{3\sqrt{3}+4}$.

Pour savoir pour quelle valeur de x la somme des aires est maximale, il faut comparer les valeurs de $S(0)$ et de $S\left(\frac{\ell}{4}\right)$.

On a :

$$S(0) = \frac{\ell^2}{12\sqrt{3}} \quad \text{et} \quad S\left(\frac{\ell}{4}\right) = \frac{\ell^2}{16}.$$

Or $16 < 12\sqrt{3}$ donc :

$$S\left(\frac{\ell}{4}\right) > S(0).$$

On en déduit que la somme des aires est maximale lorsque $x = \frac{\ell}{4}$, c'est-à-dire lorsque l'on garde toute la ficelle pour faire le carré.

28 Un problème de minimisation d'aire

Enoncé p. 72

Lycée Riquet, Saint-Orens

1 $f : x \mapsto x^3$ est croissante sur $\mathbb{R}$.

Donc pour tout $x > 6$, $x^3 > 6^3$ soit $x^3 > 216$. On en déduit alors que $x^3 - 216 > 0$ pour $x > 6$.

Pour tout $x < 6$, $x^3 < 6^3$ soit $x^3 < 216$. On en déduit alors que $x^3 - 216 < 0$.

x	$-\infty$	6	$+\infty$
$f(x) = x^3$	$\nearrow$	$6^3 = 216$	$\nearrow$
$x^3 - 216$	$-$	0	$+$

2 **(a)** Le volume du parallélépipède est $x \times 2x \times y$.

On a donc $2x^2y = 576$. On en déduit que $y = \dfrac{288}{x^2}$.

(b) La surface totale de ce solide est $S(x) = 2xy + 2y(2x) + 2(2x)x$ soit $S(x) = 6xy + 4x^2$.

On remplace alors y par la valeur trouvée à la question précédente.

$$S(x) = 4x^2 + 6x\left(\frac{288}{x^2}\right) = 4\left(x^2 + \frac{432}{x}\right).$$

(c) La fonction S est une fonction rationnelle donc elle est dérivable sur $[3\,;\,12]$.

Pour tout x de $[3\,;\,12]$:

$$S'(x) = 4\left(2x - \frac{432}{x^2}\right).$$

Soit après réduction au même dénominateur et factorisation :

$$S'(x) = 8\left(\frac{x^3 - 216}{x^2}\right).$$

Sur l'intervalle $[3\,;\,12]$, $\dfrac{8}{x^2}$ est strictement positif donc $S'(x)$ est du signe de $x^3 - 216$, qui a été étudié dans la question 1.

Il en résulte que $S'(x) > 0$ sur $]6\,;\,12]$, donc S est strictement croissante sur $]6\,;\,12]$ et $S'(x) < 0$ sur $[3\,;\,6[$. Ainsi, S est strictement décroissante sur $[3\,;\,6[$.

S admet donc un minimum en $x = 6$.

On en déduit que les dimensions du parallélépipède pour que la surface totale soit minimale sont 6 mm, 12 mm et $\dfrac{288}{36}$ soit 8 mm.

Chapitre 3

Suites numériques

Plan du chapitre

Exercice type — Lycée Alexandre Dumas, Saint-Cloud

On considère une suite géométrique décroissante dont on sait que les deux termes u_0 et u_3 sont tels que $u_0u_3 = 32$ et $u_0 + u_3 = 18$.

1 Calculer ces deux réels.

2 Quelle est la raison de la suite ?

3 On pose $v_n = u_0 + u_1 + \cdots + u_n$.

(a) Montrer que la suite (v_n) est croissante.

(b) Calculer v_n en fonction de n et montrer que la suite (v_n) est majorée par 32.

(c) Écrire un algorithme qui permet de calculer les termes de la suite (v_n), ainsi que le rang N tel que, pour tout $n \geqslant N$, $v_n \geqslant 31{,}999$.

(d) Que peut-on conjecturer quant au comportement de la suite (v_n) quand n prend des valeurs de plus en plus grandes ?

Voir corrigé page 107

1 Généralités sur les suites numériques

1.1 Définition

Définition 1

On appelle *suite numérique* toute succession de nombres engendrés par une relation bien déterminée. Cela peut être une fonction ou une relation entre un nombre et son (ou ses) suivant(s).

Notation : les nombres qui composent la suite sont désignés par une lettre indicée, comme par exemple u_n, n étant un entier naturel, ou comme une image de fonction, par exemple $u(n)$ (notation moins utilisée). La suite sera alors désignée par (u_n) ou $\big(u(n)\big)$. La succession de nombres est donc : $u_0, u_1, u_2, \ldots$

Remarque : on peut aussi commencer l'indice par un autre entier que 0. Par exemple : $u_1, u_2, u_3, \ldots$

Définitions 2

- On appelle *termes* les nombres qui composent la suite numérique.
- On appelle *indice du terme* u_n le nombre n.
- On appelle *rang du terme* u_n sa position dans la suite.

Exemple : si $u_0 = 7$ alors :

- « 7 » est un terme de la suite (u_n),
- « 0 » est l'indice,
- le rang de 7 est 1 (car c'est le 1er terme de la suite).

1.2 Modes de définition d'une suite

On peut définir une suite :

- de *façon explicite* à l'aide d'une fonction ;
- de *façon récurrente* en définissant un terme de la suite à l'aide de son précédent.

Exemples

- Si (u_n) est la suite définie pour tout entier naturel n de façon explicite par $u_n = n^2 - 3$ alors :

$$\begin{cases} u_0 = 0^2 - 3 = -3 \\ u_1 = 1^2 - 3 = -2 \\ u_2 = 2^2 - 3 = 1 \\ u_3 = 3^2 - 3 = 6 \\ \vdots \end{cases}$$

- Si (v_n) est la suite définie par son premier terme $v_0 = 5$ et par la relation de récurrence $v_{n+1} = 3v_n - 5$, cela signifie que pour calculer un terme, il faut multiplier son précédent par 3, puis soustraire 5. On a donc :

$$\begin{cases} v_0 = 5 \\ v_1 = 3 \times 5 - 5 = 10 \\ v_2 = 3 \times 10 - 5 = 25 \\ v_3 = 3 \times 25 - 5 = 70 \\ \vdots \end{cases}$$

1.3 Suites monotones

On dit que la suite (u_n) est :

- constante si et seulement si pour tout n, on a $u_{n+1} = u_n$;
- croissante si et seulement si, pour tout n, $u_{n+1} \geqslant u_n$;
- strictement croissante si et seulement si, pour tout n, $u_{n+1} > u_n$;
- décroissante si et seulement si, pour tout n, $u_{n+1} \leqslant u_n$;
- strictement décroissante si et seulement si, pour tout n, $u_{n+1} < u_n$.

Dans la pratique, pour étudier le sens de variation d'une suite, on utilise principalement l'une des trois méthodes suivantes :

1.3.1 - Sens de variation de la fonction

Si la suite (u_n) est de la forme $u_n = f(n)$ alors elle a le même sens de variation que la fonction f sur $[0\ ;+\infty[$.

Exemple : soit (u_n) la suite définie pour tout entier naturel n par :

$$u_n = n^2 .$$

La fonction f définie sur $\mathbb{R}$ par $f(x) = x^2$ est croissante sur $[0, +\infty[$; la suite u est donc croissante.

1.3.2 - Différence de deux termes consécutifs

C'est la méthode générale : on étudie le signe de $u_{n+1} - u_n$.

- si, pour tout n, $u_{n+1} - u_n \leqslant 0$ alors la suite u est décroissante ;
- si, pour tout n, $u_{n+1} - u_n \geqslant 0$ alors la suite u est croissante.

Exemple : soit la suite (u_n) définie par son premier terme $u_0 = 5$ et par la relation de récurrence $u_{n+} = u_n + 7$. Pour tout entier naturel n, on a :

$$u_{n+1} - u_n = (u_n + 7) - u_n = 7 > 0$$

donc (u_n) est strictement croissante.

1.3.3 - Quotient de deux termes consécutifs

Cette méthode n'est à utiliser que si tous les termes sont strictement positifs. Dans ce cas,

- si, pour tout n, $\dfrac{u_{n+1}}{u_n} \leqslant 1$ alors la suite est décroissante ;
- si, pour tout n, $\dfrac{u_{n+1}}{u_n} \geqslant 1$ alors la suite est croissante.

Exemple : soit la suite (u_n) définie pour tout entier naturel n par :

$$u_n = \frac{3^n}{2^{n+1}}.$$

Cette suite est bien à termes strictement positifs car pour tout $n \in \mathbb{N}$, $3^n > 0$ et $2^{n+1} > 0$.

De plus,

$$u_{n+1} = \frac{3^{n+1}}{2^{n+2}}$$

donc :

$$\frac{u_{n+1}}{u_n} = u_{n+1} \times \frac{1}{u_n} = \frac{3^{n+1}}{2^{n+2}} \times \frac{2^{n+1}}{3^n} = \frac{3^{n+1}}{3^n} \times \frac{2^{n+1}}{2^{n+2}} = 3 \times \frac{1}{2} = \frac{3}{2} > 1$$

donc la suite est croissante.

1.4 Suites majorées, suites minorées

On dit que la suite (u_n) est :

- majorée par le réel A si, pour tout $n \in \mathbb{N}$, on a : $u_n \leqslant A$;
- minorée par le réel a si, pour tout $n \in \mathbb{N}$, on a : $u_n \geqslant a$;
- bornée par les réels a et A si, pour tout $n \in \mathbb{N}$, on a : $a \leqslant u_n \leqslant A$.

Exemple : soit (u_n) définie pour tout entier naturel n par $u_n = \dfrac{1}{n+1}$.

- (u_n) est minorée par 0 car pour tout entier naturel n, $u_n > 0$;
- (u_n) est majorée par 1 car pour tout entier naturel n, $u_n \leqslant 1$;
- (u_n) est bornée car elle est minorée et majorée.

Retrouvez les suites arithmétiques et géométriques en vidéo avec live!

2 Suites arithmétiques

2.1 Définition

Définition 3

On dit que la suite (u_n) est *arithmétique* s'il existe un réel r tel que, pour tout entier naturel n, $u_{n+1} = u_n + r$.
r est appelé la *raison* de la suite arithmétique.

Exemple : la suite (u_n) définie par $u_0 = 2$ et pour tout $n \in \mathbb{N}$, $u_{n+1} = u_n + 5$ est arithmétique de raison 5.

2.2 Formule explicite du terme général

Théorème 1

Soit (u_n) une suite arithmétique de raison r.
Alors, pour tous entiers naturels n et p,

$$u_n = u_p + (n - p)r.$$

En particulier, si $p = 0$,

$$u_n = u_0 + nr.$$

Exemple : soit (u_n) la suite arithmétique définie pour $n \in \mathbb{N}$ telle que $u_5 = 10$ et $r = 3$. Alors, pour tout $n \in \mathbb{N}$,

$$u_n = u_5 + (n - 5)r = 10 + (n - 5) \times 3 = 3n - 5.$$

2.3 Sens de variation

Propriété 1

- Si $r > 0$ alors (u_n) est strictement croissante.
- Si $r < 0$ alors (u_n) est strictement décroissante.
- Si $r = 0$ alors (u_n) est constante.

Exemples

- La suite (u_n) définie par $u_0 = 3$ et $u_{n+1} = u_n + 7$ est strictement croissante car sa raison $(r = 7)$ est strictement positive.
- La suite (u_n) définie par $u_0 = 3$ et $u_{n+1} = u_n - 4$ est strictement décroissante car sa raison $(r = -4)$ est strictement négative.

2.4 Somme des premiers termes

Propriété 2 : somme des premiers entiers

Pour tout entier naturel n,

$$1 + 2 + 3 + \cdots + n = \frac{n(n+1)}{2}.$$

Remarque : cette propriété s'écrit aussi $\displaystyle\sum_{k=1}^{n} k = \frac{n(n+1)}{2}$.

Cette égalité est à connaître par cœur.

COURS

INTERROS

CORRIGÉS

Propriété 3 : somme des premiers termes

Soit (u_n) une suite arithmétique de premier terme u_0 et de raison r. Alors,

$$u_0 + u_1 + u_2 + \cdots + u_n = (n+1) \times \frac{u_0 + u_n}{2}.$$

Remarque : on peut aussi retenir cette formule ainsi :

(nombre de termes dans la somme) × (moyenne des termes extrêmes).

3 Suites géométriques

3.1 Définition

Définition 4

On dit que la suite (u_n) est *géométrique* s'il existe un réel q tel que, pour tout entier naturel n,

$$u_{n+1} = qu_n\ .$$

q est alors appelé la *raison* de la suite géométrique.

Exemple : soit (u_n) la suite définie par son premier terme $u_0 = 7$ et par la relation de récurrence $u_{n+1} = \frac{1}{2}u_n$.

Alors, (u_n) est une suite géométrique de raison $q = \frac{1}{2}$.

3.2 Formule explicite du terme général

Théorème 2

Soit (u_n) une suite géométrique de raison q.
Alors, pour tous entiers naturels n et p,

$$u_n = u_p \times q^{n-p}.$$

En particulier, si $p = 0$,

$$u_n = u_0 \times q^n.$$

Exemple : soit (u_n) la suite géométrique de premier terme $u_0 = 7$ et de raison $q = \frac{1}{3}$. Alors, pour tout entier naturel n,

$$u_n = 7 \times \left(\frac{1}{3}\right)^n = \frac{7}{3^n}.$$

3.3 Somme des premiers termes

Propriété 4

Soit $q \neq 1$. Alors, pour tout entier naturel n,

$$1 + q + q^2 + \cdots + q^n = \frac{1 - q^{n+1}}{1 - q}.$$

Propriété 5

Soit (u_n) une suite géométrique de premier terme u_0 et de raison $q \neq 1$. Alors, pour tout entier naturel n,

$$u_0 + u_1 + u_2 + \cdots + u_n = u_0 \times \frac{1 - q^{n+1}}{1 - q}.$$

Solution de l'exercice type

Lycée Alexandre Dumas, Saint-Cloud

1 On connaît la somme et le produit de u_0 et u_3. On peut donc dire que ces nombres sont solutions de l'équation :

$$x^2 - 18x + 32 = 0, \quad \text{avec } \Delta = (-18)^2 - 4 \times 32 = 196.$$

On trouve alors :

$$x_1 = \frac{-18 - \sqrt{196}}{2 \times (-1)} = 16 \quad \text{et} \quad x_2 = \frac{-18 + \sqrt{196}}{2 \times (-1)} = 2.$$

La suite étant décroissante, $u_0 > u_3$ donc $u_0 = 16$ et $u_3 = 2$.

2 On sait que (u_n) est géométrique donc $u_3 = q^2 u_1$, où q est la raison.

Ainsi, $2 = 16q^2$, soit $q^2 = \frac{2}{16} = \frac{1}{4}$.

On obtient alors $q = \frac{1}{2}$ ou $q = -\frac{1}{2}$.

Or, la suite est décroissante donc sa raison ne peut pas être négative (car la suite ne serait pas monotone).

Par conséquent, la raison de la suite est $q = \frac{1}{2}$.

3 **(a)** La suite (u_n) est géométrique, de premier terme positif et de raison positive donc pour tout entier naturel n, $u_n > 0$.
De plus, pour tout entier naturel n,

$$\begin{aligned} v_{n+1} - v_n &= \left(u_0 + u_1 + \cdots + u_n + u_{n+1}\right) - \left(u_0 + u_1 + \cdots + u_n\right) \\ &= u_{n+1} > 0. \end{aligned}$$

Ainsi, (v_n) est croissante.

...

➜ Solution de l'exercice type (suite)

Lycée Alexandre Dumas, Saint-Cloud

(b) (v_n) représente la somme des $n+1$ premiers termes de la suite (u_n), qui est géométrique de premier terme $u_0 = 16$ et de raison $q = \frac{1}{2}$, donc :

$$v_n = u_0 \times \frac{1-q^{n+1}}{1-q} = 16 \times \frac{1-\left(\frac{1}{2}\right)^{n+1}}{1-\frac{1}{2}} = 32\left[1-\frac{1}{2^{n+1}}\right].$$

Pour tout entier naturel n, $2^{n+1} > 1$ donc $0 < \frac{1}{2^{n+1}} < 1$.

Ainsi, $0 < 1 - \frac{1}{2^{n+1}} < 1$, et donc $0 < v_n < 32$.

La suite (v_n) est donc majorée par 32.

(c) Un algorithme possible est :

```
Initialisation
  N ← 0
  V ← 16 (correspond à v0)
Traitement
  Tant que V<31.999
    N ← N+1
    V ← 32*(1-0.5^(N+1))
    Afficher V
  Fin du Tant que
Sortie
  Afficher N
```

(d) L'algorithme de la question précédente affiche $N = 14$, ce qui signifie que le 15e terme de la suite (v_n) est assez proche de 32. En regardant les termes suivants, on s'aperçoit qu'ils se rapprochent de plus en plus de 32 sans jamais l'atteindre. De plus, nous avons montré que $v_n < 32$ pour tout entier naturel n et que la suite était croissante.

On peut donc conjecturer que les termes de la suite (v_n) se rapprochent de plus en plus de 32 quand n prend des valeurs de plus en plus grandes.

Voir énoncé page 101

1 QCM Calculs de suites

10 min Corrigé p. 120

Indiquer la bonne réponse parmi les propositions a, b, c.

1 Le 23e terme de la suite arithmétique de premier terme $u_0 = 25$ et de raison $r = 10$ est :

a 235

b 245

c 255

2 La suite (u_n) est géométrique et $u_{19} \times u_{20} \times u_{21} = 729$. Alors, $u_{20} =$

a 27

b 3

c 9

3 Si $u_n = n^2 + n - 1$, alors $u_{n+1} =$

a $n^2 + n$

b $n^2 + 3n$

c $n^2 + 3n + 1$

2 V/F Vérifiez vos connaissances

15 min Corrigé p. 120

Les propositions suivantes sont-elles vraies ou fausses ?

1 La suite de terme général $\dfrac{3^{n+1}}{2^{n-1}}$ est géométrique.

2 $1 + 2 + 3 + \ldots + 2\,008 = 2\,017\,036$ (sans calculatrice !)

3 Si on pose pour tout $n \in \mathbb{N}$:

$$\begin{cases} u_0 = 2 \\ u_{n+1} = \dfrac{1}{u_n - 1} \end{cases},$$

la suite (u_n) est bien définie.

3 V/F Suite croissantes

20 min Corrigé p. 120

Les propositions suivantes sont-elles vraies ou fausses ?

1 Si $u_n = f(n)$ et (u_n) est croissante, alors f est croissante.

2 Si $\dfrac{u_n + 1}{u_n} > 1$ alors (u_n) est croissante.

3 La somme de deux suites croissantes est croissante.

Généralités

4 Définition explicite d'une suite ★ 10 min Corrigé p. 121

Lycée Saint-Benoît, Grenoble

Soit (u_n) la suite définie par :

$$U_n = \sqrt{2n+4}\,.$$

1 Écrire un algorithme qui calcule et affiche les n premiers termes de la suite.

2 Calculer le vingtième et le centième terme de la suite.

5 Étude de la monotonie de deux suites ★ 15 min Corrigé p. 122

Lycée Clémenceau, Nantes

Étudier la monotonie des suites définies sur $\mathbb{N}$ par :

1 $U_n = n - n^3$

2 $U_n = \dfrac{2n+1}{n+2}$

6 Sens de variation d'une suite ★ 20 min Corrigé p. 123

Lycée Saint-Exupéry, Marseille

On donne la suite (U_n) définie par :

$$\forall n \in \mathbb{N}, \qquad U_{n+1} = \sqrt{2+U_n} \quad , \qquad U_0 = 0.$$

1 Écrire un algorithme qui calcule les termes de rangs 1 à N de la suite.

2 Montrer l'égalité :

$$U_{n+1} - U_n = \frac{2 + U_n - U_n^2}{\sqrt{2+U_n} + U_n}$$

et étudier le signe de $2 + x - x^2$; conjecturer le sens de variation de (U_n).

7 Sens de variation d'une suite ★★ 20 min Corrigé p. 124

Lycée Odilon Redon, Pauillac

Soit $(u_n)_{n\in\mathbb{N}}$ la suite définie par :

$$u_n = \sqrt{n+1} - \sqrt{n}\,.$$

1 **(a)** Montrer que, pour tout entier $n \geqslant 1$:

$$n \geqslant \sqrt{n^2-1}$$

(b) Montrer que, pour tout entier naturel $n \geqslant 1$:

$$\sqrt{n+1} + \sqrt{n-1} \leqslant 2\sqrt{n}$$

(utiliser l'identité remarquable $\left(\sqrt{n+1} + \sqrt{n-1}\right)^2$).

(c) Exprimer $u_n - u_{n-1}$ en fonction de n, et, à l'aide de la question précédente, en déduire le sens de variation de la suite (u_n).

2 (a) Montrer que pour tout entier $n \geqslant 1$:

$$0 < u_n < \frac{1}{2\sqrt{n}}.$$

(b) Soit un réel quelconque $M > 0$. Déduire de la question précédente, un rang n_0 tel que, pour tout entier $n \geqslant n_0$, $0 \leqslant u_n \leqslant M$.

Suites arithmétiques

8 Recherche d'une suite arithmétique ★ 10 min

Corrigé p. 126

Lycée Poincaré, Nancy

Soit (u_n) une suite arithmétique de raison r. On désigne par :

$$S_n = \sum_{k=1}^{n} u_k = u_1 + u_2 + \cdots + u_n$$

la somme des n premiers termes de la suite.

Calculer u_1 et S_{17} sachant que :

$$u_{17} = 105 \quad \text{et} \quad r = -2.$$

9 Production croissante ★ 15 min

Corrigé p. 126

Lycée Michelet, Vanves

Une usine pharmaceutique fabrique des boîtes de médicaments.
La machine de production fonctionne 7 jours sur 7 durant le mois de juin.
La production est initialement de 3 500 boîtes de médicaments le 31 mai.
À partir du 1er juin, la production augmente de 60 boîtes par jour.
On note u_n la production le jour n du mois de juin.

1 Exprimer u_{n+1} en fonction de u_n. Quelle est la nature de la suite ? Expliquer brièvement.

2 Exprimer u_n en fonction de n.

3 Pourra-t-on dépasser une production journalière de 5 000 boîtes au 24 juin ?

10 Calcul de la distance parcourue ★ 15 min Corrigé p. 126

Lycée Montesquieu, Herblay

Un ours a établi sa tanière à 20 m des ruches d'un apiculteur, situées en ligne droite à partir de son antre et espacées de 2 m. L'ours dispose de pots de miel de taille respectable, et ne peut en porter deux simultanément malgré sa grande force et sa motivation certaine.

Quelle distance parcourt ce fin gourmet s'il prélève modestement un pot de miel dans chacune des 30 ruches de l'apiculteur ?

11 Étude de deux suites entremêlées ★★ 20 min Corrigé p. 127

Lycée Buffon, Paris

On donne :

$$\forall n \in \mathbb{N}^*, \qquad U_{n+1} = \frac{U_n}{1 - U_n}, \qquad U_1 = -2$$

$$\forall n \in \mathbb{N}^*, \qquad V_n = \frac{1 + U_n}{U_n}$$

On admet que :

$$\forall n \in \mathbb{N}^*, \qquad U_n \neq 1, \qquad U_n \neq 0 \qquad \text{et} \qquad V_n \neq 1\,.$$

1. Calculer V_{n+1} en fonction de U_{n+1}.
2. Calculer V_{n+1} en fonction de U_n.
3. Calculer U_n en fonction de V_n.
4. En déduire que (V_n) est arithmétique.

12 Quatre premiers termes d'une suite ★★ 20 min Corrigé p. 128

Lycée Louis-Le-Grand, Paris

Déterminer les quatre premiers termes U_1, U_2, U_3, U_4 d'une suite arithmétique *croissante* sachant que leur somme est 16 et que la somme de leurs carrés vaut 84.

13 Les carrés de chocolat ★★★ 20 min Corrigé p. 129

Lycée Hector Berlioz, Vincennes

On positionne 2 016 carrés de chocolat comme sur le dessin ci-dessous :

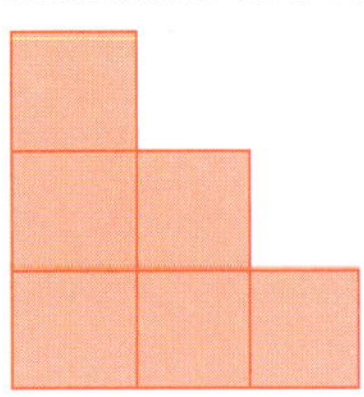

1 carré sur la première ligne
2 carrés sur la deuxième ligne, etc.

En détaillant le raisonnement, calculer le nombre de carrés de chocolat sur la dernière ligne.

Suites géométriques

14 Recherche de trois nombres ★ 15 min Corrigé p. 130

Lycée Notre-Dame de France, Paris

a, b et c sont trois nombres tels que :

- a, b et c sont dans cet ordre trois termes consécutifs d'une suite arithmétique ;
- a, c et b sont dans cet ordre trois termes consécutifs d'une suite géométrique ;
- $a + b + c = 99$.

Déterminer a, b et c.

15 Le rebond ★ 20 min Corrigé p. 131

Lycée Albert de Mun, Nogent-sur-Marne

Une balle élastique est lancée d'une hauteur de 100 cm au-dessus du sol. On note R_n la hauteur au n^e rebond et R_0 la hauteur d'où est lâchée la balle.
À chaque rebond, la hauteur atteinte est égale à $\frac{9}{10}$ de la hauteur précédente.

1 Exprimer R_{n+1} en fonction de R_n.

2 Quelle est la nature de la suite (R_n) ?

3 Exprimer R_n en fonction de n.

4 On considère que la balle s'arrête dès qu'elle tombe d'une hauteur inférieure à 0,2 cm. À l'aide d'une calculatrice, déterminer au bout de combien de rebonds va cesser le mouvement.

16 Recherche d'une suite géométrique ★ 20 min Corrigé p. 132

Lycée Blaise Pascal, Orsay

1 (U_n) est une suite géométrique croissante dont les termes sont négatifs.
Calculer U_1, U_2 et U_3, sachant que :

$$\begin{cases} U_1U_3 = \frac{4}{9} \\ U_1 + U_2 + U_3 = -\frac{19}{9} \end{cases}$$

2 Calculer U_n en fonction de n.

17 $n + 1$ premiers termes d'une suite ★ 20 min Corrigé p. 133

Lycée Saint-Benoît, Paris

Soit la suite (U_n) définie par :

$$U_n = 2^n - 5n + 6\,.$$

1 Calculer U_0, U_1, U_2 et U_3.

2 On pose $S_n = U_0 + U_1 + \cdots + U_n$.
Calculer S_n en fonction de n.

18 Capitaux et intérêts composés ★ 20 min Corrigé p. 134

Lycée Notre-Dame, Ussel

Un capital A est placé à intérêts composés au taux de 3 % l'an. On appelle C_0 le capital initial et C_n le capital après n années.

1 Expliquer la relation $C_1 = 1{,}03C_0$ et écrire le capital C_n en fonction de C_0 et de n en justifiant soigneusement cette relation.

2 **(a)** Écrire un algorithme calculant le montant du capital acquis au bout de n années.

(b) On considère un capital initial $A = 150$ euros. Déterminer, à l'aide de l'algorithme, au bout de combien d'années ce capital est doublé.

(c) Même question avec un capital initial $A = 700$ euros.
Quelle conjecture peut-on faire ?

(d) Démontrer cette conjecture.

19 Un problème d'optique ★★ 30 min Corrigé p. 136

Lycée Jehan de Chelles, Chelles

1 En traversant une plaque de verre teintée, un rayon lumineux perd 23 % de son intensité lumineuse. Soit I_0 l'intensité d'un rayon à son entrée dans la plaque de verre et I_1 son intensité à sa sortie. Exprimer I_1 en fonction de I_0.

2 On superpose n plaques de verre identiques ; on note I_n l'intensité du rayon à sa sortie de la n^e plaque.

(a) Exprimer I_n en fonction de I_{n-1}.

(b) Quelle est la nature de la suite (I_n) ? Préciser le premier terme et la raison ; en déduire l'expression de I_n en fonction de I_0.

(c) Préciser, en le justifiant, le sens de variation de la suite (I_n).

3 Quelle est l'intensité initiale I_0 d'un rayon lumineux dont l'intensité après avoir traversé 4 plaques est égale à 15 ?

4 Calculer le nombre minimum de plaques qu'un rayon doit avoir traversé pour que son intensité sortante soit inférieure ou égale au quart de son intensité entrante.

20 Les empilements

★★★ 40 min Corrigé p. 137

Lycée Pablo Picasso, Fontenay-sous-bois

Partie A

On empile des cubes comme sur la figure ci-dessous afin de construire une tour.
Le premier cube a un côté égal à 1 024 mm. Puis chaque nouveau cube a un côté mesurant les 3/4 du côté du cube précédent.
On note c_0 le côté du 1er cube, c_1 celui du deuxième cube, et ainsi de suite.

1. Calculer c_1.
2. Quelle est la nature de la suite (c_n) ? Donner ses éléments caractéristiques.
3. Exprimer c_n en fonction de n.
4. Quelle est la longueur du côté du 10e cube ?
5. Quelle est la hauteur de la tour formée par les 10 premiers cubes ?
6. Donner, en fonction de n, la hauteur de la tour formée par les n premiers cubes.
7. Justifier le fait que la tour ne pourra jamais dépasser la hauteur de 4 096 mm.
8. À l'aide de la calculatrice, dire combien il faut de cubes, au minimum, pour dépasser une hauteur de 3 000 mm.

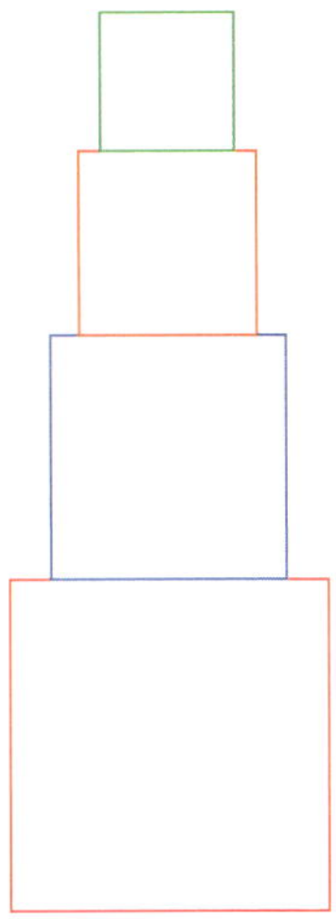

Partie B

On empile des cubes comme sur la figure ci-contre.
Le premier cube a un côté égal à 10 cm. Puis chaque nouveau cube a un côté de 4 cm supérieur à celui du cube précédent.

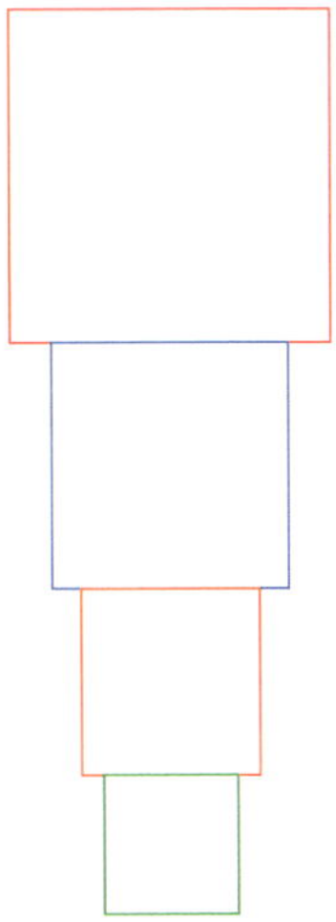

1. Étude de la hauteur de l'empilement.
On note d_0 le côté du 1er cube, d_1 celui du 2e, et ainsi de suite.
   (a) Calculer d_1.
   (b) Donner le nature de la suite (d_n), et ses éléments caractéristiques.
   (c) Exprimer d_n en fonction de n.
   (d) Quelle est la longueur du côté du 10e cube ?
   (e) Quelle est la hauteur de l'empilement formé par les 10 premiers cubes ?

2 Étude du volume de l'empilement.
On note v_0 le volume du premier cube, v_1 le volume du 2ᵉ, et ainsi de suite.

(a) Calculer v_0, v_1, et v_2.

(b) La suite (v_n) est-elle arithmétique ? Justifier.

(c) Pour $n \geqslant 1$, on note V_n le volume de l'empilement des n premiers cubes.
Justifier que $V_2 = 3\ 744$.

(d) Calculer V_3.

Suites se ramenant à une suite géométrique

21 Suite arithmético-géométrique

★ 20 min Corrigé p. 139

Lycée Descartes, Antony

Retrouvez le corrigé de cet exercice en vidéo avec live!

1 Soit la suite (U_n) définie par récurrence par :

$$\begin{cases} U_0 = 6 \\ U_{n+1} = \dfrac{1}{2}U_n + 5 \end{cases}$$

Calculer les quatre premiers termes de la suite.

2 On pose : $V_n = U_n - 10$.
Démontrer que (V_n) est une suite géométrique. Donner son premier terme et sa raison.
Exprimer V_n puis U_n en fonction de n.

3 Calculer : $S_{10} = \displaystyle\sum_{i=0}^{10} V_i = V_0 + V_1 + \cdots + V_{10}$

et $S'_{10} = \displaystyle\sum_{i=0}^{10} U_i = U_0 + U_1 + \cdots + U_{10}$.

22 Étude algorithmique d'une suite

★ 30 min Corrigé p. 141

Lycée Odilon Redon, Pauillac

Soit la suite (u_n) définie par récurrence par :

$$\begin{cases} u_0 = 6 \\ u_{n+1} = \dfrac{1}{3}u_n + 2 \end{cases}$$

1 Écrire un algorithme permettant de calculer, et d'afficher, les premières valeurs de la suite, $u_1, u_2, u_3, \ldots$
Quelle conjecture peut-on faire quant au comportement des valeurs de u_n lorsque n devient grand ?

2 Soit la suite (v_n) définie pour tout entier n, par $v_n = u_n - 3$.
Montrer que la suite (v_n) est une suite géométrique dont on précisera le premier terme et la raison.
En déduire l'expression de v_n, puis de u_n en fonction de n.
L'expression obtenue conforte-t-elle la conjecture précédente ?

3 Écrire un algorithme calculant la somme des termes :

$$S_{10} = \sum_{i=0}^{10} u_i = u_0 + u_1 + \cdots + u_{10}$$

23 Une suite différente ★★ 20 min Corrigé p. 142

Lycée Jacques Amyot, Auxerre

Soit (u_n) définie par $u_0 = 1$ et pour tout $n \in \mathbb{N}$ par $u_{n+1} = \dfrac{n+2}{3(n+1)} u_n$.

On admettra que $\forall n \in \mathbb{N}, u_n > 0$.

1 Calculer u_1.

2 En remarquant que $\dfrac{u_{n+1}}{u_n} = \dfrac{n+2}{3(n+1)}$, montrer que (u_n) est décroissante.

3 On considère la suite (v_n) définie pour tout $n \in \mathbb{N}$ par $v_n = \dfrac{u_n}{n+1}$.

(a) Montrer que (v_n) est géométrique. Préciser sa raison et son premier terme.

(b) En déduire l'expression de v_n puis l'expression de u_n en fonction de n.

24 Accroissement d'une population ★★ 30 min Corrigé p. 143

Lycée Hoche, Versailles

Retrouvez le corrigé de cet exercice en vidéo avec live!

Dans un pays, un organisme étudie l'évolution de la population.

Compte tenu des naissances et des décès, on a constaté que la population a un taux d'accroissement naturel annuel de 14 pour mille.
De plus, chaque année, 12 000 personnes arrivent dans ce pays et 5 000 le quittent.
En 2010, la population de ce pays était de 75 millions d'habitants. On suppose que l'évolution ultérieure obéit au modèle ci-dessus. On note P_n la population de l'année $(2010 + n)$ exprimée en milliers d'habitants.

1 **(a)** Déterminer P_0, P_1 et P_2.

(b) La suite (P_n) est-elle arithmétique ? géométrique ? Justifier.

2 Expliquer pourquoi on obtient pour tout entier naturel n :

$$P_{n+1} = 1{,}014P_n + 7.$$

3 Démontrer que la suite (U_n) définie pour tout entier n par $U_n = P_n + 500$ est une suite géométrique.
Déterminer sa raison et son premier terme.

4 Exprimer U_n puis P_n en fonction de n.

5 **(a)** Combien d'habitants peut-on prévoir en 2025 ?

(b) Au bout de combien d'années la population aura-t-elle doublé par rapport à l'année 2010 ?

25 Suites imbriquées ★★ 25 min

Corrigé p. 145

Lycée Danielou, Rueil-Malmaison

On donne deux suites (U_n) et (V_n) telles que, $\forall n \in \mathbb{N}$:

$$\begin{cases} U_{n+1} = 3U_n + 2V_n \\ V_{n+1} = 2U_n + 3V_n \end{cases} \quad \text{et} \quad \begin{cases} U_0 = 1 \\ V_0 = 2 \end{cases}$$

1 Calculer U_1, V_1, U_2, V_2, U_3 et V_3.

2 On définit deux suites (X_n) et (Y_n) par :

$$X_n = U_n + V_n \quad \text{et} \quad Y_n = U_n - V_n$$

Montrer que (X_n) est une suite géométrique et (Y_n) est une suite constante.
En déduire U_n et V_n en fonction de n.

26 Suite arithmético-géométrique ★★★ 50 min

Corrigé p. 146

Lycée Claude Monet, Paris

Soit la suite $(U_n)_{n\in\mathbb{N}}$ définie par :

$$\begin{cases} U_0 = 1 \\ U_{n+1} = \dfrac{1}{2}U_n - \dfrac{3}{2} \end{cases}$$

1 Calculer U_1 et U_2.

2 On considère la suite $(V_n)_{n\in\mathbb{N}}$ définie par :

$$V_n = U_n + 3\,.$$

Montrer que la suite (V_n) est géométrique.

3 Exprimer V_n puis U_n en fonction de n.

4 Étudier les variations de la suite (V_n) puis de la suite (U_n).

5 Calculer $S = U_0 + U_1 + \cdots + U_{10}$.

Algorithmes & programmation

27 Afficher les premiers termes

★★ 15 min Corrigé p. 147

On considère la suite (u_n) définie par son premier terme $u_0 = 5$ et par la relation de récurrence :

$$\forall n \in \mathbb{N}, \quad u_{n+1} = 0{,}8u_n + 7.$$

1. Écrire un algorithme qui stocke les 20 premiers termes de cette suite dans un tableau (une liste) et qui les affiche.
2. Écrire le programme Python correspondant.
3. On admet que la suite (u_n) est croissante et que sa limite vaut 35.

   Écrire un algorithme, puis le programme Python correspondant, permettant d'afficher le premier indice n à partir duquel $u_n > 34{,}99$.

28 Suite de Fibonacci

★★ 15 min Corrigé p. 149

La suite de Fibonacci est la suite (F_n) définie par ses deux premiers termes $F_0 = F_1 = 1$ et par la relation de récurrence :

$$\forall n \in \mathbb{N}, \quad F_{n+2} = F_{n+1} + F_n.$$

1. Écrire un algorithme permettant de stocker dans un tableau (une liste) les 100 premiers termes de cette suite et d'afficher tous les quotients $\dfrac{F_{n+1}}{F_n}$ pour $n < 100$.
2. Écrire le programme Python correspondant.

1 QCM Calculs de suites

Enoncé p. 109

1 Réponse **b**. Comme $u_n = u_0 + nr$, $u_{22} = 25 + 22 \times 10 = 245$.

2 Réponse **c**. En effet, $u_{21} = qu_{20}$ et $u_{19} = \frac{1}{q}u_{20}$ (en notant q la raison de la suite géométrique (u_n)) donc $u_{19}u_{20}u_{21} = u_{20}^3 = 729$ donc $u_{20} = 9$ car $9^3 = 729$.

3 Réponse **c**. $u_{n+1} = (n+1)^2 + (n+1) - 1$.
Soit $u_{n+1} = n^2 + 3n + 1$.

2 V/F Vérifiez vos connaissances

Enoncé p. 109

1 *Vrai*. Pour tout entier naturel n :

$$\frac{3^{n+1}}{2^{n-1}} = \frac{3^n \times 3}{2^n \times 2^{-1}} = \frac{3^n}{2^n} \times 3 \times 2 = 6\left(\frac{3}{2}\right)^n$$

Cette suite est donc la suite géométrique de premier terme 6 et de raison $\frac{3}{2}$.

2 *Vrai*. On sait que $1 + 2 + \ldots + n = \frac{1}{2}n(n+1)$.
Par suite,

$$\begin{aligned} 1 + 2 + \ldots + 2\,008 &= \frac{1}{2} \times 2\,008 \times 2\,009 \\ 1 + 2 + \ldots + 2\,008 &= 1\,004 \times 2\,009 \\ &= (1\,000 + 4) \times 2\,009 \\ &= 2\,009\,000 + (4 \times 2\,009) \\ &= 2\,009\,000 + 8\,036 \\ &= 2\,017\,036. \end{aligned}$$

3 *Faux*. $u_0 = 2$; $u_1 = \frac{1}{2-1} = 1$. Il est alors impossible de calculer u_2 !

3 V/F Suite croissantes

Enoncé p. 109

1 *Faux*. Pour tout $n \geqslant 1$, on pose $u_n = n^2 - 3n$.
On a :

$$\begin{aligned} u_{n+1} - u_n &= (n+1)^2 - 3(n+1) - n^2 + 3n \\ u_{n+1} - u_n &= 2n - 2 \end{aligned}$$

Si $n \geqslant 1$, $2n - 2 \geqslant 0$. Donc la suite (u_n) est croissante. Or la fonction f définie sur $[1\,;+\infty[$ par $f(x) = x^2 - 3x$ est décroissante sur $\left[1\,;\frac{3}{2}\right]$.

2 *Faux*. Soit $u_n = -2^n$.
On a :

$$\frac{u_{n+1}}{u_n} = \frac{-2^{n+1}}{-2^n} = 2 \quad \text{donc} \quad \frac{u_{n+1}}{u_n} > 1.$$

Cependant, la suite (u_n) est décroissante : pour tout $n \in \mathbb{N}$,

$$u_{n+1} - u_n = -2^{n+1} + 2^n = -2^n$$

donc $u_{n+1} - u_n < 0$.
Il manquait la condition : $u_n > 0$.

3 *Vrai*. Soient (u_n) et (v_n) deux suites croissantes. On pose $w_n = u_n + v_n$.
Pour tout entier naturel n,

$$\begin{aligned} u_n < u_{n+1} \quad &\text{et} \quad v_n < v_{n+1} \\ \text{donc} \quad u_n + v_n &< u_{n+1} + v_{n+1} \\ \text{soit} \quad w_n &< w_{n+1} \end{aligned}$$

La suite (w_n) est donc croissante.

4 Définition explicite d'une suite

Enoncé p. 110

Lycée Saint-Benoît, Grenoble

1 (u_n) est définie de façon explicite. On peut donc calculer directement :

$$u_0 = \sqrt{2 \times 0 + 4} = 2, \quad u_1 = \sqrt{2 \times 1 + 4} = \sqrt{6}, \ldots$$

L'algorithme ci-contre permet de calculer et d'afficher les n premiers termes.
On note que, le 1er terme étant u_0, le n[e] est u_{n-1}.

```
Lire N
Pour I de 0 à N-1
    U ← √(2I+4)
     Afficher U
Fin Pour
```

En Python

```
from math import *

N = input("N ?")
for I in range(0,N):
    U = sqrt(2*I+4)
    print U
```

2 Le vingtième terme correspond à u_{19} :

$$u_{19} = \sqrt{2 \times 19 + 4} = \sqrt{42}.$$

Le centième terme correspond à u_{99} :

$$_{99} = \sqrt{2 \times 99 + 4} = \sqrt{202}.$$

5 Étude de la monotonie de deux suites

Enoncé p. 110

Lycée Clémenceau, Nantes

MÉTHODE

Pour étudier la monotonie de ces suites, il faut commencer par remarquer qu'elles sont définies explicitement (et non par récurrence).

Soit f_1 et f_2 les fonctions définies par :

$$f_1(x) = x - x^3$$
$$f_2(x) = \frac{2x+1}{x+2}$$

On a $u_n = f_1(n)$ et $v_n = f_2(n)$. Si ces fonctions sont monotones, les suites le sont, mais dans le cas contraire, il faudra poursuivre un peu l'étude avant de pouvoir conclure.

1 Commençons donc par la première fonction, f_1, étudiée simplement sur $\mathbb{R}_+$, puisque la suite est définie sur $\mathbb{N}$.

Cette fonction, étant une fonction polynomiale, est définie et dérivable sur $\mathbb{R}$:

$$f_1'(x) = 1 - 3x^2\,.$$

Sa dérivée s'annule en $\dfrac{1}{\sqrt{3}}$. D'où le tableau de variation de f_1 :

x	0		$\frac{1}{\sqrt{3}}$		$+\infty$
f_1'		$+$	0	$-$	
f_1	0	$\nearrow$	$\frac{2\sqrt{3}}{9}$	$\searrow$	

La fonction est donc croissante sur $\left[0\,;\,\dfrac{1}{\sqrt{3}}\right]$, puis décroissante ; la suite U est par conséquent forcément décroissante à partir du second terme ($n = 1$). Pour les deux premiers termes, on a : $U_0 = 0$ et $U_1 = 0$. On peut alors conclure :

- La suite (U_n) est décroissante sur $\mathbb{N}$.
- La suite (U_n) est strictement décroissante sur $\mathbb{N}^*$.

2 La fonction f_2 est une fonction rationnelle et donc son ensemble de définition correspond à toutes les valeurs réelles pour lesquelles le dénominateur est non nul. Soit ici :

$$\mathcal{D}_{f_2} = \mathbb{R} \setminus \{-2\}\,.$$

La fonction est dérivable sur son ensemble de définition et on obtient :

$$f_2'(x) = \frac{2(x+2)-(2x+1)}{(x+2)^2} = \frac{3}{(x+2)^2}.$$

f est croissante sur $]-2\,;+\infty[$; or $\mathbb{N} \subset]-2\,;+\infty[$, donc (U_n) est croissante.

6 Sens de variation d'une suite

Enoncé p. 110

Lycée Saint-Exupéry, Marseille

1 Les premiers termes de la suite se calculent de la façon suivante :

$$U_1 = \sqrt{2+U_0} = \sqrt{2} \approx 1{,}41$$

$$U_2 = \sqrt{2+U_1} = \sqrt{2+\sqrt{2}} \approx 1{,}85$$

$$U_3 = \sqrt{2+U_2} = \sqrt{2+\sqrt{2+\sqrt{2}}} \approx 1{,}96$$

$$U_4 = \sqrt{2+U_3} = \ldots$$

Les N premiers termes de la suite peuvent se calculer par récurrence à l'aide de l'algorithme suivant :

```
Lire N
U ← 0
Pour I de 0 à N-1
    U ← √2+U
    Afficher U
Fin Pour
```

Programme TI

```
Prompt N
U ← 0
For (I,1,N)
U ← √(2+U)
Disp U
End
```

En Python

```
from math import *

N = input("N ?")
for I in range(0,N):
    U = sqrt(2+U)
    print U
```

Remarque : cet algorithme permet de calculer, par exemple les 5 premiers termes (N=5) :

```
N=5
      1.41421356237
      1.84775906502
      1.96157056081
      1.99036945334
      1.99759091241
```

On peut donc s'attendre, à la vue des premiers termes, à avoir :

$$\forall n \in \mathbb{N}, \qquad U_n < 2 .$$

En calculant de même les termes suivants (N=10, N=20, N=100, ...), il semblerait que l'on puisse de plus conjecturer que :

$$\lim_{n\to+\infty} U_n = 2 \quad \text{i.e. que la suite semble se rapprocher de 2.}$$

2 Pour montrer l'égalité, on écrit :

$$U_{n+1} - U_n = \sqrt{2+U_n} - U_n .$$

En utilisant la méthode de la quantité conjuguée :

$$U_{n+1} - U_n = (\sqrt{2+U_n} - U_n)\frac{\sqrt{2+U_n}+U_n}{\sqrt{2+U_n}+U_n}$$

soit :

$$U_{n+1} - U_n = \frac{(\sqrt{2+U_n} - U_n)(\sqrt{2+U_n}+U_n)}{\sqrt{2+U_n}+U_n}$$

soit, en utilisant une identité remarquable :

$$U_{n+1} - U_n = \frac{2+U_n-U_n^2}{\sqrt{2+U_n}+U_n},$$

ce qui donne l'égalité recherchée.

$2+x-x^2$ a pour racines -1 et 2. En utilisant les résultats sur le signe d'un trinôme du second degré (cf. Chapitre 2), on en déduit que $2+x-x^2$ est :

- positif si $x \in [-1\,;2]$;
- négatif si $x \in]-\infty\,;-1] \cup [2\,;+\infty[$.

Ainsi, si $U_n \in [-1\,;2]$, alors $U_{n+1} - U_n$ est positif et la suite est donc croissante.
Or, $U_n \geqslant 0$ pour tout $n \in \mathbb{N}$, et on a conjecturé en 1 que $U_n < 2$ pour tout n.
On peut donc s'attendre à ce que la suite (U_n) soit croissante.

7 Sens de variation d'une suite

Enoncé p. 110

Lycée Odilon Redon, Pauillac

1 **(a)** Pour tout entier $n \geqslant 1$, $n^2 \geqslant n^2-1 \geqslant 0$, et on déduit donc que :

$$n \geqslant \sqrt{n^2-1} \quad \text{car la fonction racine carrée est croissante sur } \mathbb{R}_+$$

(b) Pour $n \geqslant 1$,

$$\begin{aligned}\left(\sqrt{n+1}+\sqrt{n-1}\right)^2 &= n+1+2\sqrt{(n+1)}\sqrt{(n-1)}+n-1\\ &= 2n+2\sqrt{n^2-1}\end{aligned}$$

Or, d'après la question précédente,

$$\sqrt{n^2 - 1} \leqslant n$$

Donc :

$$2\sqrt{n^2 - 1} \leqslant 2n$$

Et :

$$2n + 2\sqrt{n^2 - 1} \leqslant 4n$$

Donc :

$$\left(\sqrt{n+1} + \sqrt{n-1}\right)^2 \leqslant 4n$$

On en déduit que :

$$\sqrt{n+1} + \sqrt{n-1} \leqslant \sqrt{4n}$$

c'est-à-dire que :

$$\sqrt{n+1} + \sqrt{n-1} \leqslant 2\sqrt{n}$$

(c) Pour tout entier $n \geqslant 1$,

$$\begin{aligned} u_n - u_{n-1} &= \left(\sqrt{n+1} - \sqrt{n}\right) - \left(\sqrt{n} - \sqrt{n-1}\right) \\ &= \sqrt{n+1} - 2\sqrt{n} + \sqrt{n-1} \end{aligned}$$

D'après la question précédente, on sait que :

$$\sqrt{n+1} + \sqrt{n-1} - 2\sqrt{n} \leqslant 0$$

c'est-à-dire que $u_n - u_{n-1} \leqslant 0$, et donc que la suite (u_n) est décroissante.

2 **(a)** Pour tout $n \in \mathbb{N}$, en multipliant en haut et en bas par la quantité conjuguée, on a :

$$\begin{aligned} u_n &= \sqrt{n+1} - \sqrt{n} \\ &= \frac{(\sqrt{n+1} - \sqrt{n})(\sqrt{n+1} + \sqrt{n})}{\sqrt{n+1} + \sqrt{n}} \\ &= \frac{n+1-n}{\sqrt{n+1} + \sqrt{n}} \\ &= \frac{1}{\sqrt{n+1} + \sqrt{n}}. \end{aligned}$$

Comme pour tout entier n, $\sqrt{n+1} > 0$ et $\sqrt{n} \geqslant 0$, on a donc, $u_n > 0$.

De plus, pour tout entier n, $n + 1 > n$, et donc, $\sqrt{n+1} > \sqrt{n}$, car la fonction racine carrée est croissante.

On en déduit que $\sqrt{n+1} + \sqrt{n} > 2\sqrt{n}$, et donc que :

$$0 < u_n < \frac{1}{2\sqrt{n}} \quad \text{car la fonction inverse est décroissante.}$$

COURS

INTERROS

CORRIGÉS

(b) Soit $M > 0$, d'après l'encadrement précédent, il suffit de choisir n_0 tel que :

$$\frac{1}{2\sqrt{n_0}} \leqslant M \iff n_0 \geqslant \frac{1}{4M^2} \quad \text{pour que } 0 < u_{n_0} \leqslant M.$$

8 Recherche d'une suite arithmétique

Enoncé p. 111

Lycée Poincaré, Nancy

Ayant un terme et la raison d'une suite arithmétique, nous pouvons calculer facilement les autres termes de cette suite :

$$u_n = u_1 + (n-1)r$$

et en particulier pour $n = 17$:

$$u_{17} = u_1 + 16r = u_1 - 32.$$

Donc :

$$u_1 = u_{17} + 32 = 137.$$

D'après le cours,

$$S_{17} = 17 \times \frac{u_1 + u_{17}}{2} = 17 \times \frac{137 + 105}{2} = 2\,057.$$

9 Production croissante

Enoncé p. 111

Lycée Michelet, Vanves

1 $u_{n+1} = u_n + 60.$
La production augmente de 60 boîtes chaque jour, c'est une augmentation constante, la suite est donc arithmétique.

2 $u_n = u_0 + nr = 3\,500 + 60n.$

3 Il faut savoir si l'inéquation $3\,500 + 60n > 5\,000$ admet une solution inférieure ou égale à 24.
$3\,500 + 60 \times n > 5\,000 \Leftrightarrow 60n > 1\,500 \Leftrightarrow n > 25.$
Donc on ne pourra pas dépasser une production journalière de 5 000 boîtes au 24 juin.

10 Calcul de la distance parcourue

Enoncé p. 112

Lycée Montesquieu, Herblay

Commençons par présenter la situation par un schéma :

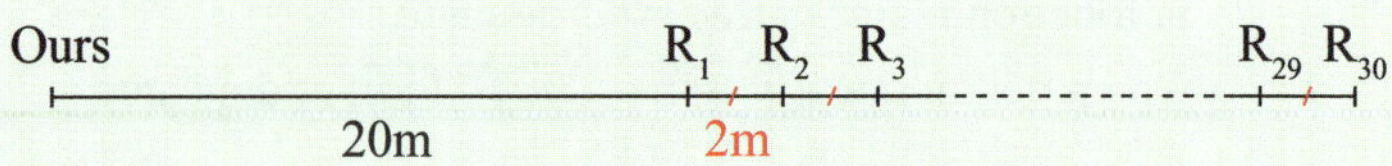

Les points R_1, R_2, ..., R_{30} représentent les 30 ruches.

Au cours de son premier aller-retour, l'ours parcourt 40 m ; au voyage suivant, il en parcourt 44, puis 48 etc. À chaque voyage, la distance parcourue augmente de 4 m. La distance totale parcourue est donc la somme des trente premiers termes d'une suite arithmétique (u_n) de premier terme $u_0 = 40$ et de raison 4.

$$S = u_0 + u_1 + u_2 + \cdots + u_{29}$$
$$S = 30 \times \frac{u_0 + u_{29}}{2}$$
$$S = 30 \times \frac{40 + (40 + 29 \times 4)}{2}$$
$$S = 2\,940.$$

La distance totale parcourue par l'ours est 2 940 mètres.

11 Étude de deux suites entremêlées

Enoncé p. 112

Lycée Buffon, Paris

1 Par définition :

$$V_{n+1} = \frac{1 + U_{n+1}}{U_{n+1}}.$$

2 Pour calculer V_{n+1} en fonction de U_n, remplaçons U_{n+1} dans l'égalité précédente par :

$$U_{n+1} = \frac{U_n}{1 - U_n}.$$

Donc :

$$V_{n+1} = \frac{1 + \dfrac{U_n}{1 - U_n}}{\dfrac{U_n}{1 - U_n}}$$

soit, en multipliant en haut et en bas par $1 - U_n$:

$$V_{n+1} = \frac{1 - U_n + U_n}{U_n} = \frac{1}{U_n}.$$

3 On a : $V_n = \dfrac{1 + U_n}{U_n}$

$\Longleftrightarrow V_n U_n = 1 + U_n$

$\Longleftrightarrow U_n(V_n - 1) = 1$

$\Longleftrightarrow U_n = \dfrac{1}{V_n - 1}$, car $V_n \neq 1$.

4 Utilisons les deux égalités suivantes pour en déduire V_{n+1} en fonction de V_n :

$$V_{n+1} = \frac{1}{U_n}$$

$$U_n = \frac{1}{V_n - 1}.$$

Nous obtenons donc, pour tout $n \in \mathbb{N}^*$:

$$V_{n+1} = V_n - 1\ ,$$

ce qui prouve que (V_n) est une suite arithmétique de raison -1.

12 Quatre premiers termes d'une suite

Enoncé p. 112

Lycée Louis-Le-Grand, Paris

Notons (U_n) la suite arithmétique définie par son premier terme U_1 et sa raison r. On a donc les relations :

$$\begin{cases} U_1 + U_2 + U_3 + U_4 = 16 \\ U_1^2 + U_2^2 + U_3^2 + U_4^2 = 84 \end{cases}$$

Or,

$$\begin{cases} U_2 = U_1 + r \\ U_3 = U_1 + 2r \\ U_4 = U_1 + 3r \end{cases}$$

On obtient donc :

$$\begin{cases} U_1 + U_1 + r + U_1 + 2r + U_1 + 3r = 16 \\ U_1^2 + (U_1 + r)^2 + (U_1 + 2r)^2 + (U_1 + 3r)^2 = 84 \end{cases}$$

soit en développant :

$$\begin{cases} 4U_1 + 6r = 16 \\ 4U_1^2 + 12rU_1 + 14r^2 = 84 \end{cases}$$

soit encore :

$$\begin{cases} 2U_1 = 8 - 3r \\ (2U_1)^2 + 6r(2U_1) + 14r^2 = 84 \end{cases}$$

et finalement, en remplaçant $2U_1$ par $8 - 3r$:

$$\begin{cases} 2U_1 = 8 - 3r \\ (8 - 3r)^2 + 6r(8 - 3r) + 14r^2 = 84 \end{cases}$$

COURS
INTERROS
CORRIGÉS

La deuxième équation s'écrit successivement :

$$\begin{aligned} & (8-3r)(8-3r+6r)+14r^2=84 \\ \iff & (8-3r)(8+3r)+14r^2=84 \\ \iff & 64-9r^2+14r^2=84 \\ \iff & 5r^2=20 \\ \iff & r^2=4. \end{aligned}$$

Or, $r > 0$ car la suite est croissante donc : $r = 2$ et la première équation donne alors :

$$2U_1 = 8 - 6 = 2\,.$$

Finalement :

$$U_1 = 1, \quad U_2 = 3, \quad U_3 = 5 \quad \text{et} \quad U_4 = 7\,.$$

13 Les carrés de chocolat

Enoncé p. 112

Lycée Hector Berlioz, Vincennes

Le nombre de carrés sur chaque ligne est un terme d'une suite arithmétique de premier terme 1 et de raison 1.
Sur la ligne n, si on commence à la ligne 1, il y a donc au plus n chocolats.
Donc, si on fait la somme des chocolats de la ligne 1 à la n^{e} ligne, il peut y avoir :

$$1+2+3+\cdots+n \text{ chocolats.}$$

D'après la formule du cours, il y a donc $\dfrac{n(n+1)}{2}$ chocolats.
On cherche donc la plus petite valeur entière de n telle que :

$$\frac{n(n+1)}{2} \geqslant 2\,016$$

Cette inéquation est équivalente à :

$$n^2 + n - 4\,032 \geqslant 0$$

$\Delta = 16\,129$.

La plus grande des deux racines est $x' = \dfrac{-1+\sqrt{16\,129}}{2} = 63$. (l'autre racine est négative)
Donc la plus petite valeur de n entière possible est 63. Il y a donc 63 rangées de chocolat.
Sur les 62 premières rangées, on a mis $\dfrac{62 \times 63}{2} = 1\,953$ chocolats.
Il en reste donc $2\,016 - 1\,953 = 63$. La dernière rangée sera donc complète !

14 Recherche de trois nombres

Enoncé p. 113

Lycée Notre-Dame de France, Paris

En notant r la raison de la suite arithmétique et q celle de la suite géométrique, les hypothèses s'écrivent :

$$a = b - r \quad (1)$$

$$c = b + r \quad (2)$$

$$a = \frac{c}{q} \quad (3)$$

$$b = cq \quad (4)$$

$$a + b + c = 99 \quad (5)$$

De (1) et (2), on déduit : $a + c = 2b$.
De (3) et (4), on déduit : $ab = c^2$.

MÉTHODE

Il est souvent intéressant de travailler avec le terme du milieu, car cela permet d'éliminer les raisons des équations.

En remplaçant $a + c$ par $2b$ dans (5), on obtient :

$$3b = 99,$$

et donc :

$$b = 33.$$

Pour trouver a et c, on doit résoudre :

$$\begin{cases} a + c = 66 \\ 33a = c^2 \qquad (6) \end{cases}$$

De l'équation (6), on tire :

$$a = \frac{c^2}{33}$$

On remplace dans la première équation a par cette valeur :

$$\frac{c^2}{33} + c = 66$$

d'où :

$$c^2 + 33c = 66 \times 33$$

soit :

$$c^2 + 33c - 66 \times 33 = 0.$$

Le discriminant de cette équation du second degré vaut :

$$\Delta = 33^2 + 4 \times 66 \times 33 = 33^2 + 8 \times 33^2 = 9 \times 33^2 = (3 \times 33)^2 = 99^2.$$

On a donc deux solutions possibles :

$$c_1 \frac{-33 - 99}{2} = -66 \qquad \text{et} \qquad c_2 = \frac{-33 + 99}{2} = 33.$$

Les solutions correspondantes pour a sont :

$$a_1 = \frac{c_1^2}{33} = \frac{(33 \times 2)^2}{33} = 33 \times 4 = 132$$

$$a_2 = \frac{c_2^2}{33} = \frac{33^2}{33} = 33.$$

Dans le premier cas, on a le triplet solution :

$$(a_1,b_1,c_1) = (132,33,-66)$$

et dans le second cas :

$$(a_2,b_2,c_2) = (33,33,33).$$

On vérifie aisément que ces deux triplets conviennent.

15 Le rebond

Enoncé p. 113

Lycée Albert de Mun, Nogent-sur-Marne

1 $R_{n+1} = \frac{9}{10} R_n.$

2 La suite R est géométrique, chaque terme se déduisant du précédent par multiplication par $\frac{9}{10}$.

3 $R_n = R_0 \left(\frac{9}{10}\right)^n = 100 \left(\frac{9}{10}\right)^n.$

4 On cherche n tel que $R_n < 0{,}2$, donc tel que $100\left(\frac{9}{10}\right)^n < 0{,}2$.

En tabulant sur la calculatrice, on obtient :

X	Y_1
55	0,304 33
56	0,273 89
57	0,246 50
58	0,221 85
59	0,199 67

$n = 59$. Il faudra 59 rebonds pour que le mouvement cesse.

Remarque : on sait que la suite est décroissante puisque la raison est comprise entre 0 et 1 et que le premier terme R_0 est positif.

COURS INTERROS CORRIGÉS

16 Recherche d'une suite géométrique

Enoncé p. 113

Lycée Blaise Pascal, Orsay

1 Si on appelle q la raison de la suite, on a :

$$U_2 = qU_1 \quad \text{et} \quad U_2 = \frac{U_3}{q},$$

donc :

$$U_2^2 = U_1U_3 = \frac{4}{9}.$$

(U_n) est à termes négatifs, donc :

$$U_2 = -\frac{2}{3}.$$

Comme :

$$\begin{cases} U_1U_3 = \dfrac{4}{9} \\ U_1 + U_2 + U_3 = -\dfrac{19}{9} \end{cases}$$

on a :

$$\begin{cases} U_1U_3 = \dfrac{4}{9} \\ U_1 - \dfrac{2}{3} + U_3 = -\dfrac{19}{9} \end{cases} \iff \begin{cases} U_1U_3 = \dfrac{4}{9} \\ U_1 + U_3 = -\dfrac{13}{9} \end{cases}$$

$$\iff \begin{cases} U_3 = -U_1 - \dfrac{13}{9} \\ U_1\left(-U_1 - \dfrac{13}{9}\right) = \dfrac{4}{9} \end{cases}$$

U_1 est donc solution de l'équation :

$$x\left(-x - \frac{13}{9}\right) = \frac{4}{9}$$

soit :

$$9x^2 + 13x + 4 = 0.$$

Le discriminant vaut :

$$\Delta = 13^2 - 4 \times 4 \times 9 = 25.$$

Les deux racines sont donc :

$$x_1 = \frac{-13-5}{18} = -1 \quad \text{et} \quad x_2 = \frac{-13+5}{18} = -\frac{8}{18} = -\frac{4}{9}.$$

D'où :

- $U_1 = -1$ (et dans ce cas $U_3 = -U_1 - \dfrac{13}{9} = -\dfrac{4}{9}$) ;
- ou $U_1 = -\dfrac{4}{9}$ (et dans ce cas $U_3 = -U_1 - \dfrac{13}{9} = -1$).

(U_n) est croissante, donc $U_3 \geqslant U_1$. On retient donc comme solution :

$$U_1 = -1 \qquad \text{et} \qquad U_3 = -\frac{4}{9}.$$

Nous avons donc finalement :

$$U_1 = -1, \qquad U_2 = -\frac{2}{3}, \qquad U_3 = -\frac{4}{9}.$$

On remarque que la raison est $q = \dfrac{U_2}{U_1} = \dfrac{2}{3}$.

2 Pour calculer U_n, utilisons simplement la définition des suites géométriques :

$$U_n = q^{n-1}U_1 = -\left(\frac{2}{3}\right)^{n-1}.$$

17 $n+1$ premiers termes d'une suite

Enoncé p. 114

Lycée Saint-Benoît, Paris

1 Pour calculer les premiers termes, on peut directement écrire :

$$U_0 = 2^0 - 5 \times 0 + 6 = 7.$$
$$U_1 = 2^1 - 5 \times 1 + 6 = 3.$$
$$U_2 = 2^2 - 5 \times 2 + 6 = 0.$$
$$U_3 = 2^3 - 5 \times 3 + 6 = -1.$$

2 Pour calculer S_n en fonction de n, il faut penser à décomposer la somme :

$$U_n = \underbrace{(2^n)}_{V_n} + \underbrace{(-5n+6)}_{W_n}$$

où (V_n) est la suite géométrique de raison 2 et de premier terme 1 et (W_n) la suite arithmétique de raison -5 et de premier terme 6. On peut alors écrire :

$$S_n = S_n(V) + S_n(W),$$

avec :

$$\begin{cases} S_n(V) = V_0 + V_1 + \cdots + V_n \\ S_n(W) = W_0 + W_1 + \cdots + W_n \end{cases}$$

$$S_n(V) = 1 + 2 + \cdots + 2^n = \frac{1 - 2^{n+1}}{1-2} = 2^{n+1} - 1.$$

$$\begin{aligned} S_n(W) &= 6 + (6-5) + (6 - 2\times 5) + \cdots + (6 - n \times 5) \\ &= (n+1)\times 6 - 5(1+2+\cdots+n) \\ &= 6(n+1) - 5\frac{n(n+1)}{2} \\ &= \frac{12(n+1) - 5n(n+1)}{2} \\ &= \frac{(n+1)(12-5n)}{2}. \end{aligned}$$

Donc :

$$\begin{cases} S_n(V) = 2^{n+1} - 1 \\ S_n(W) = \dfrac{n+1}{2}(12-5n). \end{cases}$$

On obtient donc :

$$S_n = S_n(V) + S_n(W) = 2^{n+1} - 1 + \frac{n+1}{2}(12-5n)\,.$$

Vérifions pour les quatre premiers termes :

$$S_3 = 7 + 3 + 0 - 1 = 9$$

et par le calcul précédent :

$$S_3 = 2^4 - 1 + \frac{4}{2}(12-15) = 9\,.$$

18 Capitaux et intérêts composés

Enoncé p. 114

Lycée Notre-Dame, Ussel

1 Le capital A est placé à intérêts composés au taux de 3 % l'an. Le capital obtenu au bout d'un an, C_1, est égal à la somme du capital initial C_0 et des intérêts soit $0{,}03C_0$. D'où :

$$C_1 = C_0 + 0{,}03C_0 = 1{,}03C_0\,.$$

Plus généralement, le capital obtenu au bout de $n+1$ années, C_{n+1}, est égal à la somme du capital obtenu au bout de n années C_n et des intérêts soit $0{,}03C_n$. D'où :

$$C_{n+1} = C_n + 0{,}03C_n = 1{,}03C_n\,.$$

On en déduit que la suite (C_n) est la suite géométrique de raison 1,03 et de premier terme C_0. D'après le cours, on a alors, pour tout entier naturel n, $C_n = (1{,}03)^n C_0$.

2 **(a)** Le capital C_{n+1} acquis au bout de la n^{e} année est donné en fonction du capital de l'année précédente C_n par la relation de récurrence : $C_{n+1} = 1{,}03C_n$, sachant que le capital vaut initialement $C_0 = A$.

L'algorithme suivant permet de calculer et d'afficher les montants des capitaux acquis les N premières années.

Algorithme

```
Lire A
Lire N
C ← A
Pour I de 1 à N
    C ← 1.03*C
Fin Pour
Afficher C
```

Programme TI

```
Prompt A
Prompt N
A→ C
For (I,1,N)
1,03*C→C
End
Disp C
```

En Python

```
A = float(input("A = "))
N = int(input("N = "))
C = A
for i in range(1,N+1):
    C = 1.03*C
print(C)
```

(b) On peut utiliser l'algorithme précédent pour $A = 150$ et différentes valeurs de N jusqu'à trouver un entier N tel que le capital affiché ait doublé.
On peut aussi modifier l'algorithme de la manière suivante :

Algorithme

```
Lire A
C ← A
I ← 0
Tant que C<2A
    C ← 1.03*C
    I ← I+1
Fin Tant que
Afficher I
```

Programme TI

```
Prompt A
A→C
0→I
While C<2*A
1,03*C→C
I+1→I
End
Disp I
```

En Python

```
A = float(input("A = "))
C = A
I = 0
while C<2*A:
    C = 1.03*C
    I = I+1

print(I)
```

COURS
INTERROS
CORRIGÉS

Pour un capital de départ $A = 150$ euros, on trouve à l'aide de ce programme qu'il faut $N = 24$ années pour doubler ce capital.

(c) Pour un capital de départ $A = 700$ euros, on trouve de même à l'aide du programme précédent qu'il faut aussi $N = 24$ années pour doubler ce capital.

On peut conjecturer que le nombre d'années nécessaires pour doubler le capital initial est indépendant du montant de ce capital.

(d) Plus généralement, pour un capital de départ A quelconque, le capital est doublé au bout de n années si et seulement si $C_n \geqslant 2C_0$ soit :

$$(1{,}03)^n C_0 \geqslant 2C_0\,.$$

On cherche donc le plus petit entier n tel que $(1{,}03)^n \geqslant 2$. À l'aide de la calculatrice, on trouve :

$$(1{,}03)^{23} < 2 < (1{,}03)^{24}\,.$$

Le capital est donc doublé au bout de 24 ans, indépendamment du capital initial.

19 Un problème d'optique

Enoncé p. 114

Lycée Jehan de Chelles, Chelles

1 Comme le rayon lumineux perd 23 % de son intensité lumineuse en traversant la plaque de verre, son intensité I_1 à sa sortie est égale à l'intensité de départ I_0 moins $0{,}23I_0$, soit $0{,}77I_0$. On a donc :

$$I_1 = 0{,}77I_0\,.$$

2 **(a)** En appliquant le raisonnement de la question précédente, l'intensité I_n du rayon à sa sortie de la n^{e} plaque est égale à $0{,}77I_{n-1}$.

(b) On en déduit que la suite (I_n) est une suite géométrique de raison 0,77. Son premier terme est I_0. En appliquant la formule du cours, on obtient, pour tout entier naturel n :

$$I_n = I_0 \times (0{,}77)^n\,.$$

(c) La suite (I_n) est une suite à termes strictement positifs et , pour tout entier naturel n, $I_{n+1} = 0{,}77I_n$. On en déduit que $I_{n+1} < I_n$ donc la suite (I_n) est strictement décroissante.

3 Après avoir traversé 4 plaques, l'intensité est $I_0 \times (0{,}77)^4$. On cherche donc I_0 tel que $I_0 \times (0{,}77)^4 = 15$. D'où :

$$I_0 = \frac{15}{0{,}77^4}.$$

L'intensité initiale était environ 42,67.

4 Soit n le nombre minimum de plaques qu'un rayon doit avoir traversé pour que son intensité sortante soit inférieure ou égale au quart de son intensité entrante. Le nombre n cherché est le plus petit entier tel que :

$$I_0 \times (0{,}77)^n \leqslant \frac{1}{4} I_0 ,$$

soit :

$$(0{,}77)^n \leqslant 0{,}25 .$$

À l'aide de la calculatrice, on trouve :

$$(0{,}77)^5 \geqslant 0{,}25 \geqslant (0{,}77)^6 .$$

On en déduit que le rayon doit avoir traversé au moins six plaques.

20 Les empilements

Enoncé p. 115

Lycée Pablo Picasso, Fontenay-sous-bois

Partie A

1 $c_0 = 1\,024$, donc $c_1 = \frac{3}{4} \times 1\,024 = 768$.

2 Chaque terme est égal au terme précédent multiplié par 0,75, donc cette suite est géométrique, de premier terme 1 024 (en mm) et de raison 0,75.

3 On a donc d'après le cours $c_n = 1\,024 \times 0{,}75^n$.

4 Le dixième cube est le cube $n°$ 9, puisqu'on commence la numérotation à 0.

$$c_9 = 1\,024 \times 0{,}75^9 = 1\,024 \times \left(\frac{3}{4}\right)^9 \approx 76{,}9 \text{ (en mm).}$$

5 La hauteur formée par les 10 premiers cubes est :

$$\begin{aligned} c_0 + c_1 + \cdots + c_9 &= c_0 + \frac{3}{4}c_0 + \left(\frac{3}{4}\right)^2 c_0 + \cdots + \left(\frac{3}{4}\right)^9 c_0 \\ &= c_0 \left[1 + \frac{3}{4} + \left(\frac{3}{4}\right)^2 + \cdots + \left(\frac{3}{4}\right)^9\right] \\ &= c_0 \left(\frac{1 - \left(\frac{3}{4}\right)^{10}}{1 - \frac{3}{4}}\right) \\ &= 4c_0(1 - 0{,}75^{10}) \\ &\approx 3\,865 \text{ mm.} \end{aligned}$$

6 En remplaçant 9 par $n-1$ dans le raisonnement ci-dessus, on obtient :

$$\begin{aligned} c_0 + c_1 + \cdots + c_{n-1} &= c_0 \left(\frac{1 - \left(\frac{3}{4}\right)^n}{1 - \frac{3}{4}} \right) \\ &= 4c_0(1 - 0{,}75^n) \\ &= 4\,096(1 - 0{,}75^n). \end{aligned}$$

7 Le facteur dans la parenthèse est toujours inférieur à 1, donc la tour ne pourra jamais dépasser 4 096 mm de hauteur.

8 À la calculatrice, on obtient le tableau suivant pour la hauteur, suivant le nombre de cubes :

X	Y1
2	1792
3	2368
4	2800
5	3124
6	3367
7	3549.3
8	3685.9

Donc la hauteur dépassera 3 000 mm avec 6 cubes (attention, la numérotation des cubes commence à 0 !)

Partie B

1 **(a)** $d_1 = d_0 + 4 = 14$.

(b) (d_n) est une suite arithmétique de raison 4 et de premier terme 10.

(c) On a donc $d_n = d_0 + n \times 4 = 10 + 4n$.

(d) Le dixième cube a pour côté d_9.
$d_9 = 10 + 4 \times 9 = 46$.

(e) La hauteur formée par l'empilement des dix premiers cubes est :

$$\begin{aligned} d_0 + d_1 + \cdots + d_9 &= d_0 + d_0 + 4 + d_0 + 2 \times 4 + \cdots + d_0 + 9 \times 4 \\ &= 10d_0 + 4(1 + 2 + \cdots + 9) \\ &= 100 + 4 \times \frac{9 \times 10}{2} \text{ d'après la formule du cours} \\ &= 280. \end{aligned}$$

2 **(a)** $v_0 = 1\,000\ \text{cm}^3 = 1\ \text{dm}^3$ (ça ne fait pas de mal de réviser les conversions ...).
$v_1 = 14^3 = 2\,744\ (\text{cm}^3)$.
$v_2 = 18^3 = 5\,832\ (\text{cm}^3)$.

(b) La suite n'est pas arithmétique car $v_1 - v_0 \neq v_2 - v_1$.

(c) $V_1 = 10^3 = 1\,000$.
$V_2 = 1\,000 + 14^3 = 3\,744$.

(d) $V_3 = 3\,744 + 18^3 = 9\,576$.

21 Suite arithmético-géométrique

Enoncé p. 116

Lycée Descartes, Antony

live! **1** On a :

$$\begin{cases} U_0 & = 6 \\ U_{n+1} & = \frac{1}{2}U_n + 5. \end{cases}$$

Pour calculer les quatre premiers termes, il suffit d'écrire :

$$U_0 = 6; \qquad U_1 = \frac{1}{2} \times 6 + 5 = 8;$$

$$U_2 = \frac{1}{2} \times 8 + 5 = 9; \qquad U_3 = \frac{1}{2} \times 9 + 5 = \frac{19}{2}.$$

On peut remarquer que l'on a bien calculé les quatre premiers termes, puisque l'on avait déjà U_0 !

2 Démontrons que (V_n) est bien une suite géométrique.

Nous avons :

$$V_{n+1} = U_{n+1} - 10\,,$$

soit :

$$V_{n+1} = \frac{1}{2}U_n + 5 - 10 = \frac{1}{2}U_n - 5\,.$$

Or, nous avons :

$$U_n = V_n + 10.$$

Donc :

$$V_{n+1} = \frac{1}{2}(V_n + 10) - 5 = \frac{1}{2}V_n, \quad \text{pour tout } n \in \mathbb{N}\,.$$

Nous voyons donc bien que la suite (V_n) est une suite géométrique de raison $q = \frac{1}{2}$.

Il reste à en calculer le premier terme. Nous avons :

$$V_0 = U_0 - 10 = -4\,.$$

(V_n) est donc la suite géométrique de raison $\frac{1}{2}$ et de premier terme -4.

Pour exprimer V_n en fonction de n, il suffit de revenir à la définition des suites géométriques :

$$V_n = q^n V_0 = -\frac{4}{2^n}, \quad \text{soit :} \quad V_n = \frac{-1}{2^{n-2}}\,.$$

Or, nous avons :

$$U_n = V_n + 10\,,$$

donc :

$$U_n = \frac{-1}{2^{n-2}} + 10\,.$$

3 Pour calculer la somme des premiers termes, utilisons les formules du cours.

(V_n) étant une suite géométrique de raison différente de 1, nous avons :

$$\begin{aligned} S_{10} &= V_0 + V_1 + \cdots + V_{10} \\ &= V_0 + qV_0 + \cdots + q^{10}V_{10} \\ &= V_0(1 + q + q^2 + \cdots + q^{10}) \\ &= V_0\frac{1-q^{11}}{1-q} \end{aligned}$$

soit :

$$S_{10} = -4\left(\frac{1-\left(\frac{1}{2}\right)^{11}}{1-\frac{1}{2}}\right) = -4\left(\frac{\frac{2^{11}-1}{2^{11}}}{\frac{1}{2}}\right) = -8\left(\frac{2^{11}-1}{2^{11}}\right)\,,$$

soit :

$$S_{10} = -2^3\left(\frac{2^{11}-1}{2^{11}}\right) = -\frac{1}{2^8}(2^{11}-1)\,.$$

Finalement :

$$S_{10} \approx -7{,}996\,.$$

Ayant $U_n = V_n + 10$, nous pouvons écrire :

$$S'_{10} = U_0 + U_1 + U_2 + \cdots + U_{10}$$

donc :

$$S'_{10} = V_0 + 10 + V_1 + 10 + V_2 + 10 + \cdots + V_{10} + 10$$

soit :

$$S'_{10} = S_{10} + 11 \times 10 = S_{10} + 110$$

ou encore :

$$S'_{10} = 110 - \frac{1}{2^8}(2^{11}-1)\,.$$

Finalement :

$$S'_{10} \approx 102{,}004\,.$$

22 Étude algorithmique d'une suite

Enoncé p. 116

Lycée Odilon Redon, Pauillac

1 L'algorithme suivant permet de calculer les termes U_1 à U_n.

Algorithme

```
Lire N
u ← 6
Pour I de 1 à N
     u ← u/3 + 2
     Afficher u
Fin Pour
```

Programme TI

```
Prompt N
6→ U
For (I,1,N)
U/3+2→U
Disp U
End
```

En Python

```
n = int(input("n = "))
u = 6
for i in range(1,n+1):
    u = u/3 + 2
    print(u)
```

Pour $N = 5$, le programme fournit l'affichage ci-contre.

```
          4
3.333333333
3.111111111
3.037037037
3.012345679
```

En utilisant cet algorithme pour N plus grand ($N = 10$, $N = 20$, $N = 100$, ...), on peut conjecturer que u_n se rapproche de 3 quand n grandit ; on écrit alors :

$$\lim_{n\to+\infty}(u_n) = 3.$$

2 Pour tout entier n,

$$\begin{aligned} v_{n+1} &= u_{n+1} - 3 \\ &= \frac{1}{3}u_n + 2 - 3 \\ &= \frac{1}{3}(u_n - 3) \\ &= \frac{1}{3}v_n. \end{aligned}$$

Ainsi, la suite (v_n) est géométrique de raison $q = \frac{1}{3}$ et de premier terme $v_0 = u_0 - 3 = 3$.

On en déduit que, pour tout entier n :

$$v_n = v_0 \times q^n = 3\left(\frac{1}{3}\right)^n = 3 \times \frac{1}{3^n} = \frac{1}{3^{n-1}}.$$

Ainsi,

$$u_n = v_n + 3 = \frac{1}{3^{n-1}} + 3.$$

Plus n est grand, plus 3^{n-1} est grand, donc plus $\frac{1}{3^{n-1}}$ se rapproche de 0. Par conséquent, U_n tend vers 3, ce qui conforte la conjecture émise.

3 **Algorithme**

```
S ← 6
u ← 6
Pour i allant de 1 à 10
     u ← u/3 + 2
     S ← S+u
Fin Pour
Afficher S
```

Programme TI

```
6 →S
6 →U
For (I,1,10)
U/3+2→U
S+U→S
End
Disp S
```

En Python

```
S = 6
U = 6
for i in range(1,11):
    U = U/3 + 2
    S = S + U

print(S)
```

On obtient $S_{10} \approx 37{,}5$.

23 Une suite différente

Enoncé p. 117

Lycée Jacques Amyot, Auxerre

1 $u_1 = u_{0+1}$

$$= \frac{0+2}{3(0+1)}u_0 \quad \text{car } u_{n+1} = \frac{n+2}{3(n+1)}u_n \text{ et on prend } n = 0$$

$$= \frac{2}{3} \times 1$$

$$= \frac{2}{3}.$$

2 Pour tout entier naturel n, $u_n > 0$ (admis dans l'énoncé) et :

$$\frac{u_{n+1}}{u_n} = \frac{n+2}{3(n+1)} = \frac{n+2}{3n+3} = \frac{n+2}{(n+2)+(2n+1)}.$$

Or, pour tout entier naturel n,

$$(n+2)+(2n+1) > n+2 \qquad \text{donc} \qquad \frac{u_{n+1}}{u_n} < 1.$$

On en déduit alors que (u_n) est strictement décroissante.

3 **(a)**
$$\begin{aligned} v_{n+1} &= \frac{u_{n+1}}{(n+1)+1} \\ &= \frac{1}{n+2} \times \frac{n+2}{3(n+1)} u_n \\ &= \frac{1}{3} \times \frac{u_n}{n+1} \\ &= \frac{1}{3} v_n. \end{aligned}$$

Ainsi, (v_n) est une suite géométrique de raison $q = \frac{1}{3}$, et de premier terme :

$$v_0 = \frac{u_0}{0+1} = 1.$$

(b) Le terme général de (v_n) est, d'après la question précédente :

$$v_n = v_0 \times q^n = \frac{1}{3^n}.$$

Or, $v_n = \dfrac{u_n}{n+1}$ donc :

$$\frac{1}{3^n} = \frac{u_n}{n+1} \qquad \text{soit :} \qquad u_n = \frac{n+1}{3^n}.$$

24 Accroissement d'une population

Enoncé p. 117

Lycée Hoche, Versailles

live!

1 **(a)** $P_0 = 75\,000$; $P_1 = 1{,}014 \times 75\,000 + 12 - 5 = 76\,057$;
$P_2 = 1{,}014 \times 76\,057 + 7 = 77\,128{,}798$.

(b) $P_1 - P_0 = 1\,057$; $P_2 - P_1 = 1\,071{,}798$. Ces différences ne sont pas égales, donc la suite n'est pas arithmétique.
$\dfrac{76\,057}{75\,000} \approx 1{,}014\,093$ et $\dfrac{77\,128{,}798}{76\,057} \approx 1{,}014\,092$.
Ces quotients ne sont pas égaux, donc la suite n'est pas géométrique.

2 L'accroissement de la population étant de 14 pour mille, la population de l'année précédente est multipliée par 1,014. De plus, avec une arrivée de 12 milliers de personnes nouvelles et un départ de 5 milliers de personnes, on a un apport de 7 milliers de personnes.
On a donc bien $P_{n+1} = 1{,}014 P_n + 7$.

3 $U_{n+1} = P_{n+1} + 500$
$= 1{,}014P_n + 7 + 500$
$= 1{,}014\left(P_n + \frac{507}{1{,}014}\right)$
$= 1{,}014(P_n + 500)$
$= 1{,}014U_n.$

Donc la suite U est bien géométrique.

Son premier terme est :

$$U_0 = P_0 + 500$$
$$U_0 = 75\,500,$$

et sa raison est 1,014.

4 $U_n = 75\,500 \times 1{,}014^n$.
Comme $P_n = U_n - 500$, on a :

$$P_n = 75\,500 \times 1{,}014^n - 500.$$

5 **(a)** Il faut calculer P_{15} car $2025 = 2010 + 15$.

$$P_{15} = 1{,}014^{15} - 500$$
$$P_{15} \approx 92\,507{,}137,$$

ce qui correspond à une population de 92 507 137 habitants.

(b) Il faut calculer la valeur des termes successifs de la suite et voir en quelle année la population sera de 150 millions d'habitants, donc quand P_n dépassera 150 000 puisque P_n est exprimé en milliers d'habitants.

Voici un extrait d'une table réalisée avec un tableur (mais on peut faire la même chose avec la calculatrice) :

2 051	133 006,714
2 052	134 875,808
2 053	136 771,069
2 054	138 692,864
2 055	140 641,564
2 056	142 617,546
2 057	144 621,192
2 058	146 652,889
2 059	148 713,029
2 060	150 802,011

La population aura donc doublé en 2060.

25 Suites imbriquées

Enoncé p. 118

Lycée Danielou, Rueil-Malmaison

1 On peut directement calculer les premières valeurs :

$$\begin{cases} U_1 = 3U_0 + 2V_0 = 3 + 4 = 7 \\ V_1 = 2U_0 + 3V_0 = 2 + 6 = 8 \end{cases}$$

De même, on a :

$$\begin{cases} U_2 = 3U_1 + 2V_1 = 21 + 16 = 37 \\ V_2 = 2U_1 + 3V_1 = 14 + 24 = 38 \end{cases}$$

et

$$\begin{cases} U_3 = 3U_2 + 2V_2 = 111 + 76 = 187 \\ V_3 = 2U_2 + 3V_2 = 74 + 114 = 188. \end{cases}$$

2 Étudions les suites (X_n) et (Y_n) :

$$\begin{aligned} X_{n+1} &= U_{n+1} + V_{n+1} \\ &= 3U_n + 2V_n + 2U_n + 3V_n \\ &= 5(U_n + V_n)\,. \end{aligned}$$

On obtient alors, pour tout $n \in \mathbb{N}$:

$$X_{n+1} = 5X_n\,.$$

La suite (X_n) est la suite géométrique de raison 5 et de premier terme :

$$X_0 = U_0 + V_0 = 3\,.$$

De même, on a :

$$\begin{aligned} Y_{n+1} &= U_{n+1} - V_{n+1} \\ &= 3U_n + 2V_n - 2U_n - 3V_n \\ &= U_n - V_n\,. \end{aligned}$$

On obtient alors, pour tout $n \in \mathbb{N}$:

$$Y_{n+1} = Y_n\,.$$

(Y_n) est une suite constante égale à $Y_0 = 1 - 2 = -1$.

Pour en déduire U_n et V_n, il suffit d'écrire :

$$X_n + Y_n = 2U_n \qquad \text{et} \qquad X_n - Y_n = 2V_n\,.$$

On a alors, par définition des suites géométriques :

$$X_n = 3 \times 5^n$$

et on a :

$$\begin{cases} U_n = \dfrac{X_n + Y_n}{2} = \dfrac{3 \times 5^n - 1}{2} \\ V_n = \dfrac{X_n - Y_n}{2} = \dfrac{3 \times 5^n + 1}{2} \end{cases}$$

26 Suite arithmético-géométrique

Enoncé p. 118

Lycée Claude Monet, Paris

1 $U_1 = \frac{1}{2}U_0 - \frac{3}{2} = \frac{1}{2} - \frac{3}{2} = -1.$

$U_2 = \frac{1}{2}U_1 - \frac{3}{2} = -\frac{1}{2} - \frac{3}{2} = -2.$

2 Pour tout $n \in \mathbb{N}$, on a :

$$\begin{aligned} V_{n+1} = U_{n+1} + 3 &= \frac{1}{2}U_n - \frac{3}{2} + 3 \\ &= \frac{1}{2}U_n + \frac{3}{2} \\ &= \frac{1}{2}(U_n + 3) \\ &= \frac{1}{2}V_n\,. \end{aligned}$$

Cette relation prouve que la suite $(V_n)_{n\in\mathbb{N}}$ est géométrique de raison $\frac{1}{2}$ et de premier terme :

$$V_0 = U_0 + 3 = 4\,.$$

3 D'après le cours, on a : $V_n = 4 \times \left(\frac{1}{2}\right)^n$, soit $V_n = \frac{1}{2^{n-2}}$.

Comme $U_n = V_n - 3$, on a alors : $U_n = \frac{1}{2^{n-2}} - 3$.

4 La suite $(V_n)_{n\in\mathbb{N}}$ est géométrique de raison $\frac{1}{2}$. Comme, pour tout $n \in \mathbb{N}$, on a :

$$V_n = \frac{1}{2^{n-2}}$$

donc $V_n > 0$ et :

$$\frac{V_{n+1}}{V_n} = \frac{1}{2}$$

soit :

$$\frac{V_{n+1}}{V_n} < 1$$

ce qui prouve que la suite $(V_n)_{n\in\mathbb{N}}$ est strictement décroissante.
De plus, puisque $V_{n+1} < V_n$ pour tout n, on a également :

$$V_{n+1} - 3 < V_n - 3, \qquad \text{pour tout } n$$

c'est-à-dire :

$$U_{n+1} < U_n, \qquad \text{pour tout } n\,.$$

La suite $(U_n)_{n\in\mathbb{N}}$ est donc strictement décroissante.

5 $S = U_0 + U_1 + \cdots + U_{10}$
$= (V_0 - 3) + (V_1 - 3) + \cdots + (V_{10} - 3)$
$= V_0 + V_1 + \cdots + V_{10} - 11 \times 3$
$= V_0 + V_1 + \cdots + V_{10} - 33.$

Or, on a :

$$V_0 + V_1 + \cdots + V_{10} = V_0 \left[1 + \frac{1}{2} + \cdots + \left(\frac{1}{2}\right)^{10}\right].$$

Donc :

$$\begin{aligned} V_0 + V_1 + \cdots + V_{10} &= V_0 \times \frac{1 - \left(\frac{1}{2}\right)^{11}}{1 - \frac{1}{2}} \\ &= 4 \times \frac{1 - \left(\frac{1}{2}\right)^{11}}{\frac{1}{2}} \\ &= 8\left(1 - \left(\frac{1}{2}\right)^{11}\right). \end{aligned}$$

Ainsi :

$$\begin{aligned} S &= 8\left(1 - \left(\frac{1}{2}\right)^{11}\right) - 33 \\ &= 8 - 8 \times \left(\frac{1}{2}\right)^{11} - 33 \\ &= -2^3 \times \left(\frac{1}{2}\right)^{11} - 25 = -\left(\frac{1}{2}\right)^{8} - 25. \end{aligned}$$

27 Afficher les premiers termes

Enoncé p. 119

1 **Algorithme**

```
Initialisation:
        L est une liste
        L ← [5] (1er terme de la suite)
Traitement:
        Pour n allant de 1 à 20:
                u ← 0.8*u+7
                On ajoute à L la valeur u
        Fin du Pour
Sortie:
        Afficher L
```

2 En Python

Retrouvez ce programme en ligne avec live!

```
L = [5] # liste contituée d'un unique item
u = 5 # 1er terme
# range(a,b) : les entiers de a à b-1
for n in range(1,21):
    u = 0.8*u+7
    L.append(u) # on ajoute à L la valeur obtenue

print(L) # on affiche la liste
```

3 Pour afficher le premier indice n pour lequel $u_n > 34{,}99$, on utilise une boucle « Tant que ».

Algorithme

```
u ← 5
n ← 0
Tant que u ⩽ 34.99:
  u ← 0.8*u+7
  n ← n+1
Fin du Tant que
Afficher n
```

À RETENIR

La condition qui vient après « Tant que » est toujours le contraire de la condition à remplir. Ici, on veut que $u_n > 34{,}99$ et le contraire de cette condition est « $u_n \leqslant 34{,}99$ ».

Programme Python

```
u = 5
n = 0
while (u<=34.99):
    u = 0.8*u+7
    n += 1
print(n)
```

Il affiche ici la valeur 36, ce qui signifie que $u_{35} \leqslant 34{,}99$ et que $u_{36} > 34{,}99$.

28 Suite de Fibonacci

Enoncé p. 119

1 Algorithme

```
Initialisation:
  F est une liste
  F ← [1,1] (les deux premiers termes de la suite)
Traitement:
  Pour n allant de 2 à 100:
    F ← F[n-2] + F[n-1]
    Afficher F[n-1]/F[n-2]
  Fin du Pour
```

2 En Python

Retrouvez ce programme en ligne avec live!

```python
F = [1,1]

for n in range(2,100):
    F.append(F[n-2]+F[n-1])
    print(F[n-1]/F[n-2])
```

ANECDOTE

Si on compile le programme ci-dessus, on voit que les quotients affichés sont, à partir d'un certain rang, tous égaux à `1.618033988749895`.
Bien entendu, cette valeur n'est qu'une valeur approchée de la limite des quotients $\frac{F_{n+1}}{F_n}$. Cette limite est appelée le *nombre d'or*.
C'est une valeur que l'on retrouve ailleurs (par exemple, le nombre d'or est une des solutions de l'équation $x^2 - x - 1 = 0$).

Chapitre 4

Fonction exponentielle

Plan du chapitre

Exercice type — **Lycée Guynemer, Compiègne**

1 Montrer que pour tout réel x on a :

$$\frac{e^x-1}{e^x+1}=\frac{1-e^{-x}}{1+e^{-x}}=1-\frac{2}{e^x+1}.$$

2 Résoudre l'équation :

$$e^{3x^2}e^{-6x}=\left(e^{2-x}\right)^2.$$

3 Résoudre l'inéquation :

$$e^{3x+2}>-2.$$

Voir corrigé page 154

Retrouvez le cours sur l'exponentielle et la question 1) de l'exercice type avec live!

1 Définition et propriétés algébriques

1.1 Définition

Théorème 1

Il existe une unique fonction f définie et dérivable sur $\mathbb{R}$, telle que $f(0)=1$ et, pour tout réel x, $f'(x)=f(x)$.

Définition 1

On appelle *fonction exponentielle* la fonction notée exp telle que :

$$\exp'(x)=\exp(x) \quad \text{et} \quad \exp(0)=1.$$

1.2 Propriétés algébriques

Propriété 1

Pour tous réels x et y,

$$\exp(x+y) = \exp(x) \times \exp(y) \quad \text{et} \quad \exp(x-y) = \frac{\exp(x)}{\exp(y)}.$$

Conséquence : en prenant $y = -x$, la première égalité donne :

$$\exp(x) \times \exp(-x) = 1 \quad \text{soit} \quad \exp(-x) = \frac{1}{\exp(x)}.$$

1.3 Notation e^x

Les égalités de la propriété 1 sont identiques à celles vues au collège sur les puissances. C'est l'une des raisons pour lesquelles nous allons désormais convenir de la notation suivante :

$$\forall x \in \mathbb{R}, \quad \exp(x) = \mathrm{e}^x.$$

Ainsi, les égalités précédentes s'écrivent :

$$\mathrm{e}^{x+y} = \mathrm{e}^x \times \mathrm{e}^y \quad , \quad \mathrm{e}^{x-y} = \frac{\mathrm{e}^x}{\mathrm{e}^y} \quad \text{et} \quad \mathrm{e}^{-x} = \frac{1}{\mathrm{e}^x}.$$

De plus,

$$\mathrm{e}^0 = 1 \quad \text{et} \quad \forall x \in \mathbb{R}, \quad \left(\mathrm{e}^x\right)' = \mathrm{e}^x.$$

1.4 Une suite géométrique

Propriété 2

Pour tout réel a, $\left(\mathrm{e}^{na}\right)$ est une suite géométrique de premier terme 1 et de raison e^a.

On en déduit alors la propriété suivante :

Propriété 3

Pour tout réel a et pour tout entier naturel n,

$$\mathrm{e}^{na} = \left(\mathrm{e}^a\right)^n.$$

1.5 Le nombre e

Définition 2 : nombre d'Euler, ou constante de Neper

On note :

$$e = e^1.$$

On a l'approximation :

$$e \approx 2{,}718.$$

Remarque : il existe plusieurs fonctions exponentielles. Celle que nous étudions dans ce chapitre est appelée la *fonction exponentielle de base* e.

2 Étude de la fonction exponentielle

2.1 Signe et sens de variation

Propriétés 4

Pour tout réel x, $e^x > 0$.
La fonction exponentielle est donc strictement croissante sur $\mathbb{R}$.

Remarque : de la propriété $e^x > 0$, on déduit que $x \mapsto e^x$ est strictement croissante sur $\mathbb{R}$ car $\left(e^x\right)' = e^x > 0$ pour tout réel x.

La représentation de cette fonction est :

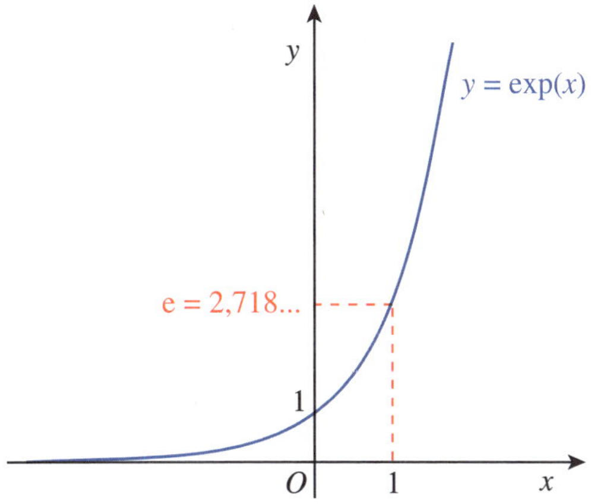

2.2 Conséquences

Propriétés 5

Pour tous réels x et y,

- $e^x = e^y \iff x = y$;
- $e^x > e^y \iff x > y$;
- $e^x < e^y \iff x < y$.

2.3 Dérivée de $x \mapsto e^{ax+b}$

Propriété 6

Pour tous réels a et b,

$$\left(e^{ax+b}\right)' = ae^{ax+b}.$$

Solution de l'exercice type — **Lycée Guynemer, Compiègne**

1 ***Retrouvez le corrigé de cette question en vidéo avec*** live!

On a : $\dfrac{e^x - 1}{e^x + 1} = \dfrac{e^x\left(1 - \dfrac{1}{e^x}\right)}{e^x\left(1 + \dfrac{1}{e^x}\right)} = \dfrac{1 - e^{-x}}{1 + e^{-x}}$,

et aussi : $\dfrac{e^x - 1}{e^x + 1} = \dfrac{e^x + 1 - 2}{e^x + 1} = 1 - \dfrac{2}{e^x + 1}$.

2 $e^{3x^2}e^{-6x} = \left(e^{2-x}\right)^2 \Leftrightarrow e^{3x^2-6x} = e^{2(2-x)}$.

Or, $e^x = e^y \Leftrightarrow x = y$ donc :

$$3x^2 - 6x = 4 - 2x,$$

c'est-à-dire :

$$3x^2 - 4x - 4 = 0.$$

Cette équation du second degré de discriminant $\Delta = 64$ admet deux solutions : $-\dfrac{2}{3}$ et 2, qui sont donc aussi les solutions de l'équation initiale.

3 $e^{3x+2} > -2$.

Cette inégalité est toujours vérifiée car pour tout réel a, $e^a > 0$.

Par conséquent, l'ensemble des solutions est $\mathbb{R}$.

Voir énoncé page 151

1 V/F Fonction exponentielle

10 min

Corrigé p. 165

Parmi les propositions suivantes, quelles sont celles qui sont exactes ?

1 Pour tous réels a et b, $e^{a-b} = \dfrac{e^a}{e^b}$.

2 Le nombre $-e^{-x}$ est toujours strictement positif.

3 La droite d'équation $y = x + 1$ est tangente à la courbe représentative de la fonction exponentielle au point d'abscisse 1.

4 La tangente à la courbe représentative de la fonction f définie sur $\mathbb{R}$ par $f(x) = \dfrac{1}{1 + e^x}$ au point d'abscisse 0 est parallèle à la droite d'équation $y = -\dfrac{1}{4}x$.

2 QCM Dérivation

10 min

Corrigé p. 165

Pour chacune des questions suivantes, une seule des propositions est exacte. Laquelle ?

1 La dérivée de la fonction f définie sur $\mathbb{R}$ par $f(x) = xe^x + 3x + e^{-x}$ est :

- **a** $x \mapsto e^x(x + 1) + 3 + e^{-x}$
- **b** $x \mapsto e^x + 3 - e^{-x}$
- **c** $x \mapsto e^x(x + 1) + 3 - e^{-x}$

2 La dérivée de la fonction g définie sur $\mathbb{R}$ par $g(x) = (x + 1)e^{3-5x}$ est :

- **a** $x \mapsto -(5x + 4)e^{3-5x}$
- **b** $x \mapsto -5e^{3-5x}$
- **c** $x \mapsto (3x + 4)e^{3-5x}$

3 Soient f et g définies par $f(x) = x^2e^x$ et $g(x) = xe^x$. Les courbes représentatives de f et g ont, pour deux valeurs de x :

- **a** des tangentes communes
- **b** des tangentes parallèles
- **c** ni l'un ni l'autre

4 Soit f la fonction définie sur $\mathbb{R}$ par $f(x) = e^{0,5x+2}$. La tangente à sa courbe représentative dans un repère au point d'abscisse 0 a pour équation :

- **a** $y = 0,5x + 5$
- **b** $y = 0,5e^2x$
- **c** $y = 0,5e^2x + e^2$

3 QCM Connaissances générales

15 min Corrigé p. 166

Pour chaque affirmation, une seule réponse est juste. Pour chaque question donner la lettre correspondant à la bonne réponse. Aucune justification n'est demandée.

1 L'expression $g(x) = \dfrac{e^x - e^{2x}}{x}$ définie sur $\mathbb{R}^*$ est :

a toujours positive

b toujours négative

c du signe de $-x$

d du signe de x

2 On considère la fonction f définie sur $\mathbb{R}$ par $f(x) = \dfrac{e^x - e^{-x}}{e^x + e^{-x}}$.

Parmi les expressions suivantes, la seule qui n'est pas égale à $f(x)$ est :

a $\dfrac{e^{2x} - 1}{e^{2x} + 1}$

b $1 - \dfrac{2}{e^{2x} + 1}$

c $\dfrac{1 - e^{-2x}}{1 + e^{-2x}}$

d $\dfrac{e^{2x} - 1}{1 + e^{-2x}}$

3 Soit f la fonction définie sur $\mathbb{R}$ par $f(x) = (x + 2)e^{-x}$.

a La représentation graphique de f admet une tangente d'équation $y = 2 - x$.

b $f'(x) = (x + 3)e^{-x}$.

c Une équation de la tangente à la courbe de f au point d'abscisse 0 est $y = x + 2$.

d $f'(-1) = 2e$.

4 L'équation $e^{-x} + e^x = m$, d'inconnue réelle x, où m est un nombre réel :

a a toujours une solution

b a au moins deux solutions

c n'a jamais de solution

d a au plus deux solutions

4 QCM Propriétés de la fonction exponentielle

20 min Corrigé p. 167

Pour chaque question, une seule réponse est correcte. Laquelle ?

1 Pour tout nombre réel x non nul, $2 - \dfrac{e^{-x} - 2}{e^{-x} - 1}$ est égal à :

a $\dfrac{3e^{-x} - 4}{e^{-x} - 1}$

b $\dfrac{1}{1 - e^x}$

c Aucune de ces deux réponses.

2 L'équation $e^{2x} - \left(e + \dfrac{1}{e}\right)e^x + 1 = 0$ admet dans $\mathbb{R}$:

a une solution

b deux solutions

c aucune solution

3 L'inéquation $e^{2x} - (e+1)e^x + e < 0$ admet pour ensemble solution :

a $\varnothing$ **b** $]0\,;1[$

c $]1\,;e[$ **d** $]-\infty\,;0[\cup]1\,;+\infty[$

4 Les nombres $\dfrac{e^x - e^{-x}}{e^x + e^{-x}}$ et $\dfrac{e^{2x}+1}{e^{2x}-1}$ sont, pour tout x réel :

a égaux **b** inverses

c opposés

Propriétés algébriques, équations et inéquations

5 Propriétés algébriques ★ 5 min Corrigé p. 168

Lycée Jules Ferry, Conflans-Sainte-Honorine

Simplifier et factoriser si possible les expressions suivantes :

$$A = \frac{e^{x+y}}{e^x} - e^{2y} \qquad B = \frac{e^{2x+2y}}{e^x e^{2y}}.$$

6 Équation ★ 5 min Corrigé p. 168

Lycée Lacordaire, Marseille

Résoudre l'équation suivante dans $\mathbb{R}$:

$$\frac{e^{3x}e^x}{e^{2x}} - e^x = 0.$$

7 Équation ★ 5 min Corrigé p. 169

Lycée Le Corbusier, Poissy

Résoudre l'équation suivante dans $\mathbb{R}$:

$$e^{3x-1} \times e^{x+2} = 1.$$

8 Inéquations ★★ 15 min Corrigé p. 169

Lycée Camille Jullian, Bordeaux

Résoudre les inéquations suivantes :

1 $e^{3x-5} \leqslant e^{-x^2+7}$

2 $e^{3x-1} > e^{5x-4}$

3 $e^{2x} + e^x - 2 < 0$

COURS INTERROS CORRIGÉS

9 Solutions d'équation

★★ 20 min Corrigé p. 170

Lycée Virlogeux, Riom

f est la fonction définie sur $\mathbb{R}$ par $f(x) = e^{2x} - 2e^x$.

1. Dresser le tableau de variations de f et donner la valeur exacte de son minimum.
2. Donner une équation de la tangente au point d'abscisse 1.
3. Montrer que l'équation $f(x) = 0$ admet exactement une solution sur $\mathbb{R}_+$. Donner un encadrement au centième de cette solution.

Études de fonctions

10 Un graphique incomplet

★ 10 min Corrigé p. 171

Cité scolaire internationale, Grenoble

Le bénéfice, en milliers d'euros, que réalise une entreprise lorsqu'elle fabrique et vend x centaines d'objets (pour x compris entre 0 et 6) est donné par la fonction : $f(x) = (200x - 300)e^{-x-1} + 10$.

Alix a affiché sur l'écran de sa calculatrice la courbe représentative de la fonction f sur l'intervalle [0 ; 6] :

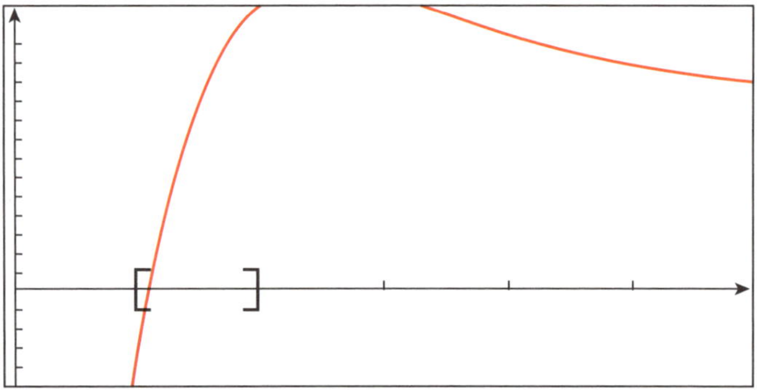

On va étudier la fonction pour trouver le bénéfice maximal.

1. Donner, pour tout x de $[0\,;6]$, $f'(x)$.
2. Dresser le tableau de variations de la fonction f sur l'intervalle $[0\,;6]$.
   Ce tableau est-il compatible avec le graphique incomplet ci-dessus ?
3. En déduire le nombre d'objets à vendre pour réaliser un bénéfice maximal.
   Quel est le bénéfice maximal, arrondi à l'euro ?
4. Proposer une fenêtre graphique permettant de visualiser le maximum de la fonction.

11 Positivité d'une fonction ★ 20 min

Corrigé p. 171

Lycée Descartes, Cournon

Soit a un nombre réel. Soit f la fonction définie sur $\mathbb{R}$ par $f(x) = xe^x + a$.

1. Dresser le tableau de variations de f.
2. Déterminer les valeurs de a telles que, pour tout x, $f(x) \geqslant 0$.

12 Conjecture et preuve ★ 25 min

Corrigé p. 172

Lycée Blaise Pascal, Clermont-Ferrand

Retrouvez le corrigé de cet exercice en vidéo avec live!

Soit f la fonction définie sur $\mathbb{R}$ par :

$$f(x) = \frac{e^{2x} - 1}{e^{2x} + 1}.$$

1. Tracer la fonction sur la calculatrice et faire une conjecture concernant un encadrement possible de $f(x)$ pour tout x.
2. Prouver que, pour tout x, $-1 < f(x) < 1$.
3. Dresser le tableau de variation de f.
4. Donner, à 10^{-2} près, en expliquant votre méthode, la plus petite valeur de x telle que $1 - f(x) < 0{,}001$.

13 Cosinus et sinus hyperboliques ★ 45 min

Corrigé p. 173

Lycée Jacques Prévert, Boulogne

Les fonctions ch et sh sont définies sur $\mathbb{R}$ par :

$$\operatorname{ch} x = \frac{e^x + e^{-x}}{2} \quad \text{et} \quad \operatorname{sh} x = \frac{e^x - e^{-x}}{2}.$$

1. Dresser le tableau des signes de ces fonctions.
2. Calculer ch' et sh'.
   Quel lien y a-t-il entre ch' et sh ? Entre sh' et ch ?
3. Dresser les tableaux de variations de ch et sh.
4. Montrer que pour tout $x \in \mathbb{R}$, $\operatorname{ch}^2 x - \operatorname{sh}^2 x = 1$
   (a) En dérivant $f(x) = \operatorname{ch}^2 x - \operatorname{sh}^2 x$.
   (b) Par un calcul algébrique.
5. Montrer comme en 4.a ou 4.b (au choix) que :
   (a) $\operatorname{sh}(2x) = 2 \operatorname{ch} x \times \operatorname{sh} x$
   (b) $\operatorname{ch}(2x) = \operatorname{ch}^2 x + \operatorname{sh}^2 x$
6. Donner une représentation graphique de ch et de sh.

COURS INTERROS CORRIGÉS

14 Décroissance radioactive

★★ 10 min

Corrigé p. 175

Lycée Camille Jullian, Bordeaux

Le taux d'un élément radioactif diminue de 30% en 1 500 ans.

On sait de plus que ce taux est égal à $e^{-\lambda t}$ après t années, où $\lambda \in \mathbb{R}$.

À l'aide d'une calculatrice, déterminer une valeur approchée de λ à 10^{-4} près.

15 Algorithme

★★ 20 min

Corrigé p. 175

Lycée Buffon, Paris

On considère l'algorithme ci-dessous :

```
Entrée
     a et n sont des nombres
     Saisir a
     n ← 0
Traitement
     Tant que exp(-n) ⩾ a
         n ← n+1
     Fin du Tant que
Sortie
     Afficher n
```

1 Qu'affiche cet algorithme si on entre $a = 0{,}3$?

2 Donner si possible une valeur de a pour laquelle l'algorithme affiche 0.

3 Qu'affiche l'algorithme si on entre $a = 10^{-20}$?

16 Élimination d'un médicament

★★ 20 min

Corrigé p. 176

Lycée Victor Duruy, Paris

Un groupe de chercheurs étudie l'élimination d'un médicament dans le sang.

À partir d'un instant initial, on mesure pendant 24 heures la concentration en grammes par litre ($g \cdot L^{-1}$) de médicament restant dans le sang du patient.

Si t mesure le temps en heures, la concentration $f(t)$ à l'instant t est donnée par la formule :

$$f(t) = 1{,}2 \times 0{,}67^t, \quad \text{pour tout nombre réel } t \text{ de l'intervalle } [0\,;24].$$

1 Quel est le sens de variation de f ?
Est-il conforme au phénomène étudié ?

2 Les chercheurs utilisent l'algorithme suivant :

```
Entrée
    Saisir une concentration C
Initialisation
    t ← 0
Traitement
    Tant que 1,2x0,67^t ⩾ C
         t ← t+1
    Fin de Tant que
Sortie
    Afficher t
```

(a) Quel est le rôle de cet algorithme ?

(b) Quelle valeur obtient-on en sortie de l'algorithme lorsque :

- $C = 0{,}5$?
- $C = 0{,}2$?

3 On admet que le médicament est éliminé lorsque la concentration est inférieure à 0,06 $g \cdot \mathrm{L}^{-1}$. À l'aide de la calculatrice, déterminer au bout de combien de temps le médicament sera éliminé.

17 Approximation de e^x

★★ 30 min Corrigé p. 176

Lycée Camille Jullian, Bordeaux

Pour tout entier naturel n, on considère la fonction f_n définie sur $\mathbb{R}_+$ par :

$$f_n(x) = e^x - 1 - x - \frac{x^2}{2} - \frac{x^3}{3!} - \cdots - \frac{x^n}{n!}$$

où $n! = 1 \times 2 \times 3 \times 4 \times \cdots \times n$, en convenant que $0! = 1! = 1$.

On a donc $f_0(x) = e^x - 1$ et $f_1(x) = e^x - 1 - x$.

1 Montrer que $f_0(x) \geqslant 0$ sur $\mathbb{R}_+$.

2 Montrer alors que $f_1(x) \geqslant 0$ sur $\mathbb{R}_+$.

3 Expliquer l'inégalité :

$$\forall x \geqslant 0, \forall n \in \mathbb{N}, \quad e^x \geqslant 1 + x + \frac{x^2}{2} + \frac{x^3}{3!} + \cdots + \frac{x^n}{n!}.$$

4 Comment utiliser cette dernière inégalité pour obtenir une approximation de e^x par un polynôme ?

18 Fonction exponentielle et algorithme ★★

30 min

Corrigé p. 178

Cité scolaire internationale, Grenoble

Soit la fonction f définie sur $\mathbb{R}$ par :

$$f(x) = 4e^{0,25x} - 5 ,$$

et $\mathcal{C}_f$ sa courbe représentative dans un repère orthogonal.

1 **(a)** Étudier les variations de f sur $\mathbb{R}$.

(b) Existe-t-il un point de $\mathcal{C}_f$ en lequel la tangente est parallèle à l'axe des abscisses ?

2 On considère l'algorithme suivant :

```
Entrée
     P est un réel strictement positif
Initialisation
     X ← 0 et Y ← -1
Traitement
     Tant que Y < 0
         X ← X + P
         Y ← f(X)
         (f étant la fonction définie précédemment)
     Fin de Tant que
Sortie
     Afficher X-P et X
```

(a) On entre $P = 0,1$. Quelles sont les valeurs affichées en sortie ?

(b) Que fait cet algorithme ?

(c) On fait fonctionner l'algorithme avec une certaine valeur de P et on obtient en sortie les valeurs 0,892 et 0,893.
Quelle valeur de P avait-on choisi en entrée ?

(d) On entre une valeur de P égale à 0,000 1. Quelles sont les valeurs affichées en sortie ?

19 À l'aide du graphique ★★★

40 min

Corrigé p. 179

Lycée Corneille, La-Celle-Saint-Cloud

Le plan est rapporté à un repère orthonormé $(O, \vec{\imath}, \vec{\jmath})$.

La courbe $\mathcal{C}$ page ci-contre représente la fonction f définie sur $\mathbb{R}$ par :

$$f(x) = (ax + b)e^{x},$$

où a et b sont deux nombres que l'on se propose de déterminer.

La courbe $\mathcal{C}$ passe par le point de coordonnées $(0 ; 1)$ et elle admet une tangente horizontale au point d'abscisse -2.

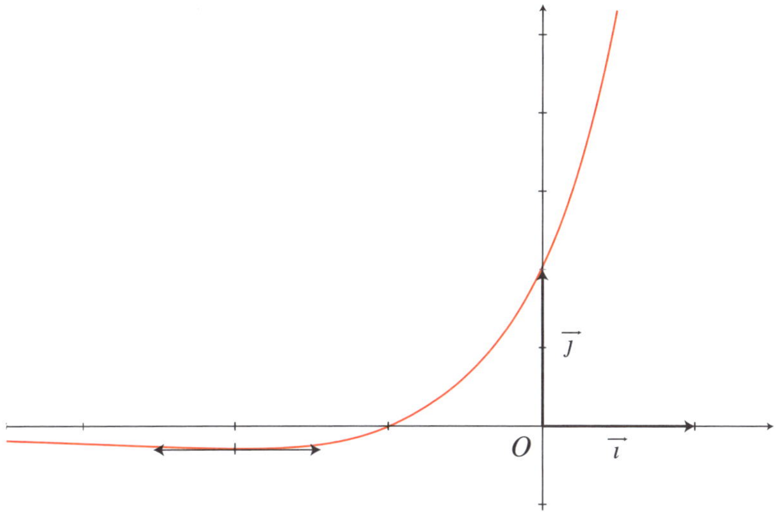

1 Exprimer $f'(x)$ en fonction de x, a et b.

2 À l'aide des informations de l'énoncé, déterminer les valeurs de a et b.

3 Étudier les variations de la fonction f. Dresser son tableau de variations sur l'intervalle $[-3\,;\,1]$.

4 Discuter, suivant les valeurs du réel m, le nombre de solutions de l'équation sur l'intervalle $[-3\,;\,1]$:

$$(x+1)\mathrm{e}^x = m.$$

Aide : on raisonnera graphiquement.

20 Coût moyen minimal

★★★ 80 min Corrigé p. 181

Lycée Chaptal, Paris

Une entreprise achète une machine 30 000 euros. Elle peut la revendre au bout de t années au prix de :

$$v(t) = \frac{30}{0{,}5t+1} \quad \text{pour } 0 \leq t \leq 8\,,$$

où t est exprimé en années et $v(t)$ en milliers d'euros (k€).

1 **(a)** Au bout de combien d'années la machine aura-t-elle perdu 50 % de sa valeur d'achat ?

(b) Quelle est sa valeur de revente au bout de 4 ans ?

(c) La différence, exprimée en k€, entre le prix d'achat de la machine et son prix de revente au bout de t années est : $D(t) = 30 - v(t)$.
Montrer que D est une fonction croissante sur l'intervalle $[0\,;\,8]$.

COURS
INTERROS
CORRIGÉS

2 On peut exprimer le coût total d'entretien de la machine en k€, pour une durée de t années d'utilisation, par :

$$E(t) = 2{,}5\,\mathrm{e}^{0{,}4\,t} - t - 2{,}5.$$

(a) Calculer $E'(t)$, où E' désigne la fonction dérivée de E.

(b) Montrer que E est une fonction croissante sur l'intervalle $[0\,;8]$.

3 **(a)** Vérifier que le coût d'usage total, en k€, de cette machine est :

$$C(t) = D(t) + E(t) = 27{,}5 - \frac{30}{0{,}5t + 1} + 2{,}5\mathrm{e}^{0{,}4t} - t.$$

(b) Déduire des questions précédentes le sens de variation de C sur $[0\,;8]$.

(c) Tracer la courbe représentative Γ de C, dans un plan muni d'un repère orthogonal, avec pour unités : 2 cm pour une année sur l'axe des abscisses, 1 cm pour 4 k€ sur l'axe des ordonnées.

On pourra utiliser le tableau de valeurs suivant :

t	0	1	2	3	4
$C(t)$	0	10,23	16,06	20,80	25,88

t	4,5	5	6	7	8
$C(t)$	28,90	32,40	41,56	54,94	74,83

4 Le coût moyen d'utilisation, en k€ et au bout de t années, est égal à :

$$U(t) = \frac{C(t)}{t} \text{ avec } 1 \leqslant t \leq 8.$$

(a) Soit M le point d'abscisse t de la courbe Γ. Montrer que $U(t)$ est le coefficient directeur de la droite (OM).

(b) Déterminer graphiquement la valeur de t pour laquelle $U(t)$ est minimal.

1 V/F Fonction exponentielle

Enoncé p. 155

1 Vrai. Il s'agit d'une formule du cours.

2 Faux. D'après les propriétés de la fonction exponentielle le réel e^{-x} est toujours strictement positif donc $-e^{-x}$ est toujours strictement négatif.

3 Faux. La droite d'équation $y = x + 1$ est tangente à la courbe représentative de la fonction exponentielle au point d'abscisse 0 et non au point d'abscisse 1.

4 Vrai. Le coefficient directeur de la tangente $\mathcal{T}$ à la courbe au point d'abscisse 0 est $f'(0)$. Or, la fonction f est dérivable sur $\mathbb{R}$ et, pour tout réel x, $f'(x) = \dfrac{-e^x}{(1+e^x)^2}$ donc $f'(0) = -\dfrac{1}{4}$. La tangente $\mathcal{T}$ et la droite d'équation $y = -\dfrac{1}{4}$ sont deux droites non parallèles à l'axe des ordonnées et de même coefficient directeur donc elles sont parallèles.

2 QCM Dérivation

Enoncé p. 155

1 Réponse **c**. On a : $f'(x) = e^x + xe^x + 3 - e^{-x}$.

2 Réponse **a**. g est un produit de la forme $u \times v$ avec $u(x) = x + 1$ et $v(x) = e^{3-5x}$. Donc $g' = u'v + uv'$.
$u'(x) = 1$ et $v'(x) = -5e^{3-5x}$ donc :

$$\begin{aligned} g'(x) &= 1 \times e^{3-5x} + (x+1) \times (-5)e^{3-5x} \\ &= [1 - 5(x+1)]e^{3-5x} \\ &= (1 - 5x - 5)e^{3-5x} \\ &= (-5x - 4)e^{3-5x} \\ &= -(5x+4)e^{3-5x}. \end{aligned}$$

3 Réponse **b**. On a :

$$f'(x) = 2xe^x + x^2e^x = x(x+2)e^x.$$
$$g'(x) = 1e^x + xe^x = (x+1)e^x.$$

$$\begin{aligned} f'(x) = g'(x) &\iff x(x+2)e^x = (x+1)e^x \\ &\iff x(x+2) = x + 1 \text{ car } e^x \neq 0 \\ &\iff x^2 + x - 1 = 0. \end{aligned}$$

Les solutions de cette dernière équation sont :

$$x_1 = \frac{-1-\sqrt{5}}{2} \quad \text{et} \quad x_2 = \frac{-1+\sqrt{5}}{2}.$$

En x_1, l'équation réduite de la tangente à la courbe représentative de f est :

$$y = f'(x_1)(x - x_1) + f(x_1).$$

En x_1, l'équation réduite de la tangente à la courbe représentative de g est :

$$y = g'(x_1)(x - x_1) + g(x_1).$$

Après calculs, on voit que les deux équations ne sont pas équivalentes, donc les tangentes sont distinctes, tout en ayant des coefficients directeurs égaux. Elles sont donc strictement parallèles.

Ce raisonnement est aussi valable en x_2.

4 Réponse **c**. $f(0) = e^2$.

$f'(x) = 0{,}5e^{0{,}5x+2}$. Donc $f'(0) = 0{,}5e^2$.

La tangente a donc pour équation $y = 0{,}5e^2(x - 0) + e^2$, soit $y = 0{,}5e^2 x + e^2$.

3 QCM Connaissances générales

Enoncé p. 156

1 Réponse **b**. $g(x) = \dfrac{e^x - e^{2x}}{x} = \dfrac{e^x\,(1 - e^x)}{x}$.

Tableau de signes :

x	$-\infty$		0		$+\infty$
e^x		+		+	
$1 - e^x$		+	0	−	
x		−	0	+	
$g(x)$		−	‖	−	

On constate que $g(x)$ est toujours négative.

2 Réponse **d**.

$$\frac{e^{2x} - 1}{1 + e^{-2x}} = \frac{e^{-x}\left(e^{3x} - e^x\right)}{e^{-x}\left(e^x + e^{-x}\right)} = \frac{e^{3x} - e^x}{e^x + e^{-x}}.$$

Cette expression est égale à $f(x)$ si $e^x - e^{-x} = e^{3x} - e^x$.

Or, il existe au moins une valeur de x pour laquelle cette égalité n'est pas vérifiée (par exemple pour $x = 1$, on vérifie facilement que $e - e^{-1} \neq e^3 - e$). La proposition **d** est donc fausse.

3 Réponse **a**. $f'(x) = e^{-x}(1 - x - 2) = e^{-x}(-1 - x)$.

On a alors $f(0) = 2$ et $f'(0) = -1$. Donc la droite d'équation $y = -x + 2$ est l'équation de la tangente à la courbe de f au point d'abscisse 0.

Si on ne pense pas au point d'abscisse 0, il est facile de montrer, une fois la dérivée calculée, que les 3 autres propositions sont fausses.

4 Réponse **d**. Comme $e^x \neq 0$, en multipliant les deux termes de l'équation par e^x, on obtient une équation équivalente :

$$(e^x)^2 + 1 = me^x.$$

Puis en posant $X = e^x$, on a une équation du second degré :

$$X^2 - mX + 1 = 0.$$

Le discriminant de cette équation vaut $m^2 - 4 = (m-2)(m+2)$. Selon les valeurs de m, l'équation en X a donc zéro, une ou deux solutions (cela élimine donc les réponses **a** et **b**). Pour avoir une solution en x, il faut de plus que l'équation en X ait une solution positive.

Il est facile de voir que pour $m = 2$, l'équation $X^2 - 2X + 1 = 0$ admet « 1 » comme racine, donc au moins dans ce cas, l'équation $e^{-x} + e^x = m$ admet une solution, ce qui élimine la réponse **c**.

4 QCM Propriétés de la fonction exponentielle

Enoncé p. 156

1 Réponse **b**. On a :

$$2 - \frac{e^{-x} - 2}{e^{-x} - 1} = \frac{2e^{-x} - 2 - e^{-x} + 2}{e^{-x} - 1}$$
$$= \frac{e^{-x}}{e^{-x} - 1}$$
$$= \frac{1}{1 - e^x} \quad \text{en multipliant haut et bas par } e^x.$$

2 Réponse **b**. On pose $e^x = X$.

L'équation devient alors $X^2 - \left(e + \frac{1}{e}\right)X + 1 = 0$. On calcule :

$$\Delta = \left(e + \frac{1}{e}\right)^2 - 4 = e^2 + 2 + \frac{1}{e^2} - 4 = e^2 - 2 + \frac{1}{e^2} = \left(e - \frac{1}{e}\right)^2.$$

Le discriminant est strictement positif et les deux solutions sont :

$$X_1 = \frac{e + \frac{1}{e} - e + \frac{1}{e}}{2} = \frac{1}{e} \quad \text{et} \quad X_2 = \frac{e + \frac{1}{e} + e - \frac{1}{e}}{2} = e.$$

On a donc soit $e^x = e^{-1} \Leftrightarrow x = -1$, soit $e^x = e \Leftrightarrow x = 1$.

L'équation admet donc deux solutions, 1 et -1.

3 Réponse **b**. Ici aussi, on pose $X = e^x$.

On obtient alors l'expression $X^2 - (e+1)X + e$.

$$\Delta = (e+1)^2 - 4e = e^2 + 2e + 1 - 4e = e^2 - 2e + 1 = (e-1)^2.$$

Le trinôme en X a deux racines, e et 1.

On peut donc factoriser l'expression de départ :

$$e^{2x} - (e+1)e^x + e = (e^x - 1)(e^x - e).$$

On a donc :

$$\begin{aligned} e^x - 1 > 0 &\iff e^x > 1 \\ &\iff x > 0 \quad \text{et} \quad e^x - e > 0 \\ &\iff e^x > e \\ &\iff x > 1. \end{aligned}$$

On obtient donc le tableau de signes suivant :

x	$-\infty$		0		1		$+\infty$
$e^x - 1$		$-$	0	$+$		$+$	
$e^x - e$		$-$		$-$	0	$+$	
$(e^x - 1)(e^x - e)$		$+$	0	$-$	0	$+$	

4 Réponse **b**. En multipliant par e^x le numérateur et le dénominateur, et en simplifiant, on a :

$$\frac{e^x - e^{-x}}{e^x + e^{-x}} = \frac{e^x(e^x - e^{-x})}{e^x(e^x + e^{-x})} = \frac{e^{2x} - 1}{e^{2x} + 1}.$$

Ces deux nombres sont donc inverses.

5 Propriétés algébriques

Enoncé p. 157

Lycée Jules Ferry, Conflans-Sainte-Honorine

On utilise ici les propriétés algébriques de la fonction exponentielle :

$$\begin{aligned} A &= e^{x+y-x} - e^{2y} \\ &= e^y - e^{2y} \\ &= e^y(1 - e^y). \end{aligned}$$

$$B = e^{2x+2y-x-2y} = e^x.$$

6 Équation

Enoncé p. 157

Lycée Lacordaire, Marseille

Une simplification est possible en se ramenant à une situation $e^U = e^V$:

$$\begin{aligned} e^{3x+x-2x} - e^x = 0 &\iff e^{3x+x-2x} = e^x \\ &\iff e^{2x} = e^x \\ &\iff 2x = x \quad \text{par stricte croissance de exp} \\ &\iff x = 0. \end{aligned}$$

7 Équation

Enoncé p. 157

Lycée Le Corbusier, Poissy

$$\begin{aligned} e^{3x-1} \times e^{x+2} = 1 &\iff e^{(3x-1)+(x+2)} = 1 \\ &\iff e^{4x+1} = e^0 \\ &\iff 4x+1 = 0 \qquad \text{(par stricte croissance de exp)} \\ &\iff x = -\frac{1}{4} \end{aligned}$$

La solution de (F) est donc : $-\dfrac{1}{4}$.

8 Inéquations

Enoncé p. 157

Lycée Camille Jullian, Bordeaux

1 $$\begin{aligned} e^{3x-5} \leqslant e^{-x^2+7} &\iff 3x-5 \leqslant -x^2+7 \\ &\iff x^2+3x-12 \leqslant 0. \end{aligned}$$

Le discriminant du polynôme $x^2+3x-12$ est $\Delta = 9+48 = 57$ donc ce dernier a deux racines :

$$x_1 = \frac{-3-\sqrt{57}}{2} \quad \text{et} \quad x_2 = \frac{-3+\sqrt{57}}{2}.$$

Il est du signe de $-a$ (donc négatif ici) entre les racines donc l'ensemble solution de l'inéquation est :

$$S = \left[\frac{-3-\sqrt{57}}{2} ; \frac{-3+\sqrt{57}}{2}\right].$$

2 $$\begin{aligned} e^{3x-1} > e^{5x-4} &\iff \frac{e^{3x-1}}{e^{5x-4}} > 1 \\ &\iff e^{3x-1-(5x-4)} > e^0 \\ &\iff e^{-2x+3} > e^0 \\ &\iff -2x+3 > 0 \\ &\iff -2x > -3 \\ &\iff x < \frac{3}{2}. \end{aligned}$$

L'ensemble solution de l'inéquation est donc :

$$S = \left]-\infty ; \frac{3}{2}\right[.$$

3 $e^{2x} + e^x - 2 < 0 \iff (e^x)^2 + e^x - 2 < 0.$

Pour résoudre cette inéquation, on pose $X = e^x$. Ainsi,

$$e^{2x} + e^x - 2 < 0 \iff X^2 + X - 2 < 0.$$

Le polynôme $X^2 + X - 2$ admet $X_1 = 1$ comme racine évidente donc la seconde racine X_2 est telle que $X_1 X_2 = \frac{c}{a}$, soit $X_2 = -2$. Ainsi,

$$X^2 + X - 2 = (X-1)(X+2) \quad \text{donc} \quad e^{2x} + e^x - 2 = \left(e^x - 1\right)\left(e^x + 2\right).$$

De plus, pour tout réel x,

$$e^x > 0 \text{ donc } e^x + 2 > 0.$$

Ainsi,

$$\begin{aligned} e^{2x} + e^x - 2 < 0 &\iff \left(e^x - 1\right)\left(e^x + 2\right) < 0 \\ &\iff e^x - 1 < 0 \\ &\iff e^x < 1 \\ &\iff e^x < e^0 \\ &\iff x < 0. \end{aligned}$$

L'ensemble solution de l'inéquation est donc :

$$S =]-\infty\,;\,0[.$$

9 Solutions d'équation

Enoncé p. 158

Lycée Virlogeux, Riom

1 $f'(x) = 2e^{2x} - 2e^x = 2e^x(e^x - 1)$.

Pour tout réel x, $e^x > 0$ donc $f'(x) > 0 \iff e^x > 1 \iff x > 0$.

Ainsi, f est décroissante sur $\mathbb{R}_-$ et croissante sur $\mathbb{R}_+$.

On a le tableau suivant :

x	$-\infty$		0		$+\infty$
$f'(x)$		$-$	0	$+$	
$f(x)$		$\searrow$	-1	$\nearrow$	

2 $f(1) = e^2 - 2e$, $f'(1) = 2e(e-1)$, donc l'équation de la tangente est :

$$y = 2e(e-1)(x-1) + e^2 - 2e$$

soit : $y = 2e(e-1)x - e^2$.

3 $f(x) = e^x(e^x - 2)$; e^x est toujours strictement positif, donc :

$$f(x) = 0 \iff e^x - 2 = 0 \iff e^x = 2.$$

D'après la représentation graphique de la fonction exponentielle, cette dernière équation admet une unique solution positive.

En utilisant la calculatrice, on peut encadrer cette solution entre 0,69 et 0,70.

10 Un graphique incomplet

Enoncé p. 158

Cité scolaire internationale, Grenoble

1 $f'(x) = 200e^{-x-1} + (200x - 300)\left(-e^{-x-1}\right)$

$= e^{-x-1}(200 - 200x + 300)$

$= (500 - 200x)e^{-x-1}$.

2 $e^{-x-1} > 0$ pour tout x, donc la dérivée est du signe de $500 - 200x$.

Pour $0 < x < 2{,}5$: $500 - 200x > 0$; par conséquent, la dérivée est positive et f est croissante.

Pour $2{,}5 < x < 6$: $500 - 200x < 0$; par conséquent, la dérivée est négative et la fonction est décroissante.

$f(0) = -300e^{-1} + 10$; $f(2{,}5) = 200e^{-3{,}5} + 10 \approx 16{,}039$;
$f(6) = 900e^{-7} + 10$.

On obtient le tableau de variation suivant :

x	0		$2{,}5$		6
$f'(x)$		$+$	0	$-$	
$f(x)$	$-300e^{-1} + 10$	$\nearrow$	$f(2{,}5)$	$\searrow$	$f(6)$

3 Il faut vendre 2,5 centaines d'objets, soit 250 objets, et le bénéfice sera alors environ 16,039 milliers d'euros, soit environ 16 039 euros.

4 Compte tenu du bénéfice maximal, il faut prendre X entre 0 et 6, et Y entre -4 (ceci n'a pas vraiment d'importance) et 17.

11 Positivité d'une fonction

Enoncé p. 159

Lycée Descartes, Cournon

1 Pour tout réel x, $f'(x) = e^x + xe^x = (1 + x)e^x$. Comme e^x est strictement positif, $f'(x)$ est du signe de $1 + x$, donc positif pour $x > -1$ et négatif sinon. Sachant que $f(-1) = a - e^{-1}$, on peut établir le tableau de variations suivant :

x	$-\infty$		-1		$+\infty$
$f'(x)$		$-$	0	$+$	
$f(x)$		$\searrow$	$a - \dfrac{1}{e}$	$\nearrow$	

2 D'après le tableau de variations, le minimum de f est atteint en -1 et vaut $a - \frac{1}{\mathrm{e}}$.

On a alors $f(x) \geqslant 0$ pour tout x si et seulement si $a - \frac{1}{\mathrm{e}} \geqslant 0$, c'est-à-dire $a \geqslant \frac{1}{\mathrm{e}}$.

12 Conjecture et preuve

Enoncé p. 159

Lycée Blaise Pascal, Clermont-Ferrand

live! **1** À la calculatrice, il semble que pour tout x, $f(x)$ soit compris entre -1 et 1.

2 Pour tout x, $\mathrm{e}^{2x} - 1 < \mathrm{e}^{2x} + 1$ et comme $\mathrm{e}^{2x} > 0$, on a aussi :

$$-\mathrm{e}^{2x} - 1 < \mathrm{e}^{2x} - 1,$$

ce qui donne la double inégalité :

$$-(\mathrm{e}^{2x} + 1) < \mathrm{e}^{2x} - 1 < \mathrm{e}^{2x} + 1.$$

En divisant chaque membre par $\mathrm{e}^{2x} + 1$ qui est strictement positif on trouve l'inégalité cherchée :

$$-1 < f(x) < 1.$$

3 On calcule la dérivée de f :

$$f'(x) = \frac{2\mathrm{e}^{2x}(\mathrm{e}^{2x} + 1) - 2\mathrm{e}^{2x}(\mathrm{e}^{2x} - 1)}{(\mathrm{e}^{2x} + 1)^2}$$

$$= \frac{4\mathrm{e}^{2x}}{(\mathrm{e}^{2x} + 1)^2}.$$

On constate que $f'(x) > 0$ pour tout x, donc f est strictement croissante sur $\mathbb{R}$.

x	$-\infty$	$+\infty$
$f'(x)$	+	
$f(x)$	↗	

4 On cherche la plus petite valeur de x telle que $1 - f(x) < 0{,}001$, c'est-à-dire telle que $f(x) > 0{,}999$. Notons a cette valeur.

On programme la fonction f à la calculatrice, puis on affiche un premier tableau de valeurs par pas de 1 à partir de 0.

Comme $f(3) < 0{,}999 < f(4)$, on en déduit que a est compris entre 3 et 4.

On tabule à nouveau la fonction à partir de 3 par pas de 0,1. On trouve $f(3{,}8) < 0{,}999 < f(3{,}9)$.

On recommence à tabuler à partir de 3,8 par pas de 0,01 et on trouve finalement $f(3{,}8) < 0{,}999 < f(3{,}81)$. La valeur cherchée est donc $a = 3{,}81$.

13 Cosinus et sinus hyperboliques

Enoncé p. 159

Lycée Jacques Prévert, Boulogne

1 Pour tout $x \in \mathbb{R}$, $e^x > 0$ et $e^{-x} > 0$, donc $\operatorname{ch} x > 0$.

Pour tout $x \in \mathbb{R}^+$, $e^x \geqslant 1$ et $e^{-x} \leqslant 1$, donc $\operatorname{sh} x = \frac{1}{2}(e^x - e^{-x}) \geqslant 0$.

Comme sh est impaire, on en déduit pour tout $x \in \mathbb{R}^-$, $\operatorname{sh} x \leqslant 0$.
D'où les tableaux de signes :

x	$-\infty$		0		$+\infty$
$\operatorname{sh} x$		$-$	0	$+$	
$\operatorname{ch} x$		$+$	1	$+$	

2 Les fonctions ch et sh sont toutes deux dérivables en tant que sommes de fonctions dérivables et pour tout $x \in \mathbb{R}$,

$$\operatorname{ch}' x = \frac{e^x - e^{-x}}{2} = \operatorname{sh} x \quad \text{et} \quad \operatorname{sh}' x = \frac{e^x - (-e^{-x})}{2} = \operatorname{ch} x.$$

3 Le tableau de variation de ch est alors :

x	$-\infty$		0		$+\infty$
$\operatorname{sh} x$		$-$	0	$+$	
$\operatorname{ch} x$	$+\infty$	↘	1	↗	$+\infty$

et celui de sh est :

x	$-\infty$		0		$+\infty$
$\operatorname{ch} x$		$+$	1	$+$	
$\operatorname{sh} x$	$-\infty$	↗	0	↗	$+\infty$

4 **(a)** Pour tout $x \in \mathbb{R}$,

$$\begin{aligned} f'(x) &= (\operatorname{ch}^2)'(x) - (\operatorname{sh}^2)'(x) \\ &= 2\operatorname{ch} x \operatorname{ch}' x - 2\operatorname{sh} x \operatorname{sh}' x \\ &= 2\operatorname{ch} x \operatorname{sh} x - 2\operatorname{sh} x \operatorname{ch} x = 0. \end{aligned}$$

Donc f est constante sur $\mathbb{R}$ et pour tout $x \in \mathbb{R}$,

$$\begin{aligned} f(x) &= (\operatorname{ch} x)^2 - (\operatorname{sh} x)^2 \\ &= f(0) \\ &= 1 - 0 \\ &= 1. \end{aligned}$$

COURS
INTERROS
CORRIGÉS

(b) Pour tout $x \in \mathbb{R}$,

$$f(x) = (\operatorname{ch} x)^2 - (\operatorname{sh} x)^2 = \left(\frac{e^x + e^{-x}}{2}\right)^2 - \left(\frac{e^x - e^{-x}}{2}\right)^2.$$

Ou encore,

$$f(x) = \frac{1}{4}\left((e^{2x} + 2 + e^{-2x}) - (e^{2x} - 2 + e^{-2x})\right) = \frac{4}{4} = 1.$$

5 Pour tout $x \in \mathbb{R}$,

$$\begin{aligned} 2\operatorname{ch} x \operatorname{sh} x &= 2\left(\frac{e^x + e^{-x}}{2}\right)\left(\frac{e^x - e^{-x}}{2}\right) \\ &= \frac{2}{4}\left((e^x)^2 - (e^{-x})^2\right) \\ &= \operatorname{sh}(2x). \end{aligned}$$

Posons :

$$g(x) = 2\operatorname{ch} x \operatorname{sh} x - \operatorname{sh}(2x).$$

Pour tout $x \in \mathbb{R}$,

$$g'(x) = 2\operatorname{sh} x \operatorname{sh} x + 2\operatorname{ch} x \operatorname{ch} x - 2\operatorname{ch}(2x).$$

Or, g est constante donc g' est nulle.

Donc, pour tout $x \in \mathbb{R}$,

$$\operatorname{ch}(2x) = (\operatorname{ch} x)^2 + (\operatorname{sh} x)^2.$$

6 Les fonctions ch et sh ont pour représentations graphiques :

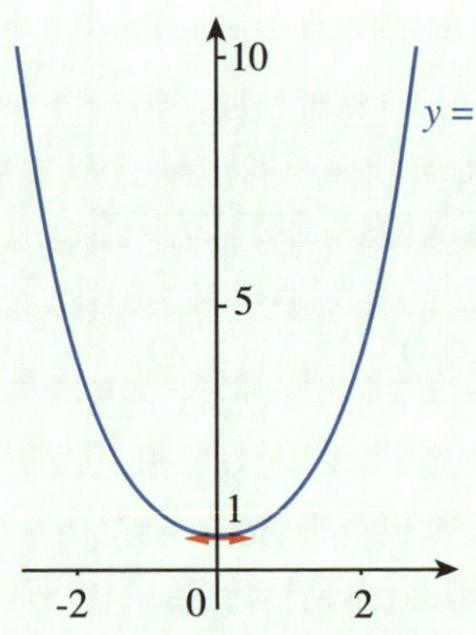

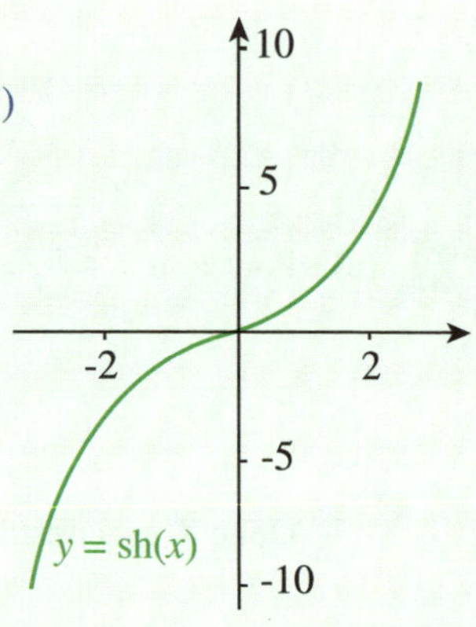

On appelle la fonction ch « cosinus hyperbolique » et la fonction sh « sinus hyperbolique ».

14 Décroissance radioactive

Enoncé p. 160

Lycée Camille Jullian, Bordeaux

Le taux d'un élément radioactif diminue de 30% en 1 500 ans. Donc :

$$e^{-\lambda \times 1\,500} = 0{,}7.$$

Un algorithme nous permettant de trouver un encadrement de λ est :

Algorithme

```
l ← 0
Pour i allant de 1 à 40:
   l ← i/100000
   f ← exp(-1500*i)
   Si |f-0.7| ⩽ 0.01 alors
     Afficher l et f
   Fin du Si
Fin du Pour
```

En Python

Retrouvez ce programme en ligne avec live!

```python
from math import exp
l = 0
for i in range (40):
    l = i/100000
    f = exp(-1500*l)
    if abs(f-0.7) <= 0.01:
        print(l,f)
```

On trouve alors :

$$0{,}000\,23 \leqslant \lambda \leqslant 0{,}000\,24.$$

Ainsi, une valeur approchée de λ à 10^{-4} est $\underline{\lambda \approx 0{,}000\,2}$.

15 Algorithme

Enoncé p. 160

Lycée Buffon, Paris

1 Lorsque l'on applique cet algorithme en donnant à a la valeur 0,3, on obtient les résultats successifs suivants :

n	$\exp(-n)$	test : $\exp(-n) \geqslant 0{,}3$
0	$e^0 = 1$	$1 \geqslant 0{,}3$: vrai
1	$e^{-1} \approx 0{,}37$	$0{,}37 \geqslant 0{,}3$: vrai
2	$e^{-2} \approx 0{,}14$	$0{,}14 \geqslant 0{,}3$: faux

La boucle s'achève pour $n = 2$ et la valeur affichée est donc 2.

2 L'algorithme affiche le premier entier tel que le test « $e^{-n} \geqslant a$ » soit faux.

Pour afficher 0, il faut donc que $e^{-0} \geqslant a$ soit faux, donc que $1 < a$.

On constate que pour $a = 2$, on obtient bien $n = 0$.

3 Si $a = 10^{-20}$, le test devient faux dès que $e^{-n} < 10^{-20}$, avec n entier, c'est-à-dire dès que $e^n > 10^{20}$.

À la calculatrice, on trouve $e^{46} \approx 9{,}5 \times 10^{19}$ et $e^{47} \approx 2{,}6 \times 10^{20}$. Comme la fonction exponentielle est croissante, cela permet de trouver que si $a = 10^{-20}$, la valeur affichée est 47.

16 Élimination d'un médicament

Enoncé p. 160

Lycée Victor Duruy, Paris

1 $0 < 0{,}67 < 1$, donc d'après le cours, la fonction $t \mapsto 0{,}67^t$ est décroissante, et la fonction f aussi. Cela est logique pour le phénomène considéré car on sait qu'un médicament est progressivement éliminé dans le sang.

2 **(a)** Cet algorithme détermine au bout de combien d'heures la concentration du médicament dans le sang devient strictement inférieure à une valeur C donnée.

Le tableau ci-dessous donne les valeurs de la concentration obtenues pour les valeurs successives de t en faisant tourner l'algorithme.

t	0	1	2	3	4	5	6
Concentration dans le sang	1,2	0,804	0,539	0,361	0,242	0,162	0,109

- Si $C = 0{,}5$, on sort du « Tant que » lorsque $t = 3$.
- Si $C = 0{,}2$, on sort du « Tant que » lorsque $t = 5$.

3 Le médicament sera éliminé au bout de 8 heures car $f(7) \approx 0{,}073$ et $f(8) \approx 0{,}049$.

17 Approximation de e^x

Enoncé p. 161

Lycée Camille Jullian, Bordeaux

1 $f_0'(x) = e^x > 0$ donc f_0 est strictement croissante sur $\mathbb{R}$, donc sur $\mathbb{R}_+$.

De plus, $f_0(0) = e^0 - 1 = 1 - 1 = 0$, donc $f_0(x) \geqslant 0$ sur $\mathbb{R}_+$.

2 $f_1'(x) = e^x - 1 = f_0(x) \geqslant 0$ donc f_1 est croissante sur $\mathbb{R}_+$.

De plus, $f_1(0) = e^0 - 1 - 0 = 1 - 1 = 0$, donc $f_1(x) \geqslant 0$ sur $\mathbb{R}_+$.

3 Quel que soit l'entier naturel n,

$$\begin{aligned} f'_{n+1}(x) &= \mathrm{e}^x - 1 - x - \frac{x^2}{2!} - \frac{x^3}{3!} - \cdots - \frac{(n+1)x^{n+1-1}}{(n+1)!} \\ &= \mathrm{e}^x - 1 - x - \frac{x^2}{2!} - \frac{x^3}{3!} - \cdots - \frac{(n+1)x^n}{(n+1)\times n!} \\ &= \mathrm{e}^x - 1 - x - \frac{x^2}{2!} - \frac{x^3}{3!} - \cdots - \frac{x^n}{n!} \\ &= f_n(x). \end{aligned}$$

De plus,

$$\forall n \in \mathbb{N},\ f_n(0) = \mathrm{e}^0 - 1 = 0.$$

Ainsi, sur $\mathbb{R}_+$:

- $f'_2(x) = f_1(x) \geqslant 0$, donc f_2 est croissante, et $f_2(0) = 0$, donc $f_2(x) \geqslant 0$;
- $f'_3(x) = f_2(x) \geqslant 0$, donc f_3 est croissante, et $f_3(0) = 0$, donc $f_3(x) \geqslant 0$;
- etc. jusqu'à $f'_n(x) = f_{n-1}(x) \geqslant 0$, donc f_n est croissante, et $f_n(0) = 0$, donc $f_n(x) \geqslant 0$, ce qui signifie que :

$$\mathrm{e}^x - 1 - x - \frac{x^2}{2!} - \frac{x^3}{3!} - \cdots - \frac{x^n}{n!} \geqslant 0,$$

soit :

$$\mathrm{e}^x \geqslant 1 + x + \frac{x^2}{2!} + \frac{x^3}{3!} + \cdots + \frac{x^n}{n!}.$$

Remarque : l'année prochaine, vous verrez un principe qui permet de démontrer ce genre de propriété de façon plus claire; on l'appelle le *principe de récurrence*.

4 D'après la question précédente, le nombre e^x est toujours supérieur ou égal à $1 + x + \frac{x^2}{2!} + \frac{x^3}{3!} + \cdots + \frac{x^n}{n!}$, quel que soit n.

Or, pour $x > 0$ fixé, $\frac{x^n}{n!}$ se rapproche de plus en plus de 0 au fur et à mesure que n prend des valeurs de plus en plus grandes (on dit que la limite de $\frac{x^n}{n}$ est égale à 0 quand n tend vers $+\infty$, et on écrit $\lim\limits_{n\to+\infty} \frac{x^n}{n} = 0$). Ce constat n'est pas immédiat, mais on peut le faire en calculant $\frac{x^n}{n!}$ pour différentes valeurs grandissantes de n (à la calculatrice ou dans un tableur par exemple).

Ainsi, la différence entre $1 + x + \frac{x^2}{2!} + \frac{x^3}{3!} + \cdots + \frac{x^n}{n!}$ et $1+x+\frac{x^2}{2!}+\frac{x^3}{3!}+\cdots+\frac{x^n}{n!}+\frac{x^{n+1}}{(n+1)!}$ sera assez petite pour considérer que $1+x+\frac{x^2}{2!}+\frac{x^3}{3!}+\cdots+\frac{x^n}{n!}$ est une valeur approchée de e^x pour un n assez grand.

Ce n'était pas demandé, mais le programme Python suivant nous affiche la valeur de n à partir de laquelle, pour $x = 3$, la valeur $1+x+\frac{x^2}{2!}+\frac{x^3}{3!}+\cdots+\frac{x^n}{n!}$ diffère de moins de 10^{-4} de e^3.

En Python

Retrouvez ce programme en ligne avec live!

```
def fact(n):
    f = 1
    for i in range(1,n+1):
        f *= i
        return f

x,e,d,n = 3,1,1,0

while d>0.0001:
    n += 1
    old_e = e
    e += x**n/fact(n)
    d = abs(old_e-e)

print(n,e,d)
```

On trouve $n = 14$, valeur pour laquelle $e \approx 20{,}085\,523\,458\,126\,69$ et où $d \approx 5{,}5 \times 10^{-5}$. À titre de comparaison, $e^3 \approx 20{,}085\,536\,923\,2$.

18 Fonction exponentielle et algorithme

Enoncé p. 162

Cité scolaire internationale, Grenoble

1 **(a)** $f'(x) = 4 \times 0{,}25e^{0,25x} = e^{0,25x}$.

$f'(x)$ est positif pour tout x, donc f est strictement croissante sur $\mathbb{R}$.

(b) La dérivée ne s'annule jamais donc il n'y a aucun point où la tangente est parallèle à l'axe des abscisses.

2 **(a)** Le tableau ci-dessous donne les valeurs successives de X et Y, Y étant arrondi au 1 000e inférieur.

X	0	0,1	0,2	0,3	0,4
Y	−1	−0,899	−0,795	−0,689	−0,580
X	0,5	0,6	0,7	0,8	0,9
Y	−0,468	−0,353	−0,235	−0,115	0,010

Dans la dernière colonne, Y est positif. Donc les valeurs affichées seront 0,8 et 0,9.

(b) Cet algorithme donne un encadrement d'amplitude P de la solution de l'équation $f(x) = 0$. On démarre à $Y = -1$ car c'est la valeur de $f(0)$.

(c) Ici, l'encadrement a pour amplitude 0,001 donc $P = 0{,}001$.

(d) On peut programmer l'algorithme comme suggéré, mais aussi utiliser la fonction table de la calculatrice, ce qui est plus rapide puisqu'on a déjà un encadrement d'amplitude 0,01.

On obtient en sortie 0,892 5 et 0,892 6.

19 À l'aide du graphique

Enoncé p. 162

Lycée Corneille, La-Celle-Saint-Cloud

1 La fonction f est le produit uv, avec :

$$u(x) = (ax + b) \text{ et } v(x) = e^x.$$

Les fonctions u et v sont dérivables sur $\mathbb{R}$, donc f l'est aussi par produit.

$$f' = u'v + uv' \Rightarrow f'(x) = ae^x + (ax + b)e^x = (ax + a + b)e^x.$$

2 D'après ce qui précède, on sait que $f'(-2) = (-2a + a + b)e^{-2}$.

D'après l'énoncé, la tangente à la courbe $\mathcal{C}$ au point d'abscisse −2 est horizontale, donc son coefficient directeur est nul, c'est-à-dire $f'(-2) = 0$:

$$\begin{aligned} f'(-2) = 0 &\iff (-2a + a + b)e^{-2} = (b - a)\underbrace{e^{-2}}_{\neq 0} = 0 \\ &\iff b - a = 0 \\ &\iff a = b. \end{aligned}$$

Par ailleurs, $A \in \mathcal{C}$ donc $f(0) = 1$ (1 unité en ordonnées prend deux graduations).

$$f(0) = 1 \iff b\underbrace{e^0}_{=1} = 1 \iff b = 1.$$

Finalement, on obtient $a = b = 1$ et $f(x) = (x + 1)e^x$.

COURS INTERROS CORRIGÉS

3 En substituant les valeurs de a et b dans le calcul précédent de $f'(x)$:

$$f'(x) = (x+2)\underbrace{e^x}_{\text{positif}} \text{ et } f'(x) > 0 \iff x+2>0 \iff x > -2.$$

x	-3		-2		1
$f'(x)$		$-$	0	$+$	
$f(x)$	$-2e^{-3}$	$\searrow$	$-\dfrac{1}{e^2}$	$\nearrow$	$2e$

$f(-2) = (-2+1)e^{-2} = -\dfrac{1}{e^2}$; $f(-2) \approx -0{,}14$ à 10^{-2} près.

4 Il s'agit de résoudre $f(x) = m$, autrement dit, de discuter du nombre d'antécédents de m par f. On peut s'aider ici d'un graphique.

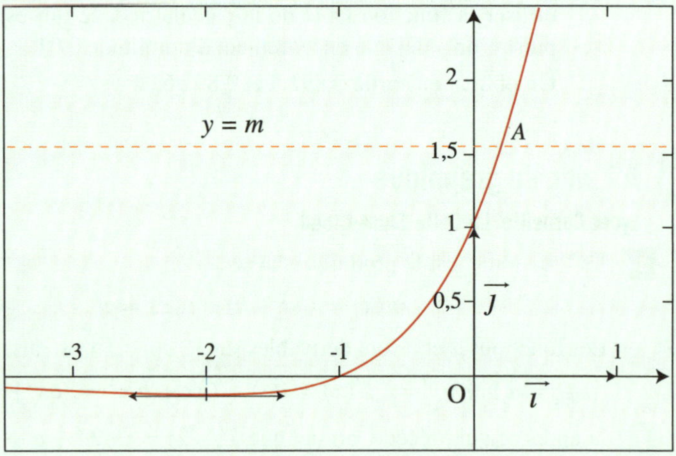

- Si $m < -\dfrac{1}{e^2}$, l'équation $f(x) = m$ n'a aucune solution car f admet pour minimum $-\dfrac{1}{e^2}$.
- Si $m = -\dfrac{1}{e^2}$, l'équation $f(x) = m$ admet une unique solution : -2.
- Si $-\dfrac{1}{e^2} < m \leqslant -2e^{-3}$, l'équation $f(x) = m$ admet deux solutions, une dans $[-3\,;-2[$ et l'autre dans $]-2\,;1[$.
- Si $2e^{-3} < m \leqslant 2e$, l'équation $f(x) = m$ admet une unique solution dans l'intervalle $]-2\,;1[$, et elle n'en admet pas ailleurs car sur l'intervalle $[-3\,;-2]$, $f(x) < 2e^{-3}$.
- Si $m > 2e$, l'équation n'admet aucune solution car $2e$ est le maximum absolu de la fonction sur $[-3\,;1]$.

20 Coût moyen minimal

Enoncé p. 163

Lycée Chaptal, Paris

1 **(a)** $v(t) = \dfrac{30}{0{,}5t+1} \Rightarrow v(0) = \dfrac{30}{0{,}5\times 0+1} = 30 = v_0$.

On retrouve bien la valeur d'achat annoncée.

On cherche t_0 tel que $v(t_0) \leq 0{,}5\, v_0$, soit :

$$\frac{30}{0{,}5t_0+1} \leq \frac{1}{2}\times 30 \qquad \frac{1}{0{,}5t_0+1} \leq \frac{1}{2}$$

$$\Longleftrightarrow\ 0{,}5t_0 + 1 \geq 2 \ \Longleftrightarrow\ t_0 \geq 2.$$

La machine aura perdu la moitié de sa valeur initiale au bout de 2 ans.

(b) Au bout de 4 ans, l'entreprise pourra revendre la machine au prix de $v(4)$:

$$v(4) = \frac{30}{0{,}5\times 4+1} = \frac{30}{3} = 10.$$

La valeur de revente de la machine au bout de 4 ans est de 10 000 €.

(c)
$$\begin{aligned} D(t) &= 30 - v(t)\\ &= 30 - \frac{30}{0{,}5t+1}\\ &= 30\left(1 - \frac{1}{0{,}5t+1}\right)\\ &= 30 \times \frac{0{,}5t+1-1}{0{,}5t+1}\\ &= \frac{15t}{0{,}5t+1}.\end{aligned}$$

On calcule la dérivée de D par la formule du quotient :

$$D'(t) = \frac{15(0{,}5t+1) - 15t\times(0{,}5)}{(0{,}5t+1)^2}$$

$$D'(t) = \frac{15}{(0{,}5t+1)^2}.$$

On observe que $D'(t) > 0$ (le dénominateur est un carré) ; donc D est une fonction strictement croissante sur son ensemble de définition $[0\,;8]$.

2 **(a)** $E(t) = 2{,}5\mathrm{e}^{0{,}4t} - t - 2{,}5$ est dérivable en tant que somme d'une exponentielle et d'une fonction affine (sur tout $\mathbb{R}$ donc *a fortiori* sur $[0\,;8]$) :

$$E'(t) = 2{,}5\times 0{,}4\times \mathrm{e}^{0{,}4t} - 1 = \mathrm{e}^{0{,}4t} - 1.$$

(b) On sait, d'après l'ensemble de définition, que $t \geq 0$. Cherchons le signe de $E'(t)$.

$$\begin{aligned} E'(t) = 0 &\iff e^{0,4t} - 1 = 0 \\ &\iff e^{0,4t} = 1 \\ &\iff e^{0,4t} = e^0 \\ &\iff t = 0. \end{aligned}$$

$$\begin{aligned} E'(t) > 0 &\iff e^{0,4t} - 1 > 0 \\ &\iff e^{0,4t} > 1 \\ &\iff 0,4t > 0 \\ &\iff t > 0. \end{aligned}$$

Autrement dit, E' est strictement positive sur $]0\,;8]$ et nulle en $t = 0$. E est donc une fonction strictement croissante sur $[0\,;8]$.

3 **(a)** Le coût total de la machine est composé de la partie d'investissement « utilisée » depuis son achat, à laquelle il faut rajouter le prix de son entretien.

$$\begin{aligned} C(t) &= D(t) + E(t) \\ &= \underbrace{30 - \frac{30}{0,5t+1}}_{D(t)=30-v(t)} + 2,5e^{0,4\times t} - t - 2,5 \\ &= 27,5 - \frac{30}{0,5t+1} + 2,5e^{0,4\times t} - t. \end{aligned}$$

(b) On a $C(t) = D(t) + E(t)$. Or, d'après les questions précédentes, D et E sont des fonctions strictement croissantes sur $[0\,;8]$. Leur somme C est donc elle aussi strictement croissante sur $[0\,;8]$. Il est inutile d'étudier de signe de la dérivée.

(c) On trace la courbe en utilisant les points fournis par l'énoncé (attention aux unités graphiques). L'allure de la courbe est indiquée sur le schéma de la page suivante. Une unité sur les abscisses représente une année et une unité sur les ordonnées représente 10 k€.

4 **(a)** Le point M d'abscisse $x_M = t$ appartient à Γ si et seulement ses coordonnées vérifient l'équation de Γ : $y = C(t)$.

Donc $y_M = C(t)$. Le coefficient directeur a de la droite (OM) vaut donc :

$$a = \frac{y_M}{x_M} = \frac{C(t)}{t} = U(t).$$

(b) Faire varier le point M sur la courbe Γ, c'est faire varier la droite (OM). Plusieurs positions de (OM) sont indiquées en pointillés sur le graphique.

Comme (OM) passe par l'origine, elle a pour équation $y = ax$. En diminuant son coefficient directeur a, (OM) se rapproche de l'horizontale. Or diminuer a, c'est diminuer $U(t)$. Le coefficient directeur minimal de (OM) est obtenu quand (OM) est tangente à Γ et sous Γ. Cela correspond à une abscisse d'environ 4,5.

Donc, le coût minimum est atteint pour 4 années et demi, environ.

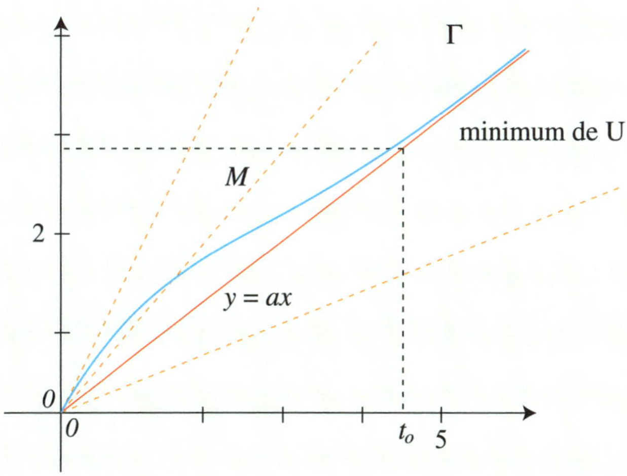

COURS
INTERROS
CORRIGÉS

Chapitre 5

Fonctions trigonométriques

Plan du chapitre

Retrouvez ce cours en vidéo avec live!

1 Cercle trigonométrique et radian

Exercice type 1 — Lycée Champollion, Grenoble

On munit le plan d'un repère orthonormal direct $(O; \overrightarrow{OI}, \overrightarrow{OJ})$.
Les questions suivantes sont indépendantes.

1 Placer sur le cercle trigonométrique les points M et N tels que :

$$(\overrightarrow{OI}, \overrightarrow{OM}) = \frac{5\pi}{6} \quad \text{et} \quad (\overrightarrow{OI}, \overrightarrow{ON}) = -\frac{7\pi}{4}.$$

2 Soit $x \in \left[\frac{\pi}{2} ; \pi\right]$. Calculer $\cos x$ sachant que $\sin x = \frac{\sqrt{17}}{7}$.

3 Simplifier l'expression suivante :

$$A = \sin(\pi - \alpha) + \cos\left(\frac{\pi}{2} + \alpha\right) - \cos(\pi + \alpha).$$

Voir corrigé page 188

1.1 Le cercle trigonométrique

Définition 1

Dans un repère orthonormal $(O; \overrightarrow{OI}, \overrightarrow{OJ})$, le cercle trigonométrique est le cercle de centre O et de rayon 1 orienté dans le sens direct (celui qui est contraire au sens des aiguilles d'une montre).

1.2 Radian

Le degré est l'unité d'angle couramment utilisée dans les sciences appliquées. Par contre, certaines notions mathématiques sont plus facilement exprimées à l'aide d'une autre unité de mesure des angles : le radian.

Définition 2

On considère le cercle $\mathcal{C}$ de centre O et de rayon 1.
Le radian est défini comme étant la mesure d'un angle au centre qui intercepte sur $\mathcal{C}$ un arc de longueur 1.

Propriété 1

Dans un cercle de rayon 1, la mesure en radian d'un angle au centre est égal à la longueur de l'arc qu'il intercepte.

Remarque : pour un angle inscrit dans un cercle de rayon R, la longueur de l'arc intercepté est égale à la mesure en radian de l'angle multipliée par R.

1.3 Repérage d'un point sur le cercle trigonométrique

Propriété 2

Un point M du cercle trigonométrique est repéré par un réel α exprimant la longueur de l'arc de cercle $\widehat{IM}$ si M est situé sur le demi-cercle supérieur et l'opposé de cette longueur si M est situé sur le demi-cercle inférieur.
Puisque la longueur du cercle trigonométrique est égale à 2π, les réels α et $\alpha + k \times 2\pi$, avec k entier, repèrent le même point du cercle trigonométrique.
$|\alpha|$ est donc une mesure en radians de l'angle géométrique $\widehat{IOM}$.

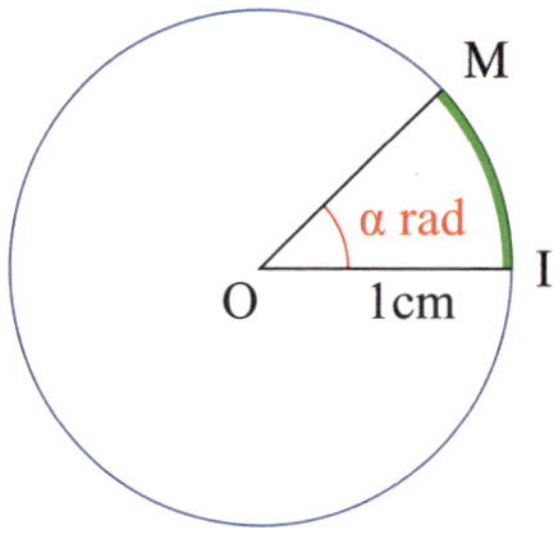

$\widehat{IM} = \alpha$ cm.

1.4 Sinus et cosinus d'un nombre réel

Définition 3

Soit x un nombre réel et M son image sur le cercle trigonométrique.
Le cosinus de x est égal à l'abscisse du point M.
Le sinus de x est égal à l'ordonnée du point M.

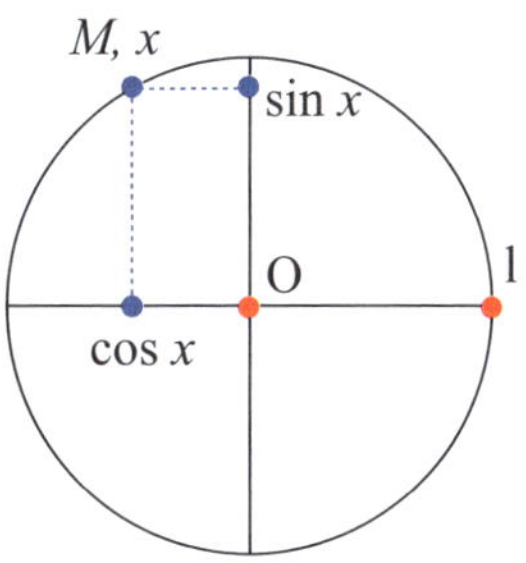

2 Trigonométrie

2.1 Cosinus et sinus d'un angle de vecteurs

α en rad	0	$\frac{\pi}{6}$	$\frac{\pi}{4}$	$\frac{\pi}{3}$	$\frac{\pi}{2}$	π
$\cos\alpha$	1	$\frac{\sqrt{3}}{2}$	$\frac{\sqrt{2}}{2}$	$\frac{1}{2}$	0	-1
$\sin\alpha$	0	$\frac{1}{2}$	$\frac{\sqrt{2}}{2}$	$\frac{\sqrt{3}}{2}$	1	0

2.2 Formules trigonométriques

Propriétés 3

Pour tout réel x :

$$-1 \leqslant \cos x \leqslant 1 \quad ; \quad -1 \leqslant \sin x \leqslant 1 \quad ; \quad \cos^2 x + \sin^2 x = 1.$$

$$\cos(-x) = \cos x \qquad \sin(-x) = -\sin x$$

$$\cos(x + 2\pi) = \cos x \qquad \sin(x + 2\pi) = \sin x$$

$$\cos(x + \pi) = -\cos x \qquad \sin(x + \pi) = -\sin x$$

$$\cos(\pi - x) = -\cos x \qquad \sin(\pi - x) = \sin x$$

$$\cos\left(x + \frac{\pi}{2}\right) = -\sin x \qquad \cos\left(\frac{\pi}{2} - x\right) = \sin x$$

$$\sin\left(x + \frac{\pi}{2}\right) = \cos x \qquad \sin\left(\frac{\pi}{2} - x\right) = \cos x$$

2.3 Équations trigonométriques

Propriété 4

L'équation $\cos x = \cos a$ a pour solutions tous les réels x de la forme $a+2k\pi$ ou $-a+2k\pi$, avec $k \in \mathbb{Z}$.

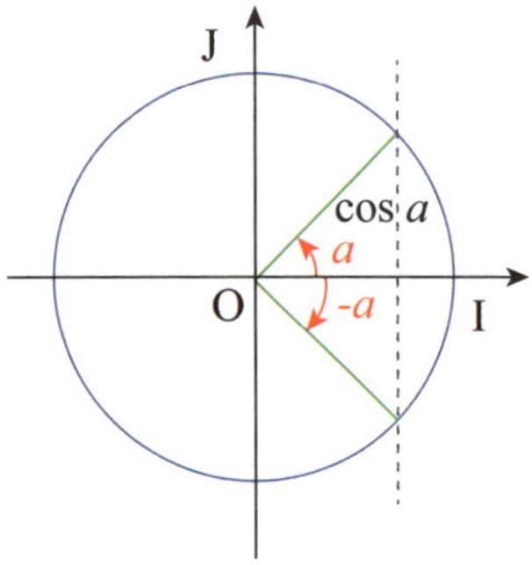

Propriété 5

L'équation $\sin x = \sin a$ a pour solutions tous les réels x de la forme $a+2k\pi$ ou $\pi - a + 2k\pi$, avec $k \in \mathbb{Z}$.

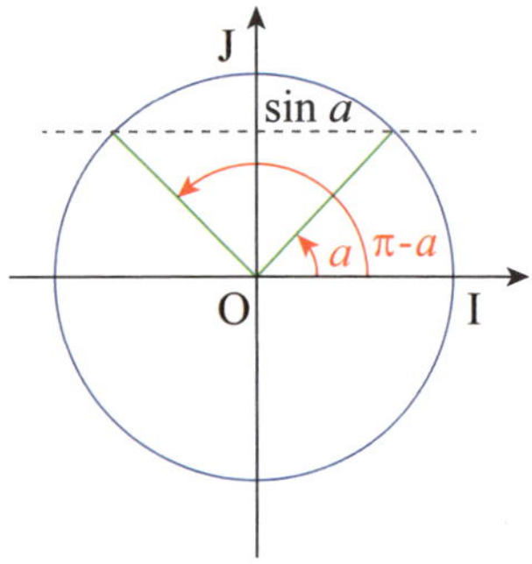

Solution de l'exercice type 1

Lycée Champollion, Grenoble

1 Pour M : $\dfrac{5\pi}{6} = \pi - \dfrac{\pi}{6}$.

Donc $\sin\left(\dfrac{5\pi}{6}\right) = \sin\dfrac{\pi}{6} = \dfrac{1}{2}$.

Pour N : $-\dfrac{7\pi}{4} + 2\pi = \dfrac{\pi}{4}$ (sur la 1re bissectrice)

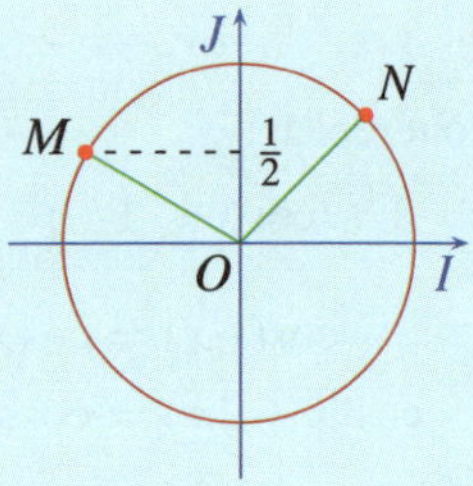

2 On a :

$$\cos^2 x + \sin^2 x = 1 \quad \text{et} \quad \sin^2 x = \frac{17}{49}$$

Donc :

$$\cos^2 x = 1 - \frac{17}{49} = \frac{32}{49}.$$

Solution de l'exercice type 1 (suite) Lycée Champollion, Grenoble

De plus, $x \in \left[\frac{\pi}{2} ; \pi\right]$ donc $\cos x \leqslant 0$.

Par suite :

$$\cos x = -\sqrt{\frac{32}{49}} = -\frac{4\sqrt{2}}{7}.$$

3 On a :

$$\begin{aligned} A &= \sin(\pi - \alpha) + \cos\left(\frac{\pi}{2} + \alpha\right) - \cos(\pi + \alpha) \\ &= \sin\alpha - \sin\alpha - (-\cos\alpha) \\ &= \cos\alpha. \end{aligned}$$

Voir énoncé page 185

3 Fonctions trigonométriques

Exercice type 2 Lycée François Mauriac, Bordeaux

Soit f la fonction définie par :

$$f(x) = \cos x - \left(1 - \frac{x^2}{2}\right).$$

1 Étudier le sens de variation de la fonction f' sur $\mathbb{R}$ puis en déduire le signe de la fonction f'.

2 En déduire le sens de variation de la fonction f sur $\mathbb{R}$ puis que, pour tout réel x, $1 - \frac{x^2}{2} \leqslant \cos x$.

Voir corrigé page 192

3.1 Dérivées des fonctions sinus et cosinus

Propriétés 6

- La fonction sinus est dérivable sur $\mathbb{R}$ et pour tout nombre réel x, $\sin' x = \cos x$.
- La fonction cosinus est dérivable sur $\mathbb{R}$ et pour tout nombre réel x, $\cos' x = -\sin x$.

3.2 Étude de la fonction sinus

On a $\sin' x = \cos x$.

Or, sur $I = [0\ ;\ \pi]$, $\cos x > 0$ si $x < \frac{\pi}{2}$, $\cos x = 0$ si $x = \frac{\pi}{2}$ et $\cos x < 0$ si $x > \frac{\pi}{2}$. D'où le tableau de variation sur $[0\ ;\ \pi]$:

x	0		$\frac{\pi}{2}$		π
$\sin'$		$+$	0	$-$	
$\sin$	0	↗	1	↘	0

La courbe représentative sur $[0\ ;\ \pi]$, avec sa tangente à l'origine de $x \mapsto \sin x$ est :

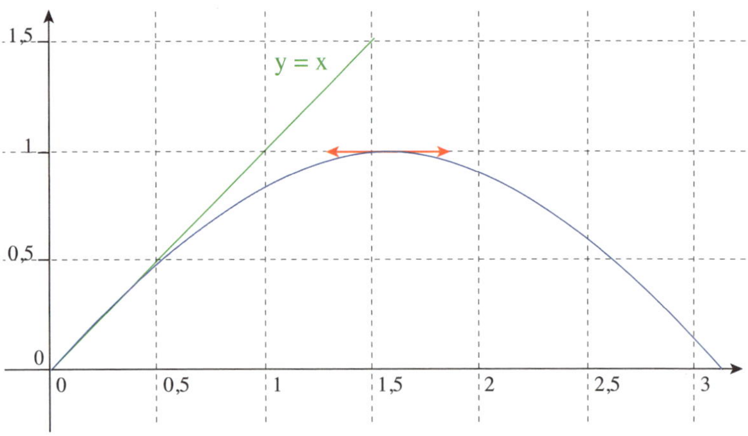

Propriété 7

La fonction $x \mapsto \sin x$ est impaire. Sa représentation graphique est donc symétrique par rapport à l'origine du repère.

De plus, elle est 2π-périodique, donc sa représentation graphique est invariante par toute translation de vecteur $2k\pi\vec{i}$, $k \in \mathbb{Z}$.

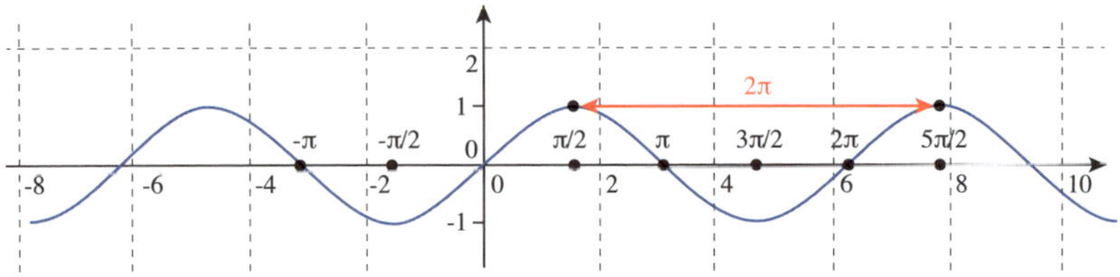

3.3 Étude de la fonction cosinus

Pour tout nombre réel x, $\cos' x = -\sin x$. Or, $\sin x \geqslant 0$ sur $[0\ ;\pi]$, donc la fonction cosinus est décroissante sur $[0\ ;\pi]$.

x	0		π
$\cos'$	0	$-$	0
$\cos$	1	$\searrow$	-1

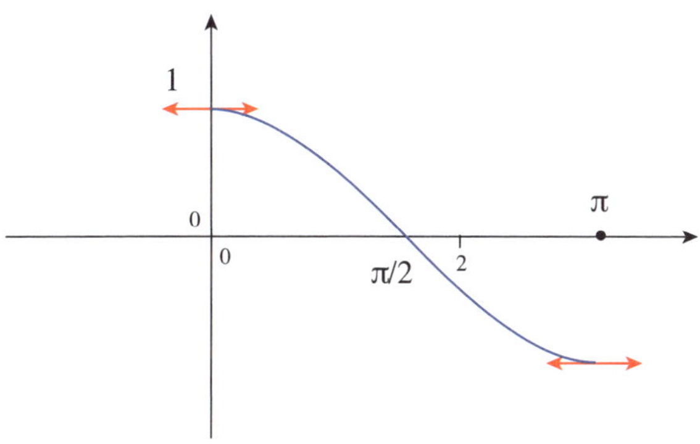

Propriété 8

La fonction $x \mapsto \cos x$ est paire. Sa courbe représentative est donc symétrique par rapport à l'axe des ordonnées.

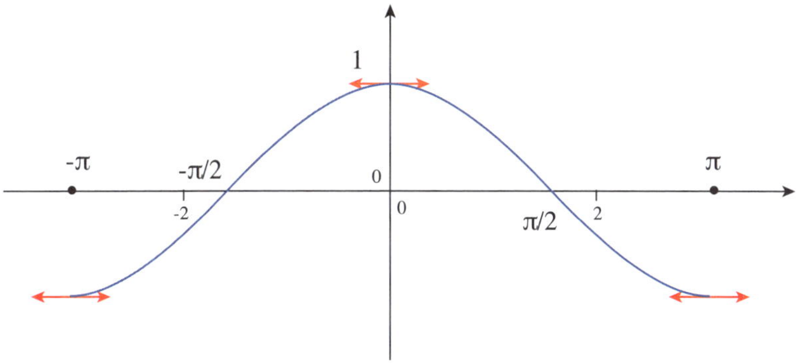

Propriété 9

La fonction $x \mapsto \cos x$ est 2π-périodique, donc sa représentation graphique est invariante par toute translation de vecteur $2k\pi\vec{\imath}$, $k \in \mathbb{Z}$.

Solution de l'exercice type 2

Lycée François Mauriac, Bordeaux

1 Pour tout réel x,

$$\begin{cases} f'(x) & = -\sin x + x, \\ f''(x) & = 1 - \cos x \quad \text{(dérivée de la dérivée).} \end{cases}$$

Comme pour tout réel x, $\cos x \leqslant 1$, on en déduit que $f''(x)$ est positif sur $\mathbb{R}$ et ne s'annule que pour $x = 2k\pi$ où $k \in \mathbb{Z}$.

Il en résulte que la fonction f' est strictement croissante sur $\mathbb{R}$.

Comme $f'(0) = 0$ et f' est strictement croissante sur $\mathbb{R}$, on peut en déduire que f' est strictement négative sur $]-\infty\,;0[$ et strictement positive sur $]0\,;+\infty[$.

2 D'après l'étude du signe de f' obtenu à la question précédente, on en déduit que la fonction f est strictement décroissante sur $]-\infty\,;0[$ et strictement croissante sur $]0\,;+\infty[$.

La fonction f admet un minimum en 0 et ce minimum vaut $f(0) = 0$.

Il en résulte que, pour tout réel x, on a $f(x) \geqslant f(0)$ soit $f(x) \geqslant 0$.

Par conséquent, pour tout réel x, $\cos x - \left(1 - \dfrac{x^2}{2}\right) \geqslant 0$, d'où :

$$1 - \frac{x^2}{2} \leqslant \cos x.$$

Voir énoncé page 189

1 QCM Calculs trigonométriques

10 min Corrigé p. 202

Pour chaque question, trouver la bonne réponse.

1 Si $\cos\alpha = \frac{1}{2}$, alors $\cos(\pi - \alpha)$ est égal à :

a $\frac{1}{2}$ b $-\frac{1}{2}$ c $\frac{\sqrt{3}}{2}$

2 Si $\alpha \in \left[0\,;\,\frac{\pi}{2}\right]$ et si $\sin\alpha = \frac{1}{2}$ alors $\sin\left(\frac{\pi}{2} - \alpha\right)$ vaut :

a $\frac{1}{2}$ b $-\frac{1}{2}$ c $\frac{\sqrt{3}}{2}$

3 Si $\alpha \in \left[-\frac{\pi}{2}\,;\,0\right]$ et si $\cos\alpha = \frac{1}{2}$ alors $\sin\left(\frac{\pi}{2} - \alpha\right)$ vaut :

a $\frac{1}{2}$ b $\frac{\sqrt{3}}{2}$ c $-\frac{\sqrt{3}}{2}$

4 Si $\sin\alpha = \frac{1}{2}$ alors $\sin(\alpha + \pi)$ est égal à :

a $\frac{1}{2}$ b $-\frac{1}{2}$ c $\frac{\sqrt{3}}{2}$

5 Si $\alpha \in \left[\frac{\pi}{2}\,;\,\pi\right]$ et si $\sin\alpha = \frac{1}{2}$ alors $\cos\alpha$ est égal à :

a $\frac{1}{2}$ b $\frac{\sqrt{3}}{2}$ c $-\frac{\sqrt{3}}{2}$

2 QCM Relations entre sin et cos

15 min Corrigé p. 202

Pour chaque question, donner la bonne réponse.
Soit x un réel de l'intervalle $\left]-\frac{\pi}{2}\,;\,\frac{\pi}{2}\right[$.

1 $\cos^2\frac{x}{3} + \sin^2\frac{x}{3} =$

a $\frac{1}{3}$ b $\frac{1}{9}$ c 1

2 On sait que $\sin x = \frac{\sqrt{2} - \sqrt{6}}{4}$. Alors, $\cos x$ est égal à :

a $\frac{\sqrt{6} - \sqrt{2}}{4}$ b $\frac{\sqrt{6} + \sqrt{2}}{4}$

c $\frac{\sqrt{2} - \sqrt{6}}{4}$ d $\frac{-\sqrt{2} - \sqrt{6}}{4}$

COURS INTERROS CORRIGÉS

3 On sait que le réel x de la question précédente prend une des valeurs suivantes. Laquelle ?

a $\dfrac{\pi}{12}$ b $\dfrac{5\pi}{12}$

c $-\dfrac{\pi}{12}$ d $-\dfrac{5\pi}{12}$

4 Pour tout x de $]0\,;\pi[$, on a :

a $\dfrac{1-\cos x}{\sin x}=\dfrac{1+\cos x}{\sin x}$ b $\dfrac{1-\cos x}{\sin x}=\dfrac{\sin x}{1-\cos x}$

c $\dfrac{1-\cos x}{\sin x}=\dfrac{\sin x}{1+\cos x}$ d $\dfrac{1-\cos x}{\sin x}=\dfrac{\sin x}{\cos x-1}$

3 QCM Équations trigonométriques

15 min Corrigé p. 202

Choisir parmi les propositions a, b, c celle qui est correcte.

1 L'équation $\cos x=-1$ a comme solutions :

a $x=k\pi,\ k\in\mathbb{Z}$ b $x=\pi+2k\pi,\ k\in\mathbb{Z}$

c $x=-\dfrac{\pi}{2}+2k\pi,\ k\in\mathbb{Z}$

2 Combien y a-t-il de réels x dans $\left[\dfrac{\pi}{2}\,;\dfrac{3\pi}{2}\right]$ vérifiant $\sin x=\dfrac{\sqrt{2}}{2}$?

a 1 b 0 c 2 d une infinité

3 L'équation $\sin x=-\dfrac{1}{2}$ admet pour ensemble de solutions, avec k entier relatif :

a $\left\{-\dfrac{\pi}{6}+2k\pi\,;\dfrac{7\pi}{6}+2k\pi\right\}$ b $\left\{-\dfrac{\pi}{3}+2k\pi\,;\dfrac{4\pi}{3}+2k\pi\right\}$

c $\left\{\dfrac{\pi}{3}+2k\pi\,;\dfrac{2\pi}{3}+2k\pi\right\}$

4 Dans l'intervalle $[0\,;2\pi]$, l'équation $\sin\left(2x+\dfrac{\pi}{4}\right)=-\sin x$ admet :

a 1 solution b 2 solutions

c 3 solutions d 4 solutions.

4 QCM Propriétés des fonctions trigonométriques

15 min Corrigé p. 204

Pour chaque question, une seule réponse est juste. Choisir la bonne réponse.

1 Une période de la fonction $f : x\mapsto\cos(3x)$ est :

a $\dfrac{2\pi}{3}$ b 3π c $\dfrac{3\pi}{2}$

2 La fonction $k : x \mapsto \cos\left(x + \frac{\pi}{4}\right)$ est :

a paire   b impaire   c ni l'une ni l'autre

3 La fonction $g : x \mapsto \sin 3x$ est :

a paire   b impaire   c ni l'une ni l'autre

4 Une période de la fonction $h : x \mapsto \sin\left(\frac{x+\pi}{4}\right)$ est :

a 2π b $\frac{\pi}{2}$ c 8π

5 QCM Dérivées de fonctions trigonométriques

15 min Corrigé p. 204

Pour chaque question, plusieurs réponses vous sont proposées. Au moins une est juste. Donner toutes les réponses justes.

1 Soit f la fonction définie par $f(x) = \sin\left(2x + \frac{\pi}{4}\right)$.

Alors $f'(x) =$

a $2\cos\left(2x + \frac{\pi}{4}\right)$

b $\cos\left(x + \frac{\pi}{4}\right)$

c $2\cos(2x)$

d $\cos\left(2x + \frac{\pi}{4}\right)$

2 La fonction tangente est définie par $\tan x = \frac{\sin x}{\cos x}$.

Alors, pour tout réel de l'intervalle $\left[0\,;\frac{\pi}{2}\right[$, $\tan' x =$

a $-\frac{\cos x}{\sin x}$ b $\frac{1}{\cos^2 x}$

c $1 + \tan^2 x$ d $\frac{1}{\sin^2 x}$

3 Soit f la fonction définie par $f(x) = \frac{1 - \sin x}{\cos x}$.

Alors $f'(x) =$

a $\frac{\sin x}{\cos^2 x}$ b $\frac{1 + \cos x}{\cos^2 x}$

c $\frac{\sin x - 1}{1 - \sin^2 x}$ d $\frac{1 + \sin^2 x}{1 - \sin^2 x}$

COURS INTERROS CORRIGÉS

4 Soient f et g deux fonctions définies sur $\mathbb{R}$ par $f(x) = \sin 2x$ et $g(x) = 2x$. Les courbes représentatives des fonctions f et g ont des tangentes communes en :

a aucun point

b un point

c deux points

d une infinité de points

Trigonométrie

6 Identité trigonométrique ★ 5 min

Corrigé p. 205

Lycée Stanislas, Paris

Montrer que pour tout réel x :

$$(\cos x + \sin x)^2 + (\cos x - \sin x)^2 = 2$$

7 Une équation trigonométrique ★ 10 min

Corrigé p. 206

Lycée Louis-le-Grand, Paris

Calculer $\sin x$ et $\cos x$ sachant que l'on a :

$$3 \sin x + 4 \cos x = 5.$$

Indication : On pourra utiliser la relation $\cos^2 x + \sin^2 x = 1$.

8 Simplification d'une somme ★ 10 min

Corrigé p. 206

Lycée Charlemagne, Paris

Exprimer en fonction de $\sin x$ et de $\cos x$:

$$A = \sin\left(\frac{\pi}{2} - x\right) + \cos(5\pi - x) + \sin\left(\frac{3\pi}{2} + x\right) + \cos\left(\frac{3\pi}{2} - x\right).$$

9 Inéquation associée à une équation ★ 15 min

Corrigé p. 207

Lycée Jean-Pierre Vernant, Pins-Justaret

Résoudre dans l'intervalle $]-\pi\,;\pi[$:

1 $2\sin^2 x + \left(2 - \sqrt{3}\right)\sin x - \sqrt{3} = 0.$

2 $2\sin^2 x + \left(2 - \sqrt{3}\right)\sin x - \sqrt{3} \leqslant 0.$

Aide : $\left(2 + \sqrt{3}\right)^2 = 7 + 4\sqrt{3}.$

10 Équation

★ 15 min Corrigé p. 208

Lycée Sophie Germain, Paris

1. Résoudre dans $\mathbb{R}$ l'équation : $2\cos^2 x + \cos x - 1 = 0$.
2. Représenter les solutions sur le cercle trigonométrique.

11 Équation trigonométrique

★★ 5 min Corrigé p. 208

Lycée Claude Monet, Paris

Résoudre l'équation suivante :

$$\sin 2x = \cos \frac{x}{2}.$$

12 Équations trigonométriques

★★ 10 min Corrigé p. 209

Lycée Delacroix, Maisons-Alfort

Résoudre dans $\mathbb{R}$:

1. $\sin\left(x + \frac{\pi}{4}\right) = \cos\left(\frac{\pi}{4} - x\right)$.
2. $\sin\left(2x - \frac{\pi}{3}\right) = \sin\left(3x + \frac{\pi}{2}\right)$.

13 En utilisant le carré

★★ 15 min Corrigé p. 210

Lycée Honoré de Balzac, Paris

On veut résoudre l'équation (E) : $\sqrt{3}\cos x = \sin x$ dans $[0\,;2\pi[$.

1. Démontrer que si x est solution de l'équation (E), alors x est aussi solution de l'équation $\cos^2 x = \frac{1}{4}$.
2. Résoudre l'équation $\cos^2 x = \frac{1}{4}$ dans $[0\,;2\pi[$.
3. Expliquer pourquoi $\cos x$ et $\sin x$ doivent avoir le même signe.
4. En déduire les solutions de l'équation (E).

14 Calcul d'une somme

★★ 20 min Corrigé p. 210

Lycée Saint-Martin, Pontoise

Calculer :

$$E = \cos^2\frac{\pi}{12} + \cos^2\frac{3\pi}{12} + \cos^2\frac{5\pi}{12} + \cos^2\frac{7\pi}{12} + \cos^2\frac{9\pi}{12} + \cos^2\frac{11\pi}{12}$$

en justifiant le résultat proposé.

COURS INTERROS CORRIGÉS

15 Équations et inéquations ★★ 25 min Corrigé p. 211

Lycée Buffon, Paris

1 Résoudre dans $\mathbb{R}$, puis dans $I = [-\pi\ ;\ \pi]$, l'inéquation :

$$\sin\left(3x - \frac{\pi}{6}\right) \geqslant \frac{1}{2}.$$

2 Résoudre dans $\mathbb{R}$, puis dans $J = [-\pi\ ;\ 3\pi]$, l'équation :

$$2\cos^2 x + 3\cos x + 1 = 0.$$

16 Équation trigonométrique ★★ 30 min Corrigé p. 212

Lycée Jacques Monod, Clamart

Soit la fonction numérique f définie sur $\mathbb{R}$ par :

$$f(x) = 1 - 8\cos x - 4\cos 2x.$$

On admet que pour tout réel x,

$$\cos(2x) = 2\cos^2 x - 1.$$

1 Vérifier que, pour tout réel x, $f(x) = -8\cos^2 x - 8\cos x + 5$.

2 En déduire la résolution par le calcul de l'équation $f(x) = -1$ dans $\mathbb{R}$.
Aide : on posera $X = \cos x$.

17 Calcul de cos $(\pi/12)$ ★★ 30 min Corrigé p. 213

Lycée Alexandre Dumas, Saint-Cloud

Les questions 1, 2 et 3 sont indépendantes.

1 Résoudre dans $]-\pi\ ;\ \pi]$ l'équation $2\cos(4x) - 1 = 0$.

2 On rappelle la relation vraie pour tout réel a : $\cos(2a) = 2\cos^2(a) - 1$.
En remarquant que $\cos(4a) = \cos(2(2a))$, démontrer que :

$$\cos(4x) = 8\cos^4 x - 8\cos^2 x + 1.$$

3 Soit P la fonction définie sur $\mathbb{R}$ par $P(x) = 16x^4 - 16x^2 + 1$.
Résoudre l'équation $P(x) = 0$. (On pourra poser $X = x^2$)

4 Démontrer que pour tout réel x, $P(x) = 2(8x^4 - 8x^2 + 1) - 1$.

5 Utiliser les résultats des questions 2 et 4 pour calculer l'image par P de $\cos\left(\frac{\pi}{12}\right)$.

6 Déduire alors de la question 3 la valeur exacte de $\cos\left(\frac{\pi}{12}\right)$.

7 Calculer également les images par P de $\cos\left(\frac{5\pi}{12}\right)$, $\cos\left(\frac{7\pi}{12}\right)$ et $\cos\left(\frac{11\pi}{12}\right)$, puis en déduire les valeurs exactes de ces nombres.

18 À la découverte d'un sinus

★★★ 20 min Corrigé p. 214

Lycée Gustave Eiffel, Bordeaux

Dans un manuel de trigonométrie avancée, on peut lire la formule suivante :

$$\sin(5x) = 16\sin^5 x - 20\sin^3 x + 5\sin x. \qquad (6)$$

1 Résoudre dans $\mathbb{R}$ l'équation : $16X^2 - 20X + 5 = 0$.

2 En prenant $x = \frac{\pi}{5}$, que donne la formule (6) ?

3 En déduire la valeur de $\sin\frac{\pi}{5}$.

4 En déduire la valeur de $\cos\frac{\pi}{5}$.

5 **(a)** Montrer que $4\cos^2\frac{\pi}{5} - 2\cos\frac{\pi}{5} - 1 = 0$.

(b) En déduire une écriture plus simple de $\cos\frac{\pi}{5}$.

Fonctions trigonométriques

19 Fonction dérivée

★ 15 min Corrigé p. 216

Lycée Jean-Pierre Vernant, Pins-Justaret

Calculer la dérivée des fonctions suivantes en précisant leur ensemble de définition.

1 $f(x) = 2\sin(8x) - 5\cos\left(7x - \frac{\pi}{3}\right)$.

2 $h(x) = \frac{\sin x}{\cos x}$.

20 Axe de symétrie

★★ 20 min Corrigé p. 216

Lycée Hoche, Versailles

On considère la fonction f définie sur $\mathbb{R}$ par : $f(x) = 1 + \sin x - \frac{1}{2}\cos(2x)$.

1 Prouver que f est périodique sur $\mathbb{R}$.

2 Établir les variations de f sur $[-\pi\ ;\pi]$ puis construire la courbe de f sur l'intervalle $[-\pi\ ;\pi]$.

On utilisera l'égalité : $\forall x \in \mathbb{R}$,
$\sin(2x) = 2\sin x\cos x$.

3 Démontrer que les fonctions f et f^2 ont les mêmes variations sur $\mathbb{R}$.

COURS INTERROS CORRIGÉS

21 Deux fonctions trigonométriques ★★ 20 min

Corrigé p. 217

Lycée Le Corbusier, Poissy

On donne :

$$f(x) = \frac{\sin x}{1+\cos x} \qquad \text{et} \qquad g(x) = \frac{1-\cos x}{\sin x}.$$

Prouver que $f \neq g$.

Prouver que les restrictions de f et g à $\mathbb{R} \setminus \{k\pi, k \in \mathbb{Z}\}$ sont égales.

22 Aire maximale ★★ 25 min

Corrigé p. 218

Lycée La Bruyère, Versailles

Les parents d'Amélie utilisent un paravent à trois panneaux pour cacher un tas de vieilleries dans leur garage.

Le paravent est déplié contre un mur de la façon suivante :

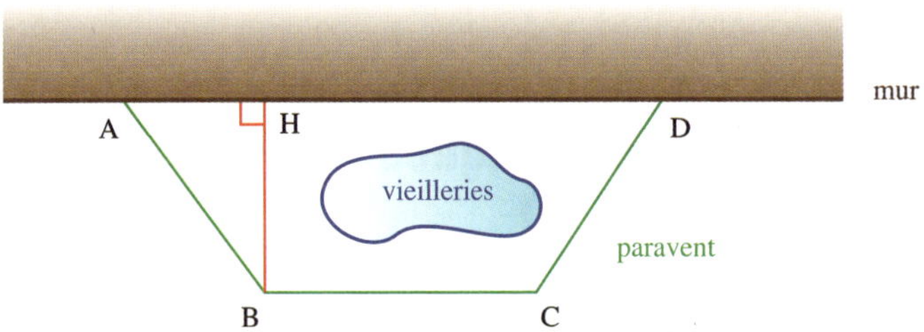

Les trois panneaux du paravent sont de même longueur. Le quadrilatère ABCD est un trapèze isocèle. On pose AB = BC = CD = 1, et on appelle x la mesure en radians de l'angle $\widehat{BAD}$ comprise entre 0 et $\frac{\pi}{2}$.

1 Exprimer la longueur AD ainsi que la hauteur BH en fonction de x.

2 **(a)** Montrer que l'aire disponible derrière le paravent est égale en fonction de x à :

$$A(x) = (1+\cos x)\sin x.$$

(b) Montrer que pour tout $x \in \left[0\,;\frac{\pi}{2}\right]$,

$$A'(x) = 2\left(\cos x - \frac{1}{2}\right)(1+\cos x).$$

(c) À l'aide du cercle trigonométrique, résoudre dans l'intervalle $\left[0\,;\frac{\pi}{2}\right]$ l'inéquation $\cos x \geqslant \frac{1}{2}$.

(d) En déduire le sens de variation de la fonction A sur $\left[0\,;\frac{\pi}{2}\right]$.

(e) Quelle est l'aire maximale de la zone que l'on peut cacher ainsi avec ce paravent, et comment faut-il l'installer ?

23 Établir un encadrement

★★★ 30 min Corrigé p. 219

Lycée Notre-Dame-du-Grandchamp, Versailles

1 On désigne par g la fonction numérique définie sur $[0 ; \pi]$ par :

$$g(x) = x\cos x - \sin x.$$

Étudier g et dresser son tableau de variation.
En déduire le signe de $g(x)$ sur $[0 ; \pi]$.

2 Soit f la fonction numérique définie sur $[0 ; \pi]$ par :

$$\begin{cases} f(0) = 1 \\ f(x) = \dfrac{\sin x}{x} \quad , \quad x \in]0 ; \pi] \end{cases}$$

Calculer $\lim\limits_{x \to 0} f(x)$ puis étudier les variations de f.

3 Prouver que, pour tout nombre réel $x \geqslant 0$, on a :

$$0 \leqslant x - \sin x \leqslant \frac{x^3}{6}.$$

Aide : pour cela, on introduira la fonction φ définie sur $[0 ; +\infty[$ par $\varphi(x) = \sin x - x + \dfrac{x^3}{6}$. On calculera les dérivées φ', φ'' et φ''' et on en déduira le signe de $\varphi(x)$.

COURS INTERROS CORRIGÉS

1 QCM Calculs trigonométriques

Enoncé p. 193

1 Réponse **b**. On a $\cos(\pi - \alpha) = -\cos\alpha = -\frac{1}{2}$.

2 Réponse **c**. On a $\sin\left(\frac{\pi}{2} - \alpha\right) = \cos\alpha$. Comme $\alpha \in \left[0\,;\,\frac{\pi}{2}\right]$, $\cos\alpha$ est positif et $\cos\alpha = \sqrt{1 - \sin^2\alpha} = \sqrt{\frac{3}{4}} = \frac{\sqrt{3}}{2}$.

3 Réponse **a**. On a $\sin\left(\frac{\pi}{2} - \alpha\right) = \cos\alpha = \frac{1}{2}$.

4 Réponse **b**. On a $\sin(\pi + \alpha) = -\sin\alpha = -\frac{1}{2}$.

5 Réponse **c**. Si $\alpha \in \left[\frac{\pi}{2}; \pi\right]$, alors $\cos\alpha \leqslant 0$.

Donc $\cos\alpha = -\sqrt{1 - \sin^2\alpha} = -\frac{\sqrt{3}}{2}$.

2 QCM Relations entre sin et cos

Enoncé p. 193

1 Réponse **c**. C'est le cours !

2 Réponse **b**. Comme x appartient à $\left]-\frac{\pi}{2}\,;\,\frac{\pi}{2}\right]$, on sait que $\cos x \geqslant 0$, ce qui élimine les réponses **c** et **d**. D'autre part, dans cet intervalle, $\cos x = -\sin x$ uniquement pour $\sin x = -\frac{\sqrt{2}}{2}$, ce qui n'est pas le cas ici. Donc la réponse **a** ne convient pas non plus. Il ne reste donc plus que la réponse **b**.

3 Réponse **c**. Le sinus est négatif, le cosinus positif, donc x appartient à $\left]-\frac{\pi}{2}\,;0\right]$. D'autre part, le cosinus est supérieur à $\frac{\sqrt{2}}{2}$, donc x est compris entre $-\frac{\pi}{4}$ et 0. On trouve donc que $x = -\frac{\pi}{12}$.

4 Réponse **c**. En calculant les produits en croix, on obtient en effet pour la réponse **c** l'égalité $1 - \cos^2 x = \sin^2 x$.

3 QCM Équations trigonométriques

Enoncé p. 194

MÉTHODE

Pour résoudre une équation trigonométrique, il est utile de tracer le cercle trigonométrique et se repérer par rapport aux valeurs données dans le cours.

1 Réponse **b**.

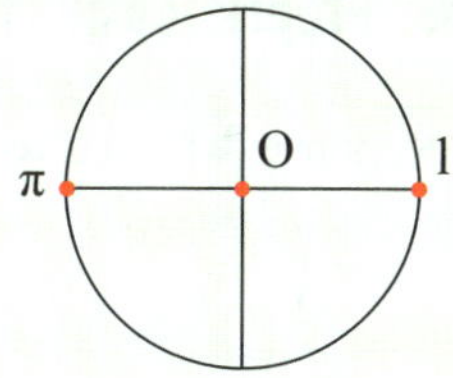

2 Réponse **a**.

Il s'agit du réel $x = \dfrac{3\pi}{4}$.

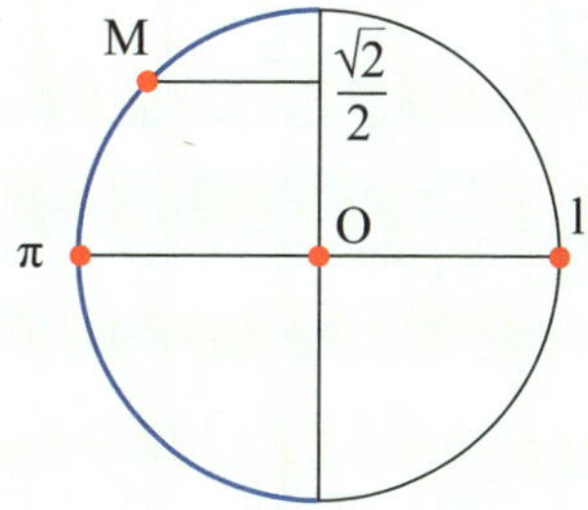

3 Réponse **a**.

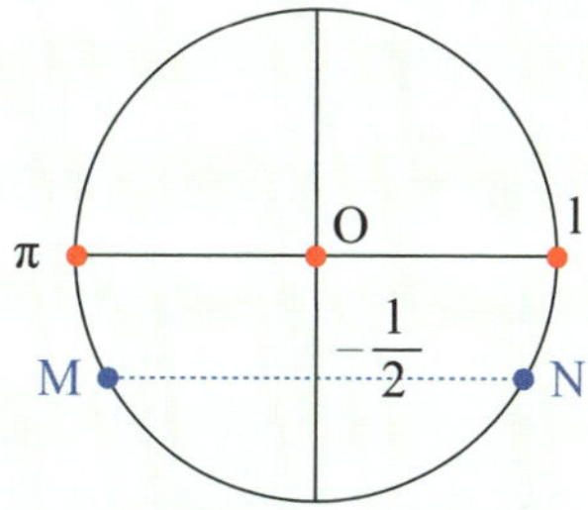

4 Réponse **d**. Comme $-\sin x = \sin(-x)$, l'équation équivaut à :

$$\sin\left(2x + \frac{\pi}{4}\right) = \sin(-x).$$

D'après le cours, on sait que les solutions de cette équation sont tous les réels x vérifiant :

$$2x + \frac{\pi}{4} = -x + 2k\pi$$

ou

$$2x + \frac{\pi}{4} = \pi - (-x) + 2k\pi, \quad \text{avec } k \in \mathbb{Z}.$$

La première équation donne $x = -\dfrac{\pi}{12} + \dfrac{2k\pi}{3}$, avec $k \in \mathbb{Z}$.

Il y a donc 3 solutions dans $[0\,;\,2\pi]$:

$$-\frac{\pi}{12} \quad , \quad -\frac{\pi}{12} + \frac{2\pi}{3} = \frac{7\pi}{12} \quad \text{et} \quad -\frac{\pi}{12} + \frac{4\pi}{3} = \frac{15\pi}{12}.$$

La seconde équation donne :

$$x = \frac{3\pi}{4} + 2k\pi, \quad k \in \mathbb{Z}.$$

Il y a donc une seule solution dans $[0\,;\,2\pi]$, et elle n'est pas confondue avec les solutions précédentes.

Il y a donc au total 4 solutions.

COURS
INTERROS
CORRIGÉS

4 QCM Propriétés des fonctions trigonométriques

Enoncé p. 194

1 Réponse **a**. En effet, pour tout x réel,

$$f\left(x+\frac{2\pi}{3}\right)=\cos\left[3\left(x+\frac{2\pi}{3}\right)\right]=\cos(3x+2\pi)=\cos 3x.$$

2 Réponse **c**. En effet, $k(-x)=\cos\left(-x+\frac{\pi}{4}\right)$, donc $k(-x)\neq k(x)$ (ce qui signifie que k n'est pas paire), et $k(-x)\neq -k(x)$ (ce qui signifie que k n'est pas non plus impaire).

3 Réponse **b**. En effet, pour tout réel x,

$$g(-x)=\sin(3(-x))=\sin(-3x)=-3\sin x=-g(x).$$

Donc g est impaire.

4 Réponse **c**. En effet, pour tout réel x,

$$\begin{aligned}h(x+8\pi)&=\sin\left(\frac{x+8\pi+\pi}{4}\right)\\&=\sin\left(\frac{x+\pi}{4}+\frac{8\pi}{4}\right)\\&=\sin\left(\frac{x+\pi}{4}+2\pi\right)\\&=\sin\left(\frac{x+\pi}{4}\right)\\&=h(x).\end{aligned}$$

Remarque : pour les questions 1 et 3, on a trouvé une période, mais on n'a pas montré que c'était la plus petite.

5 QCM Dérivées de fonctions trigonométriques

Enoncé p. 195

1 La réponse **a** est juste par application de la formule du cours. Les réponses **b**, **c** et **d** sont fausses car il n'y a pas égalité entre ces propositions et la première.

2 Les réponses **b** et **c** sont correctes.

$$\left(\frac{\sin x}{\cos x}\right)'=\frac{\cos^2 x+\sin^2 x}{\cos^2 x}=\frac{1}{\cos^2 x}=1+\tan^2 x.$$

La réponse **a** est fausse. Pour s'en convaincre, il suffit de prendre par exemple $x=\frac{\pi}{2}$, et de calculer :

$$-\frac{\cos\frac{\pi}{2}}{\sin\frac{\pi}{2}}=-\frac{0}{1}=0.$$

On obtient une valeur finie alors que $x = \frac{\pi}{2}$ n'admet pas d'image par la fonction $x \mapsto \frac{1}{\cos^2 x}$, ce qui justifie que $\frac{1}{\cos^2 x} \neq -\frac{\cos x}{\sin x}$.
On démontre de même que la réponse **d** est aussi fausse.

3 La réponse **c** est la bonne. En effet, f est de la forme $\frac{u}{v}$ avec :

$$u(x) = 1 - \sin x \qquad v(x) = \cos x$$
$$u'(x) = -\cos x \qquad v'(x) = -\sin x$$

Donc :

$$\begin{aligned} f'(x) &= \frac{u'v - uv'}{v^2}(x) \\ &= \frac{-\cos^2 x - (-\sin x)(1 - \sin x)}{\cos^2 x} \\ &= \frac{-\cos^2 x + \sin x - \sin^2 x}{1 - \sin^2 x} \\ &= \frac{-(\cos^2 x + \sin^2 x) + \sin x}{1 - \sin^2 x} \\ &= \frac{-1 + \sin x}{1 - \sin^2 x}. \end{aligned}$$

4 La réponse **b** est correcte. Pour que les deux courbes aient la même tangente au point d'abscisse x, il faut que les dérivées des fonctions soient égales donc que $2\cos 2x = 2$, ou encore que $\cos 2x = 1$.
Donc $2x = 2k\pi$, $k \in \mathbb{Z}$, soit $x = k\pi$, $k \in \mathbb{Z}$.
Mais il faut aussi que pour ces valeurs de x, les deux courbes aient un point commun, c'est-à-dire que $\sin(2k\pi) = 2k\pi$, il faut donc que $-1 \leq 2k\pi \leq 1$. La seule valeur de k qui convient est $k = 0$. Les courbes représentatives ont donc une tangente commune en un point.

6 Identité trigonométrique

Enoncé p. 196

Lycée Stanislas, Paris

Il suffit de développer :

$$\begin{aligned} (\cos x + \sin x)^2 + (\cos x - \sin x)^2 &= \cos^2 x + 2\cos x \times \sin x + \sin^2 x \\ &\quad + \cos^2 x - 2\cos x \times \sin x + \sin^2 x \\ &= 2(\cos^2 x + \sin^2 x) \\ &= 2 \quad \text{car} \quad \cos^2 x + \sin^2 x = 1. \end{aligned}$$

7 Une équation trigonométrique

Enoncé p. 196

Lycée Louis-le-Grand, Paris

$$3\sin x + 4\cos x = 5 \iff \sin x = \frac{5-4\cos x}{3}.$$

Utilisons ce résultat dans l'expression $\cos^2 x + \sin^2 x = 1$.
Comme $\cos^2 x + \sin^2 x = 1$, alors :

$$\begin{aligned} & \cos^2 x + \frac{(5-4\cos x)^2}{9} = 1 \\ \text{soit} \quad & 9\cos^2 x + 25 - 40\cos x + 16\cos^2 x = 9 \\ \text{soit} \quad & 25\cos^2 x - 40\cos x + 16 = 0 \\ \text{soit} \quad & (5\cos x - 4)^2 = 0 \\ \text{d'où :} \quad & \cos x = \frac{4}{5}. \end{aligned}$$

Par suite :

$$\sin x = \frac{5 - 4\times\frac{4}{5}}{3} = \frac{5-\frac{16}{5}}{3} = \frac{9}{15} = \frac{3}{5}.$$

8 Simplification d'une somme

Enoncé p. 196

Lycée Charlemagne, Paris

- $5\pi - x = 4\pi + \pi - x$ donc $\cos(5\pi - x) = \cos(\pi - x)$.
- $\frac{3\pi}{2} = \frac{4\pi}{2} - \frac{\pi}{2} = 2\pi - \frac{\pi}{2}$ donc :

$$\sin\left(\frac{3\pi}{2} + x\right) = \sin\left(-\frac{\pi}{2} + x\right)$$

et

$$\cos\left(\frac{3\pi}{2} - x\right) = \cos\left(-\frac{\pi}{2} - x\right).$$

On a alors :

$$\begin{aligned} A &= \sin\left(\frac{\pi}{2} - x\right) + \cos(5\pi - x) + \sin\left(\frac{3\pi}{2} + x\right) + \cos\left(\frac{3\pi}{2} - x\right) \\ &= \cos x + \cos(\pi - x) + \sin\left(-\frac{\pi}{2} + x\right) + \cos\left(-\frac{\pi}{2} - x\right) \\ &= \cos x - \cos x - \sin\left(\frac{\pi}{2} - x\right) + \cos\left(\frac{\pi}{2} + x\right) \\ &= \cos x - \cos x - \cos x - \sin x \\ &= -\cos x - \sin x. \end{aligned}$$

9 Inéquation associée à une équation

Enoncé p. 196

Lycée Jean-Pierre Vernant, Pins-Justaret

On pose $X = \sin x$.

1 Le polynôme $2X^2+\left(2-\sqrt{3}\right)X-\sqrt{3}$ a pour discriminant $7+4\sqrt{3}$, que l'on factorise sous la forme $\left(2+\sqrt{3}\right)^2$ (en utilisant l'aide de l'énoncé).

L'équation $2X^2+\left(2-\sqrt{3}\right)X-\sqrt{3}=0$ admet donc deux solutions : $X=-1$ et $X=\dfrac{\sqrt{3}}{2}$.

L'équation $2\sin^2 x+\left(2-\sqrt{3}\right)\sin x-\sqrt{3}=0$ équivaut donc à :

$$\sin x = -1 \qquad \text{ou} \qquad \sin x = \frac{\sqrt{3}}{2}.$$

Dans l'intervalle $]-\pi\,;\pi[$, $\sin x=-1$ pour $x=-\dfrac{\pi}{2}$, et $\sin x=\dfrac{\sqrt{3}}{2}$ pour $x=\dfrac{\pi}{3}$ ou $x=\dfrac{2\pi}{3}$.

L'équation admet donc trois solutions dans $]-\pi\,;\pi[$: $-\dfrac{\pi}{2}$, $\dfrac{\pi}{3}$ et $\dfrac{2\pi}{3}$.

2 Grâce aux calculs de la question 1, on connaît les racines de l'expression $2X^2+\left(2-\sqrt{3}\right)X-\sqrt{3}$.

Comme le coefficient de X^2 est positif, on sait que cette expression est inférieure ou égale à 0 lorsque X est compris entre les racines, c'est-à-dire : $-1 \leqslant X \leqslant \dfrac{\sqrt{3}}{2}$.

En revenant à la variable x, cela donne : $-1 \leqslant \sin x \leqslant \dfrac{\sqrt{3}}{2}$.

Le cercle trigonométrique montre que les solutions dans $]-\pi\,;\pi[$ de cette double inéquation sont tous les réels x tels que :

$$x \in \left]-\pi\,;\frac{\pi}{3}\right] \cup \left[\frac{2\pi}{3}\,;\pi\right[.$$

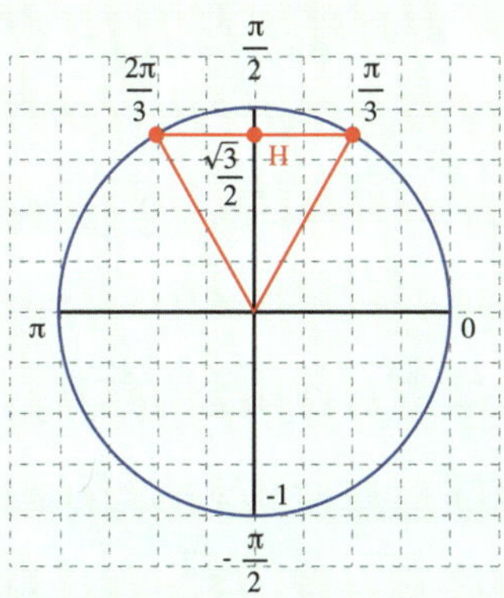

10 Équation

Enoncé p. 197

Lycée Sophie Germain, Paris

1 On pose $X = \cos x$ et on résout l'équation du second degré en X : $2X^2 + X - 1 = 0$. Le discriminant de l'équation vaut 9, et on trouve deux solutions : $X_1 = \frac{1}{2}$ et $X_2 = -1$.
L'équation en x équivaut donc à :

$$\cos x = -1 \iff x = \pi + 2k\pi, \quad k \in \mathbb{Z},$$

ou

$$\cos x = \frac{1}{2} \iff x = \frac{\pi}{3} + k2\pi \text{ ou } x = -\frac{\pi}{3} + 2k\pi, \quad k \in \mathbb{Z}.$$

L'équation admet donc comme solutions tous les réels de la forme $\pi + k2\pi$, $\frac{\pi}{3} + k2\pi$, $-\frac{\pi}{3} + k2\pi$ où k décrit $\mathbb{Z}$.

2 Les solutions correspondent aux points A, B et C représentés ci-contre.

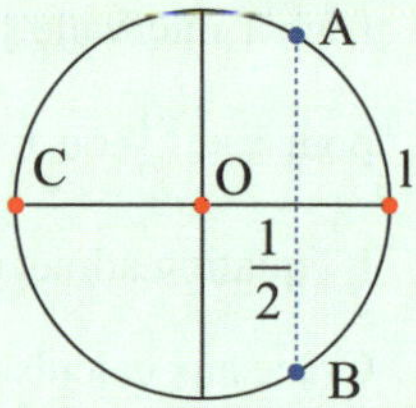

11 Équation trigonométrique

Enoncé p. 197

Lycée Claude Monet, Paris

Pour l'équation :

$$\sin 2x = \cos \frac{x}{2},$$

comme on a, en utilisant successivement deux formules du cours :
$\sin X = \cos\left(\frac{\pi}{2} - X\right) = \cos\left(X - \frac{\pi}{2}\right)$,

une solution consiste à écrire, en remplaçant X par $2x$:

$$\sin 2x = \cos\left(2x - \frac{\pi}{2}\right)$$

On obtient alors :

$$\cos\left(2x - \frac{\pi}{2}\right) = \cos \frac{x}{2}$$

d'où :

$$2x - \frac{\pi}{2} = \frac{x}{2} + 2k\pi,$$

ou

$$2x - \frac{\pi}{2} = -\frac{x}{2} + 2k\pi, \qquad k \in \mathbb{Z},$$

soit :

$$\frac{3}{2}x = \frac{\pi}{2} + 2k\pi,$$

ou

$$\frac{5}{2}x = \frac{\pi}{2} + 2k\pi, \qquad k \in \mathbb{Z},$$

soit finalement :

$$x = \frac{\pi}{3} + 4k\frac{\pi}{3},$$

ou

$$x = \frac{\pi}{5} + 4k\frac{\pi}{5} \qquad k \in \mathbb{Z}$$

12 Équations trigonométriques

Enoncé p. 197

Lycée Delacroix, Maisons-Alfort

1 On remarque que :

$$\frac{\pi}{4} - x = \frac{\pi}{2} - \left(x + \frac{\pi}{4}\right)$$

et d'après la formule :

$$\cos\left(\frac{\pi}{2} - a\right) = \sin a.$$

On a donc pour tout x :

$$\cos\left(\frac{\pi}{4} - x\right) = \sin\left(x + \frac{\pi}{4}\right).$$

Ainsi,

$$S = \mathbb{R}.$$

2 $\sin a = \sin b$ équivaut à :

$$a = b + 2k\pi,$$

ou

$$a = \pi - b + 2k\pi, \quad k \in \mathbb{Z},$$

$$2x - \frac{\pi}{3} = 3x + \frac{\pi}{2} + 2k\pi,$$

ou

$$2x - \frac{\pi}{3} = \pi - 3x - \frac{\pi}{2} + 2k\pi, \qquad k \in \mathbb{Z}.$$

On obtient donc :

$$x = -\frac{\pi}{3} - \frac{\pi}{2} + 2k\pi,$$

ou

$$5x = \frac{\pi}{3} + \pi - \frac{\pi}{2} + 2k\pi, \qquad k \in \mathbb{Z},$$

soit encore :

$$x = -\frac{5\pi}{6} + 2k\pi,$$

ou

$$x = \frac{\pi}{6} + 2k\frac{\pi}{5}, \qquad k \in \mathbb{Z},$$

ce qui donne l'ensemble des solutions.

13 En utilisant le carré

Enoncé p. 197

Lycée Honoré de Balzac, Paris

1 Si $\sqrt{3}\cos x = \sin x$, alors en élevant les deux membres au carré, on obtient : $3\cos^2 x = \sin^2 x$, et comme $\sin^2 x = 1 - \cos^2 x$, on obtient : $4\cos^2 x = 1$. Par conséquent, x est bien solution de $\cos^2 x = \frac{1}{4}$.

2 $\cos^2 x = \frac{1}{4} \Longleftrightarrow \cos x = -\frac{1}{2}$ ou $\cos x = \frac{1}{2}$.

Cette équation a donc 4 solutions dans $[0\,;2\pi[$: $\frac{\pi}{3}$, $\frac{2\pi}{3}$, $\frac{4\pi}{3}$ et $\frac{5\pi}{3}$.

3 Comme $\sqrt{3}\cos x = \sin x$, il est clair que $\cos x$ et $\sin x$ ont le même signe.

4 Parmi les 4 valeurs trouvées dans la question 2, seules $\frac{\pi}{3}$ et $\frac{4\pi}{3}$ ont un cosinus et un sinus de même signe. De plus, il est immédiat de contrôler que ces deux valeurs sont solutions de l'équation (E). En effet, on a bien : $\sqrt{3}\cos\frac{\pi}{3} = \frac{\sqrt{3}}{2} = \sin\frac{\pi}{3}$ et $\sqrt{3}\cos\frac{4\pi}{3} = -\frac{\sqrt{3}}{2} = \sin\frac{4\pi}{3}$.

14 Calcul d'une somme

Enoncé p. 197

Lycée Saint-Martin, Pontoise

L'astuce dans cet exercice, avant de se lancer dans d'interminables calculs de développements, est de noter qu'en disposant les paramètres des fonctions $\cos^2$ en couples, comme ci-dessous :

$$\frac{\pi}{12}\cdots\frac{7\pi}{12}, \qquad \frac{3\pi}{12}\cdots\frac{9\pi}{12}, \qquad \frac{5\pi}{12}\cdots\frac{11\pi}{12}$$

alors il vient les relations suivantes :

$$\frac{7\pi}{12} = \frac{\pi}{12} + \frac{\pi}{2}, \qquad \frac{9\pi}{12} = \frac{3\pi}{12} + \frac{\pi}{2}, \qquad \frac{11\pi}{12} = \frac{5\pi}{12} + \frac{\pi}{2}$$

Ayant de plus :

$$\cos\left(a + \frac{\pi}{2}\right) = -\sin a\ ,$$

on obtient alors :

$$\cos^2\frac{7\pi}{12} = \cos^2\left(\frac{\pi}{12}+\frac{\pi}{2}\right) = \sin^2\frac{\pi}{12}$$

$$\cos^2\frac{9\pi}{12} = \cos^2\left(\frac{3\pi}{12}+\frac{\pi}{2}\right) = \sin^2\frac{3\pi}{12}$$

$$\cos^2\frac{11\pi}{12} = \cos^2\left(\frac{5\pi}{12}+\frac{\pi}{2}\right) = \sin^2\frac{5\pi}{12}$$

ce qui donne :

$$E = \cos^2\frac{\pi}{12}+\sin^2\frac{\pi}{12}+\cos^2\frac{3\pi}{12}+\sin^2\frac{3\pi}{12}+\cos^2\frac{5\pi}{12}+\sin^2\frac{5\pi}{12}$$

soit finalement :

$$E = 3.$$

15 Équations et inéquations

Enoncé p. 198

Lycée Buffon, Paris

1 D'après le cercle trigonométrique,

$$\sin X \geqslant \frac{1}{2} \text{ pour } \frac{\pi}{6}+2k\pi \leqslant X \leqslant \frac{5\pi}{6}+2k\pi \quad , \quad k\in\mathbb{Z}.$$

Cela signifie que :

$$\begin{aligned}\sin\left(3x-\frac{\pi}{6}\right) \geqslant \frac{1}{2} &\Leftrightarrow \frac{\pi}{6}+2k\pi \leqslant 3x-\frac{\pi}{6} \leqslant \frac{5\pi}{6}+2k\pi\\ &\Leftrightarrow \frac{\pi}{3}+2k\pi \leqslant 3x \leqslant \pi+2k\pi\\ &\Leftrightarrow \frac{\pi}{9}+\frac{2k\pi}{3} \leqslant x \leqslant \frac{\pi}{3}+\frac{2k\pi}{3}.\end{aligned}$$

Si l'on ne veut que les solutions dans $[-\pi\ ;\pi]$, les valeurs extrêmes que l'on peut prendre pour k vérifient : $-\pi \leqslant \frac{\pi}{9}+\frac{2k\pi}{3}$, c'est-à-dire $-\frac{5}{3} \leqslant k$, et comme k est entier, $-1 \leqslant k$, et : $\frac{\pi}{3}+\frac{2k\pi}{3} \leqslant \pi$, soit $k \leqslant 1$.
k peut donc prendre les valeurs -1, 0 et 1.
L'ensemble solution est donc :

$$S = \left[-\frac{5\pi}{9}\ ;-\frac{\pi}{3}\right] \cup \left[\frac{\pi}{9}\ ;\frac{\pi}{3}\right] \cup \left[\frac{7\pi}{9}\ ;\pi\right].$$

2 On pose $X = \cos x$. L'équation devient alors : $2X^2+3X+1=0$.
Le discriminant est égal à 1 ; l'équation admet donc deux solutions : $X=-1$ et $X=-\frac{1}{2}$.

Alors, l'équation $2\cos^2 x + 3\cos x + 1 = 0$ équivaut à :

$$\cos x = -1 \quad \text{ou} \quad \cos x = -\frac{1}{2},$$

c'est-à-dire :

$$x = -\pi + 2k\pi \quad \text{ou} \quad x = \frac{2\pi}{3} + 2k'\pi$$

$$\text{ou} \quad x = -\frac{2\pi}{3} + 2k''\pi \quad , \quad k \in \mathbb{Z},\ k' \in \mathbb{Z},\ k'' \in \mathbb{Z}.$$

L'ensemble des solutions de l'équation dans l'intervalle $[-\pi\ ;\ 3\pi]$ est donc :

$$S = \left\{-\pi\ ;\ -\frac{2\pi}{3}\ ;\ \frac{2\pi}{3}\ ;\ \pi\ ;\ \frac{4\pi}{3}\ ;\ \frac{8\pi}{3}\ ;\ 3\pi\right\}.$$

16 Équation trigonométrique

Enoncé p. 198

Lycée Jacques Monod, Clamart

1 Pour tout x réel, $\cos 2x = 2\cos^2 x - 1$. Donc :

$$f(x) = 1 - 8\cos x - 8\cos^2 x + 4 = -8\cos^2 x - 8\cos x + 5.$$

2 $f(x) = -1$ équivaut à :

$$-8\cos^2 x - 8\cos x + 5 = -1$$

soit :

$$-8\cos^2 x - 8\cos x + 6 = 0.$$

On pose $X = \cos x$. On est alors ramené à résoudre l'équation :

$$-8X^2 - 8X + 6 = 0.$$

Le discriminant est 256 donc l'équation admet deux racines réelles : $\frac{1}{2}$ et $-\frac{3}{2}$. Or, l'équation $\cos x = -\frac{3}{2}$ n'admet pas de solution car $-1 \leqslant \cos x \leqslant 1$.

Il reste donc à résoudre dans $\mathbb{R}$ l'équation : $\cos x = \frac{1}{2}$.

On sait que $\cos\frac{\pi}{3} = \frac{1}{2}$.

$\cos x = \frac{1}{2}$ équivaut donc à :

$$x = \frac{\pi}{3} + 2k\pi \quad \text{ou} \quad x = -\frac{\pi}{3} + 2k\pi \quad , \quad k \in \mathbb{Z}$$

Les solutions dans $\mathbb{R}$ de l'équation $f(x) = -1$ sont :

$$\frac{\pi}{3} + 2k\pi \quad \text{et} \quad -\frac{\pi}{3} + 2k\pi \quad \text{où} \quad k \in \mathbb{Z}.$$

17 Calcul de cos $(\pi/12)$

Enoncé p. 198

Lycée Alexandre Dumas, Saint-Cloud

1 $$2\cos(4x) - 1 = 0 \iff \cos(4x) = \frac{1}{2}$$
$$\iff 4x = \frac{\pi}{3} + k2\pi$$
ou
$$4x = -\frac{\pi}{3} + k2\pi$$

Ce qui donne :

$$x = \frac{\pi}{12} + k\frac{\pi}{2} \text{ ou } x = -\frac{\pi}{12} + k\frac{\pi}{2}, \text{ avec } k \in \mathbb{Z}.$$

Les mesures comprises entre $-\pi$ et π des solutions sont alors :

$$-\frac{11\pi}{12}, -\frac{7\pi}{12}, -\frac{5\pi}{12}, -\frac{\pi}{12}, \frac{\pi}{12}, \frac{5\pi}{12}, \frac{7\pi}{12} \text{ et } \frac{11\pi}{12}.$$

2 $$\begin{aligned}\cos(4a) &= \cos(2(2a))\\ &= 2\cos^2(2a) - 1\\ &= 2(2\cos^2(a) - 1)^2 - 1\\ &= 2(4\cos^4 a - 4\cos^2 a + 1) - 1\\ &= 8\cos^4 a - 8\cos^2 a + 1.\end{aligned}$$

3 En posant $X = x^2$, L'équation $P(x) = 0$ devient :

$$16X^2 - 16X + 1 = 0.$$

Le discriminant de l'équation est positif, on trouve deux valeurs de X :

$$X_1 = \frac{2+\sqrt{3}}{4} \text{ et } X_2 = \frac{2-\sqrt{3}}{4}.$$

Comme ces deux valeurs sont positives elles engendrent chacune deux valeurs de x , solution de $P(x) = 0$:

$$-\sqrt{\frac{2-\sqrt{3}}{4}}, \sqrt{\frac{2-\sqrt{3}}{4}}, -\sqrt{\frac{2+\sqrt{3}}{4}}, \sqrt{\frac{2+\sqrt{3}}{4}}.$$

4 En développant $2(8x^4 - 8x^2 + 1) - 1$ on obtient bien l'expression de $P(x)$.

5 $$P\left(\cos\left(\frac{\pi}{12}\right)\right) = 2\left[8\left(\cos\left(\frac{\pi}{12}\right)\right)^4 - 8\left(\cos\left(\frac{\pi}{12}\right)\right)^2 + 1\right] - 1.$$

D'après la question 2, cela peut donner :

$$\begin{aligned}P\left(\cos\left(\frac{\pi}{12}\right)\right) &= 2\cos\left(\frac{4\pi}{12}\right) - 1\\ &= 2\cos\left(\frac{\pi}{3}\right) - 1\\ &= 2 \times \frac{1}{2} - 1 = 0.\end{aligned}$$

6 Le résultat de la question précédente montre que $\cos\left(\frac{\pi}{12}\right)$ est une solution de l'équation $P(x) = 0$. Le cercle trigonométrique nous montre que $\cos\left(\frac{\pi}{12}\right)$ est positif et supérieur à $\frac{\sqrt{2}}{2}$. Par conséquent, parmi les solutions trouvées à l'équation $P(X) = 0$, seule la valeur $\sqrt{\frac{2+\sqrt{3}}{4}}$ convient, donc $\cos\left(\frac{\pi}{12}\right) = \sqrt{\frac{2+\sqrt{3}}{4}}$.

7 En utilisant la même méthode que précédemment, on doit considérer $\cos\left(4 \times \frac{5\pi}{12}\right)$, $\cos\left(4 \times \frac{7\pi}{12}\right)$ et $\cos\left(4 \times \frac{11\pi}{12}\right)$ qui sont tous les trois égaux à $\frac{1}{2}$, et on trouve alors, comme pour $\cos\left(4 \times \frac{\pi}{12}\right)$, que leur image par P est égale à 0. Le cercle trigonométrique montre que ces valeurs sont distinctes ; ce sont donc les trois autres solutions de l'équation $P(x) = 0$.
Toujours à l'aide du cercle trigonométrique, des considérations de signe et d'ordre permet de donner les valeurs suivantes :

- $\cos\left(\frac{11\pi}{12}\right) = \sqrt{\frac{2+\sqrt{3}}{4}}$;
- $\cos\left(\frac{5\pi}{12}\right) = \sqrt{\frac{2-\sqrt{3}}{4}}$;
- $\cos\left(\frac{7\pi}{12}\right) = -\sqrt{\frac{2-\sqrt{3}}{4}}$.

18 À la découverte d'un sinus

Enoncé p. 199

Lycée Gustave Eiffel, Bordeaux

1 Le polynôme $16X^2 - 20X + 5$ a pour discriminant :

$$\Delta = 400 - 4 \times 16 \times 5 = 80.$$

Ses deux racines sont donc :

$$X_1 = \frac{5-\sqrt{5}}{8} \qquad \text{et} \qquad X_2 = \frac{5+\sqrt{5}}{8}.$$

L'équation $16X^2 - 20X + 5 = 0$ a donc pour ensemble solution :

$$\mathcal{S} = \left\{\frac{5-\sqrt{5}}{8} \,;\, \frac{5+\sqrt{5}}{8}\right\}.$$

2 En prenant $x = \frac{\pi}{5}$, la formule (6) donne :

$$\sin\left(5 \times \frac{\pi}{5}\right) = 16 \sin^5 \frac{\pi}{5} - 20 \sin^3 \frac{\pi}{5} + 5 \sin \frac{\pi}{5} ,$$

soit, en posant $S = \sin \frac{\pi}{5}$:

$$0 = S(16S^4 - 20S^2 + 5).$$

3 $S \neq 0$ donc on sait que $16S^4 - 20S^2 + 5 = 0$. Posons $s = S^2$; alors ,

$$16s^2 - 20s + 5 = 0.$$

D'après la question 1, $s = \frac{5-\sqrt{5}}{8}$ ou $s = \frac{5+\sqrt{5}}{8}$.

On a alors $S = \sqrt{\frac{5-\sqrt{5}}{8}} \approx 0{,}35$ ou $S = \sqrt{\frac{5+\sqrt{5}}{8}} \approx 0{,}9$: on exclut les valeurs négatives car $\sin \frac{\pi}{8} > 0$ vu que $\frac{\pi}{8} \in \left[0 \,;\, \frac{\pi}{2}\right]$.

Or, $\frac{\pi}{5} < \frac{\pi}{4}$ donc $\sin \frac{\pi}{5} < \frac{\sqrt{2}}{2} = \sin \frac{\pi}{4}$. Ainsi, $\sin \frac{\pi}{5} = \sqrt{\frac{5-\sqrt{5}}{8}}$.

4 À l'aide de la relation :

$$\forall x \in \mathbb{R}, \qquad \cos^2 x + \sin^2 x = 1 ,$$

on peut écrire :

$$\cos^2 \frac{\pi}{5} + \frac{5-\sqrt{5}}{8} = 1, \text{ soit : } \cos^2 \frac{\pi}{5} = 1 - \frac{5-\sqrt{5}}{8} = \frac{3-\sqrt{5}}{8}.$$

Ainsi,
$$\cos \frac{\pi}{5} = \sqrt{\frac{3-\sqrt{5}}{8}} \text{ car } \cos \frac{\pi}{5} > 0.$$

5 **(a)**
$$\begin{aligned} 4\cos^2 \frac{\pi}{5} - 2\cos \frac{\pi}{5} - 1 &= 4\left(\frac{3-\sqrt{5}}{8}\right) - 2\sqrt{\frac{3-\sqrt{5}}{8}} - 1 \\ &= \frac{3-\sqrt{5}}{2} - 2\sqrt{\frac{3-\sqrt{5}}{8}} - 1 \\ &= \frac{1-\sqrt{5}}{2} - 2\sqrt{\frac{3-\sqrt{5}}{8}} \\ &= \frac{1-\sqrt{5}}{2} - \sqrt{\frac{3-\sqrt{5}}{2}} . \end{aligned}$$

Or, $\left(\frac{1-\sqrt{5}}{2}\right)^2 = \frac{1-2\sqrt{5}+5}{4} = \frac{3-\sqrt{5}}{2}$.

Donc, $\dfrac{1-\sqrt{5}}{2} = \sqrt{\dfrac{3-\sqrt{5}}{2}}$ et donc :

$$4\cos^2\frac{\pi}{5} - 2\cos\frac{\pi}{5} - 1 = 0.$$

(b) De la question précédente, on déduit que $\cos\dfrac{\pi}{5}$ est solution de l'équation $4x^2 - 2x - 1 = 0$.

Le discriminant de $4x^2 - 2x - 1$ est : $\Delta = 20$. Donc les racines sont :

$$x_1 = \frac{2-\sqrt{20}}{8} = \frac{1-\sqrt{5}}{4} \quad \text{et} \quad x_2 = \frac{1+\sqrt{5}}{4}.$$

On sait que $\cos\dfrac{\pi}{5} > \cos\dfrac{\pi}{4} = \dfrac{\sqrt{2}}{2}$ donc :

$$\cos\frac{\pi}{5} = \frac{1+\sqrt{5}}{4}.$$

19 Fonction dérivée

Enoncé p. 199

Lycée Jean-Pierre Vernant, Pins-Justaret

1 La fonction f est définie et dérivable sur $\mathbb{R}$ comme somme et composée de fonctions définies et dérivables sur $\mathbb{R}$.

$$f'(x) = 16\cos(8x) + 35\sin\left(7x - \frac{\pi}{3}\right).$$

2 La fonction h est définie et dérivable pour tout x tel que $\cos x \neq 0$, c'est-à-dire pour tout $x \neq \dfrac{\pi}{2} + k\pi$, $k \in \mathbb{Z}$.

$$h'(x) = \frac{\cos x \times \cos x + \sin x \times \sin x}{(\cos x)^2}$$

$$= \frac{1}{\cos^2 x}.$$

20 Axe de symétrie

Enoncé p. 199

Lycée Hoche, Versailles

1 $f(x+2\pi) = 1 + \sin(x+2\pi) + \dfrac{1}{2}\cos\left[2(x+2\pi)\right]$.

Comme les fonctions sin et cos sont de période 2π, on trouve :

$$f(x+2\pi) = 1 + \sin x + \frac{1}{2}\cos(2x) = f(x).$$

La fonction f est donc périodique et 2π en est une période.

2 La fonction f est dérivable sur $[-\pi\,;\,\pi]$ puisque les fonctions sin et cos le sont. De plus, on a :

$$f'(x) = \cos x + \sin(2x).$$

Comme $\sin(2x) = 2\sin x \cos x$, on a :

$$f'(x) = \cos x + 2\sin x \cos x = \cos x(1 + 2\sin x).$$

Sur $[-\pi \,;\, \pi]$, $\cos x > 0$ pour $x \in \left]-\frac{\pi}{2} \,;\, \frac{\pi}{2}\right[$ et $1 + 2\sin x < 0$ pour $\sin x < -\frac{1}{2}$ donc pour $x \in \left]-\frac{5\pi}{6} \,;\, -\frac{\pi}{6}\right[$.

Cela permet d'établir le tableau de signes de $f'(x)$ puis le tableau de variation de f :

x	$-\pi$		$-\frac{5\pi}{6}$		$-\frac{\pi}{2}$		$-\frac{\pi}{6}$		$\frac{\pi}{2}$		π
$\cos x$		$-$		$-$	0	$+$		$+$	0	$-$	
$1+2\sin x$		$+$	0	$-$		$-$	0	$+$		$+$	
$f'(x)$		$-$	0	$+$	0	$-$	0	$+$	0	$-$	
$f(x)$	0,5	↘	0,25	↗	0,5	↘	0,25	↗	2,5	↘	0,5

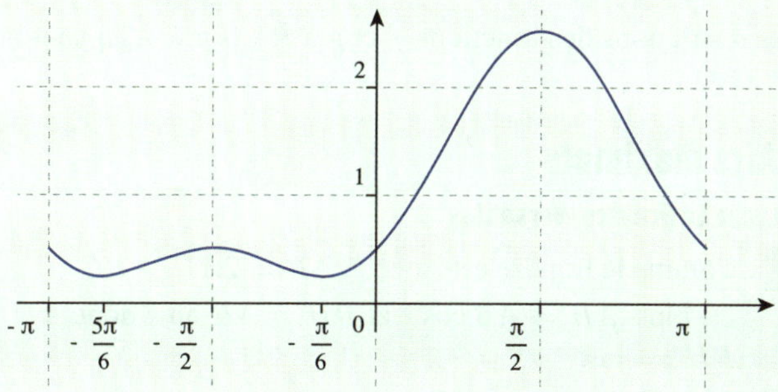

3 D'après le tableau de variation précédent, on constate que le minimum de f sur $[-\pi \,;\, \pi]$ est 0,5, donc la fonction f est positive sur $[-\pi \,;\, \pi]$. Or, f est de période 2π et $[-\pi \,;\, \pi]$ est d'amplitude 2π ; par conséquent, $f(x) > 0$ pour tout réel x.

D'autre part, comme la fonction f est dérivable, la fonction f^2 l'est aussi, et sa dérivée est égale à $2ff'$. Or, pour tout réel x, $f(x) > 0$ donc la dérivée de f^2 est du même signe que f', ce qui montre que les deux fonctions, f^2 et f ont les mêmes variations sur $\mathbb{R}$.

21 Deux fonctions trigonométriques

Enoncé p. 200

Lycée Le Corbusier, Poissy

Pour prouver que $f \neq g$, il suffit d'étudier leurs ensembles de définition ; en effet, ayant :

$$f(x) = \frac{\sin x}{1 + \cos x} \quad \text{et} \quad g(x) = \frac{1 - \cos x}{\sin x},$$

on a :

$$\mathcal{D}_f = \mathbb{R} \setminus \{\pi + 2k\pi, k \in \mathbb{Z}\} \qquad \text{et} \qquad \mathcal{D}_g = \mathbb{R} \setminus \{k\pi, k \in \mathbb{Z}\}$$

donc $f \neq g$.

De plus, sur $\mathbb{R} \setminus \{k\pi, k \in \mathbb{Z}\}$, on a :

$$f(x) = \frac{\sin x}{1 + \cos x}$$

On a donc, en multipliant par la quantité conjuguée :

$$f(x) = \frac{\sin x(1 - \cos x)}{(1 + \cos x)(1 - \cos x)} = \frac{\sin x(1 - \cos x)}{1 - \cos^2 x}$$

Or, ayant :

$$1 - \cos^2 x = \sin^2 x$$

on obtient :

$$f(x) = \frac{\sin x(1 - \cos x)}{\sin^2 x} \qquad \text{et} \qquad \sin x \neq 0 \text{ pour } x \in \mathbb{R} \setminus \{k\pi, k \in \mathbb{Z}\}$$

soit :

$$f(x) = g(x) = \frac{1 - \cos x}{\sin x}$$

Les restrictions des fonctions f et g à $\mathbb{R} \setminus \{k\pi, k \in \mathbb{Z}\}$ sont bien égales.

22 Aire maximale

Enoncé p. 200

Lycée La Bruyère, Versailles

1 Comme le trapèze est isocèle, $AD = 2AH + BC$.
De plus, $AH = AB \cos x$ et $BH = AB \sin x$ donc $AD = 1 + 2\cos x$ et $BH = \sin x$.

2 **(a)**
$$\begin{aligned} A(x) &= AH \times BH + BH \times BC \\ &= 1 \times \cos x \times \sin x + 1 \times \sin x \times 1 \\ &= (\cos x + 1)\sin x\ . \end{aligned}$$

(b) La fonction A est dérivable sur $\mathbb{R}$ comme produit de fonctions dérivables sur $\mathbb{R}$.

$$\begin{aligned} A'(x) &= \cos x(1 + \cos x) + \sin x(-\sin x) \\ &= \cos x(1 + \cos x) - (1 - \cos^2 x) \\ &= 2\cos^2 x + \cos x - 1\ . \end{aligned}$$

Or,

$$\begin{aligned} 2\left(\cos x - \frac{1}{2}\right)(1 + \cos x) &= 2\left(\cos x + \cos^2 x - \frac{1}{2} - \frac{1}{2}\cos x\right) \\ &= 2\cos^2 x + \cos x - 1. \end{aligned}$$

Cela prouve que l'on a bien $A'(x) = 2\left(\cos x - \frac{1}{2}\right)(1 + \cos x)$.

(c)

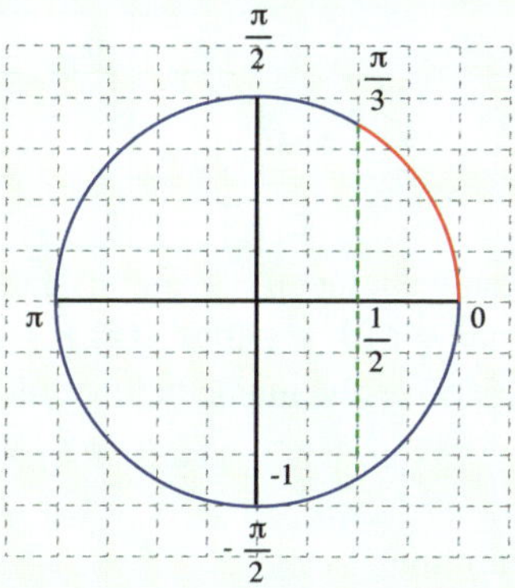

Sur le cercle trigonométrique, on lit que dans l'intervalle $\left[0\,;\,\frac{\pi}{2}\right]$, on a $\cos x \geqslant \frac{1}{2}$ pour $x \in \left[0\,;\,\frac{\pi}{3}\right]$.

(d) On calcule :

$$A(0) = 0 \quad ; \quad A\left(\frac{\pi}{2}\right) = 1 \quad ; \quad A(3) = \left(1 + \frac{1}{2}\right)\frac{\sqrt{3}}{2} = \frac{3\sqrt{3}}{4}.$$

$A'(x)$ est du signe de $\cos x - \frac{1}{2}$ (car $1 + \cos x > 0$). d'où le tableau de variations de A suivant :

x	0	$\frac{\pi}{3}$	$\frac{\pi}{2}$
$A'(x)$	$+$		$-$
$A(x)$	0 ↗	$\frac{3\sqrt{3}}{4}$	↘ 1

(e) L'aire maximale est obtenue lorsque l'angle $\widehat{BAD}$ mesure $\frac{\pi}{3}$ radian, et elle vaut alors $\frac{3\sqrt{3}}{4}$.

23 Établir un encadrement

Enoncé p. 201

Lycée Notre-Dame-du-Grandchamp, Versailles

1 La fonction g est dérivable sur $[0\,;\,\pi]$ et :

$$g'(x) = \cos x - x\sin x - \cos x = -x\sin x.$$

Comme sur $]0\,;\,\pi[$, $x > 0$ et $\sin x > 0$, on en déduit que $g(x)$ est strictement négatif sur cet intervalle donc g est strictement décroissante sur $[0\,;\,\pi]$.

x	0 $\qquad\qquad$ π
$g(x)$	0 $\searrow$ $-\pi$

La fonction g admet un maximum égal à 0 en 0, puis elle est strictement décroissante sur $[0\ ;\pi]$ donc $g(x) < 0$ pour $x \in]0\ ;\pi]$.

2 Le taux d'accroissement de la fonction $x \mapsto \sin x$ en 0 est :

$$\frac{\sin(0+h)-\sin 0}{h}$$

et par définition,

$$\lim_{h\to 0}\frac{\sin h}{h} = \sin'(0) = \cos 0 = 1,$$

que l'on peut aussi écrire :

$$\lim_{x\to 0}\frac{\sin x}{x} = 1.$$

Pour étudier les variations de f, il suffit d'étudier ses variations sur $]0\ ;\pi]$. On peut donc calculer la dérivée de f sur $]0\ ;\pi]$:

$$f'(x) = \frac{x\cos x - \sin x}{x^2} = \frac{g(x)}{x^2}.$$

D'après l'étude du signe de $g(x)$, on en déduit que $f'(x) < 0$ sur $]0\ ;\pi]$ et donc strictement décroissante sur $[0\ ;\pi]$.

3 Soit $\varphi(x) = \sin x - x + \dfrac{x^3}{6}$. Tous les calculs suivants sont sur $[0\ ;\pi]$.
On a :

$$\varphi'(x) = \cos x - 1 + \frac{x^2}{2} \quad , \quad \varphi''(x) = -\sin x + x$$

$$\text{et} \quad \varphi'''(x) = -\cos x + 1.$$

Comme $\cos x \leqslant 1$, $\varphi'''(x) \geqslant 0$; la fonction φ'' est donc croissante.
Comme de plus $\varphi''(0) = -\sin 0 + 0 = 0$, on a alors $\varphi''(x) \geqslant 0$; cela prouve que la fonction φ' est croissante.

On a encore $\varphi'(0) = \cos 0 - 1 + \dfrac{0^2}{2} = 0$ et, par conséquent, $\varphi'(x) \geqslant 0$.
La fonction φ est par conséquent croissante, et comme $\varphi(0) = 0$, on obtient que $\varphi(x) \geqslant 0$.
On obtient donc :

$$-\sin x + x \geqslant 0 \ (\text{car } \varphi''(x) \geqslant 0) \text{ et } \sin x - x + \frac{x^3}{6} \geqslant 0\,,$$

c'est-à-dire :

$$x - \sin x \leqslant \frac{x^3}{6} \qquad (\text{car } \varphi(x) \geqslant 0).$$

Cela justifie donc l'encadrement proposé.

Chapitre 6

Produit scalaire

Plan du chapitre

Retrouvez ce cours en vidéo avec live!

1 Géométrie non repérée

Exercice type 1 — **Lycée Notre-Dame, Boulogne**

Soit ABC un triangle isocèle rectangle en A tel que $AB = \sqrt{8}$.
On note I le milieu du segment $[BC]$.

1 Déterminer et construire le point G tel que :

$$2\overrightarrow{GA} + \overrightarrow{GB} + \overrightarrow{GC} = \overrightarrow{0}.$$

2 Vérifier que les points A, G et I sont alignés et calculer les nombres :

$$GA^2, \qquad GB^2, \qquad GC^2.$$

3 Étant donné un point M du plan, exprimer $2MA^2 + MB^2 + MC^2$ en fonction de MG^2.

Voir corrigé page 223

Dans cette section, nous nous placerons dans un plan euclidien.

1.1 Définition du produit scalaire

Définition 1

Soient deux vecteurs $\overrightarrow{u}$ et $\overrightarrow{v}$ dans le plan. Le *produit scalaire* de $\overrightarrow{u}$ et $\overrightarrow{v}$ est défini par le nombre noté $\overrightarrow{u} \cdot \overrightarrow{v}$ tel que :

$$\overrightarrow{u} \cdot \overrightarrow{v} = \|\overrightarrow{u}\| \times \|\overrightarrow{v}\| \times \cos\left(\overrightarrow{u}, \overrightarrow{v}\right)$$

où $\left(\overrightarrow{u}, \overrightarrow{v}\right)$ représente l'angle formé par les vecteurs $\overrightarrow{u}$ et $\overrightarrow{v}$ en tournant dans le sens trigonométrique.

De cette propriété, on peut conclure que :

$$\vec{u}^2 = \vec{u} \cdot \vec{u} = \|\vec{u}\|^2.$$

1.2 Orthogonalité de deux vecteurs

Définition 2

$\vec{u}$ et $\vec{v}$ sont dits *orthogonaux* si :

$$\vec{u} = \vec{0} \quad \text{ou} \quad \vec{v} = \vec{0}$$

ou si :

$$(\vec{u}, \vec{v}) = \frac{\pi}{2} + 2k\pi \quad (k \in \mathbb{Z})$$

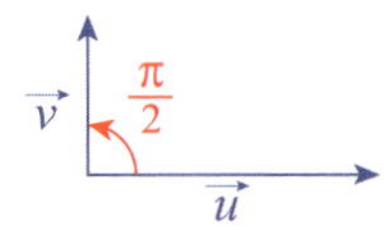

ou si :

$$(\vec{u}, \vec{v}) = -\frac{\pi}{2} + 2k\pi \quad (k \in \mathbb{Z})\,.$$

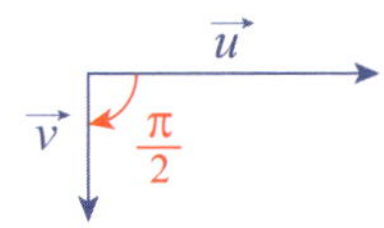

On écrit alors $\vec{u} \perp \vec{v}$.

Théorème 1

$$\vec{u} \perp \vec{v} \iff \vec{u} \cdot \vec{v} = 0\,.$$

1.3 Produit scalaire et projeté orthogonal

Soient $\overrightarrow{OA}$ et $\overrightarrow{OB}$ deux vecteurs du plan, et H le projeté orthogonal de B sur (OA).

- $\overrightarrow{OA} \cdot \overrightarrow{OB} = OA \times OH$ si les deux vecteurs forment un angle aigu (compris entre 0 et $\frac{\pi}{2}$) ;
- $\overrightarrow{OA} \cdot \overrightarrow{OB} = -OA \times OH$ si les deux vecteurs forment un angle obtu (compris entre $\frac{\pi}{2}$ et π).

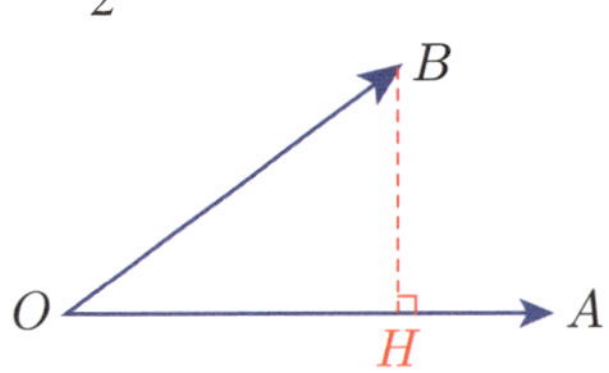

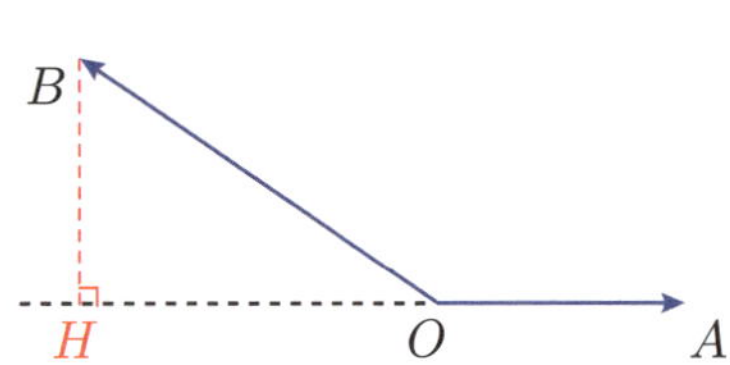

À noter que si $\overrightarrow{OA} \perp \overrightarrow{OB}$, $OH = 0$ donc $\overrightarrow{OA} \cdot \overrightarrow{OB} = OA \times 0 = 0$.

1.4 Propriétés

Quels que soient les vecteurs $\vec{u}$, $\vec{v}$, $\vec{w}$ et les réels a et b , on a :

- $\vec{u} \cdot \vec{v} = \vec{v} \cdot \vec{u}$ (symétrie du produit scalaire) ;
- $\vec{u} \cdot (\vec{v} + \vec{w}) = \vec{u} \cdot \vec{v} + \vec{u} \cdot \vec{w}$;
- $(a\vec{u}) \cdot (b\vec{v}) = ab(\vec{u} \cdot \vec{v})$;
- $\|\vec{u} + \vec{v}\|^2 = (\vec{u} + \vec{v})^2 = \vec{u}^2 + 2\vec{u} \cdot \vec{v} + \vec{v}^2$;

- $(\vec{u}-\vec{v})^2 = \vec{u}^2 - 2\vec{u}\cdot\vec{v} + \vec{v}^2$;
- $(\vec{u}+\vec{v})\cdot(\vec{u}-\vec{v}) = \vec{u}^2 - \vec{v}^2$;
- $\overrightarrow{u}\cdot\overrightarrow{v} = \frac{1}{2}\left(\|\overrightarrow{u}\|^2 + \|\overrightarrow{v}\|^2 - \|\overrightarrow{u}-\overrightarrow{v}\|^2\right)$;
- $\overrightarrow{u}\cdot\overrightarrow{v} = \frac{1}{2}\left(\|\overrightarrow{u}+\overrightarrow{v}\|^2 - \|\overrightarrow{u}\|^2 - \|\overrightarrow{v}\|^2\right)$;
- $\overrightarrow{u}\cdot\overrightarrow{v} = \frac{1}{4}\left(\|\overrightarrow{u}+\overrightarrow{v}\|^2 - \|\overrightarrow{u}-\overrightarrow{v}\|^2\right)$.

Solution de l'exercice type 1

Lycée Notre-Dame, Boulogne

1 Comme I est le milieu de $[BC]$, on a $\overrightarrow{GB} + \overrightarrow{GC} = 2\overrightarrow{GI}$.

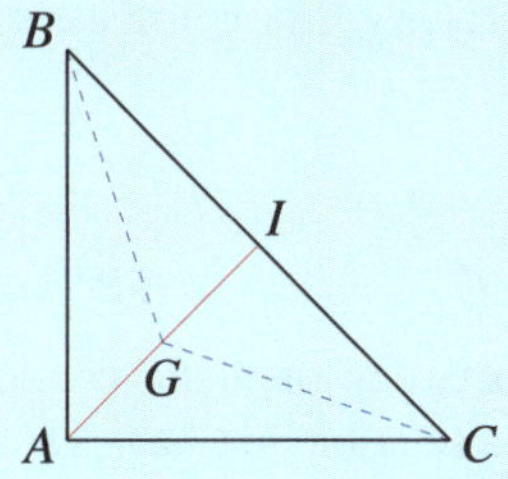

La relation vectorielle définissant le point G se réécrit donc :

$$2\overrightarrow{GA} + 2\overrightarrow{GI} = \overrightarrow{0} \iff \overrightarrow{GA} + \overrightarrow{GI} = \overrightarrow{0}.$$

On en déduit que G est le milieu de $[AI]$.

2 G étant le milieu de $[AI]$, A, G et I sont donc alignés. Le triangle ABC est isocèle, donc la médiane (AI) est aussi la hauteur. D'où :

$$(GI) \perp (IB).$$

Donc :

$$GB^2 = GI^2 + IB^2.$$

Solution de l'exercice type 1 (suite)

Lycée Notre-Dame, Boulogne

I est le centre du cercle circonscrit au triangle rectangle ABC car c'est le milieu de l'hypoténuse. Donc :

$$IA = IB = \frac{1}{2}BC.$$

Or,

$$BC^2 = BA^2 + AC^2 = 8 + 8 = 16,$$

donc $BC = 4$; d'où :

$$IB = \frac{1}{2}BC = 2$$

et

$$GI = \frac{1}{2}AI = \frac{1}{2}IB = 1.$$

Ainsi,

$$GB^2 = 1 + 4 = 5$$

et de même pour GC^2 car la figure est symétrique par rapport à l'axe (AI).

$$GA^2 = GI^2 = 1.$$

Donc :

$$GA^2 = 1, \qquad GB^2 = GC^2 = 5.$$

3 On exprime les carrés des longueurs par des carrés scalaires, ce qui nous permet d'utiliser la relation de Chasles sur les vecteurs :

$$\begin{aligned}
&2MA^2 + MB^2 + MC^2 \\
&= 2\overrightarrow{MA}^2 + \overrightarrow{MB}^2 + \overrightarrow{MC}^2 \\
&= 2(\overrightarrow{MG} + \overrightarrow{GA})^2 + (\overrightarrow{MG} + \overrightarrow{GB})^2 + (\overrightarrow{MG} + \overrightarrow{GC})^2 \\
&= 4MG^2 + \overrightarrow{MG} \cdot \left(4\overrightarrow{GA} + 2\overrightarrow{GB} + 2\overrightarrow{GC}\right) + 2GA^2 + GB^2 + GC^2 \\
&= 4MG^2 + 2GA^2 + GB^2 + GC^2
\end{aligned}$$

car, d'après la définition du point G, on a :

$$2\overrightarrow{GA} + \overrightarrow{GB} + \overrightarrow{GC} = \vec{0}.$$

En utilisant les résultats de la question précédente, on trouve finalement :

$$2MA^2 + MB^2 + MC^2 = 4MG^2 + 12.$$

Voir énoncé page 221

2 Géométrie repérée

Exercice type 2 Lycée Camille Jullian, Bordeaux

Retrouvez le corrigé de cet exercice en vidéo avec live!

Dans un repère orthonormé, on considère les points $A(1\ ;\ -1)$, $B(-3\ ;\ 2)$ et $C(5\ ;\ 7)$.

1. Calculer $\overrightarrow{AC} \cdot \overrightarrow{AB}$.
2. En déduire une valeur approchée de l'angle $\widehat{BAC}$ au degré près.
3. Donner une équation cartésienne de la hauteur de ABC issue de C.

Voir corrigé page 227

Dans cette section, on rapporte le plan à un repère $(O, \vec{\imath}, \vec{\jmath})$ orthonormé.

2.1 Calcul du produit scalaire

Propriété 1

Soient $\vec{u}\begin{pmatrix} x \\ y \end{pmatrix}$ et $\vec{v}\begin{pmatrix} x' \\ y' \end{pmatrix}$ deux vecteurs. Alors,

$$\vec{u} \cdot \vec{v} = xx' + yy'\ .$$

Conséquence :

$$\|\vec{u}\|^2 = x^2 + y^2 \quad \text{et} \quad \|\vec{u}\| = \sqrt{x^2 + y^2}\ .$$

Exemple : on pose $\overrightarrow{u}\begin{pmatrix} 5 \\ -2 \end{pmatrix}$ et $\overrightarrow{v}\begin{pmatrix} 1 \\ 7 \end{pmatrix}$. Alors,

$$\begin{aligned} \overrightarrow{u} \cdot \overrightarrow{v} &= 5 \times 1 + (-2) \times 7 \\ &= 5 - 14 \\ &= -9. \end{aligned}$$

2.2 Application pour trouver la mesure d'un angle

Reprenons les vecteurs de l'exemple précédent : $\overrightarrow{u}\begin{pmatrix} 5 \\ -2 \end{pmatrix}$ et $\overrightarrow{v}\begin{pmatrix} 1 \\ 7 \end{pmatrix}$.

Nous avons vu que :

$$\overrightarrow{u} \cdot \overrightarrow{v} = -9.$$

Or,

$$\begin{aligned}\vec{u}\cdot\vec{v} &= \|\vec{u}\| \times \|\vec{v}\| \times \cos\left(\vec{u},\vec{v}\right)\\ &= \sqrt{5^2+(-2)^2}\times\sqrt{1^2+7^2}\times\cos\left(\vec{u},\vec{v}\right)\\ &= \sqrt{29}\times\sqrt{50}\times\cos\left(\vec{u},\vec{v}\right)\\ &= 5\sqrt{58}\cos\left(\vec{u},\vec{v}\right).\end{aligned}$$

Ainsi,

$$-9 = 5\sqrt{58}\cos\left(\vec{u},\vec{v}\right),$$

soit :

$$\cos\left(\vec{u},\vec{v}\right) = -\frac{9}{5\sqrt{58}} \approx -0{,}236\,351\,579\,148\,.$$

On en déduit alors :

$$\left(\vec{u},\vec{v}\right) \approx 104°.$$

2.3 Vecteur normal à une droite

Définition 3

Soit $\mathcal{D}$ une droite du plan, et soient A et B deux points distincts de $\mathcal{D}$.
Un vecteur non nul $\vec{n}$ est dit *normal* à $\mathcal{D}$ si :

$$\vec{n}\cdot\overrightarrow{AB} = 0.$$

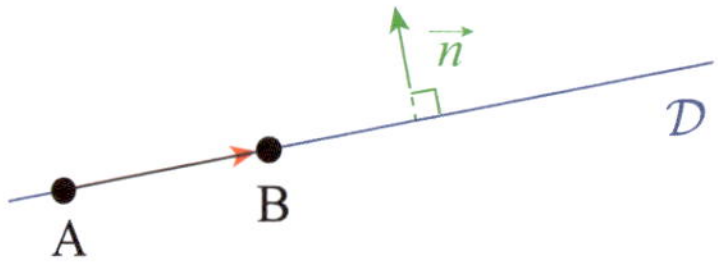

Propriété 2

Soit $\mathcal{D}$ une droite d'équation cartésienne $ax + by + c = 0$. Alors, un vecteur normal à $\mathcal{D}$ est :

$$\vec{n}\begin{pmatrix}a\\b\end{pmatrix}.$$

Remarque : tout vecteur non nul colinéaire à $\vec{n}$ est aussi un vecteur normal à $\mathcal{D}$.

Solution de l'exercice type 2

Lycée Camille Jullian, Bordeaux

Retrouvez le corrigé de cet exercice en vidéo avec live!

Dans un repère orthonormé, on considère les points $A(1\ ;\ -1)$, $B(-3\ ;\ 2)$ et $C(5\ ;\ 7)$.

1
- $\overrightarrow{AC}\begin{pmatrix} 5-1 \\ 7-(-1) \end{pmatrix}$; donc $\overrightarrow{AC}\begin{pmatrix} 4 \\ 8 \end{pmatrix}$.
- $\overrightarrow{AB}\begin{pmatrix} -3-1 \\ 2-(-1) \end{pmatrix}$; donc $\overrightarrow{AB}\begin{pmatrix} -4 \\ 3 \end{pmatrix}$.

D'où :

$$\overrightarrow{AC}\cdot\overrightarrow{AB} = 4\times(-4)+8\times 3 = 8.$$

2 On sait que $\overrightarrow{AC}\cdot\overrightarrow{AB} = AC\times AB\times\cos\left(\overrightarrow{AC}\ ;\ \overrightarrow{AB}\right) = 8$.
De plus,

$$AB = \sqrt{(-4)^2+3^2} = 5;$$
$$AC = \sqrt{4^2+8^2} = \sqrt{80}.$$

Donc :

$$5\sqrt{80}\cos\left(\overrightarrow{AC}\ ;\ \overrightarrow{AB}\right) = 8$$
$$\iff \cos\left(\overrightarrow{AC}\ ;\ \overrightarrow{AB}\right) = \frac{8}{5\sqrt{80}}$$
$$\iff \cos\left(\overrightarrow{AC}\ ;\ \overrightarrow{AB}\right) \approx 0{,}179$$
$$\iff \left(\overrightarrow{AC}\ ;\ \overrightarrow{AB}\right) \approx 80°.$$

3 Soit $M(x\ ;\ y)$ sur la hauteur de ABC issue de C. Alors,

$$\overrightarrow{CM}\cdot\overrightarrow{AB} = 0 \iff \begin{pmatrix} x-5 \\ y-7 \end{pmatrix}\cdot\begin{pmatrix} -4 \\ 3 \end{pmatrix} = 0$$
$$\iff -4(x-5)+3(y-7) = 0$$
$$\iff -4x+3y-1 = 0.$$

Ainsi, une équation cartésienne de cette hauteur est $-4x+3y-1=0$.

Voir énoncé page 225

COURS
INTERROS
CORRIGÉS

3 Applications du produit scalaire

Exercice type 3 — Lycée Carnot, Cannes

Toutes les longueurs sont exprimées en centimètres.
On considère le triangle ABC tel que $AB = 6$, $AC = 9$ et $BC = 5$.

1 Déterminer une valeur approchée de $\widehat{BCA}$ au degré près.

2 Déterminer une valeur approchée au dixième de la médiane de ABC issue de C.

3 Déterminer une valeur approchée au centième de l'aire de ABC (exprimée en cm^2).

4 Placer le point M tel que $MA^2 + MB^2 + MC^2$ soit minimal.

Voir corrigé page 232

3.1 Formule d'Al-Kashi

Théorème 2

Dans tout triangle ABC,

$$BC^2 = AB^2 + AC^2 - 2AB \times AC \times \cos\left(\overrightarrow{AB}\ ;\ \overrightarrow{AC}\right),$$

où $\left(\overrightarrow{AB}\ ;\ \overrightarrow{AC}\right)$ désigne l'angle formé par les vecteurs $\overrightarrow{AB}$ et $\overrightarrow{AC}$.

Remarques

- Les côtés sont interchangeables. On a donc aussi :

$$AB^2 = BC^2 + AC^2 - 2BC \times AC \times \cos\left(\overrightarrow{CA}\ ;\ \overrightarrow{CB}\right),$$

$$AC^2 = AB^2 + BC^2 - 2AB \times BC \times \cos\left(\overrightarrow{BA}\ ;\ \overrightarrow{BC}\right).$$

- Si ABC est rectangle en A, on retrouve le théorème de Pythagore.

Exemple : soit un triangle ABC tel que $AB = 5$, $AC = 3$ et $\left(\overrightarrow{AB}\ ;\ \overrightarrow{AC}\right) = \dfrac{\pi}{4}$.

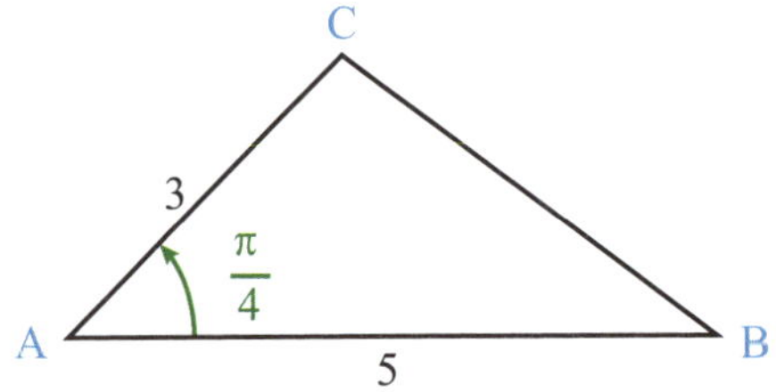

$$\begin{aligned} BC^2 &= AB^2 + AC^2 - 2AB \times AC \times (\overrightarrow{AB}; \overrightarrow{AC}) \\ &= 5^2 + 3^2 - 2 \times 5 \times 3 \times \cos\left(\frac{\pi}{4}\right) \\ &= 25 + 9 - 30 \times \frac{\sqrt{2}}{2} \\ &= 34 - 15\sqrt{2} \\ BC &= \sqrt{34 - 15\sqrt{2}}. \end{aligned}$$

3.2 Théorème de la médiane

Théorème 3

Soit ABC un triangle et I le milieu de $[BC]$. Alors,

$$AB^2 + AC^2 = 2AI^2 + \frac{1}{2}BC^2.$$

Exemple : soit un triangle ABC tel que $AB = 5$, $AC = 3$ et $(\overrightarrow{AB}\ ;\ \overrightarrow{AC}) = \dfrac{\pi}{4}$.

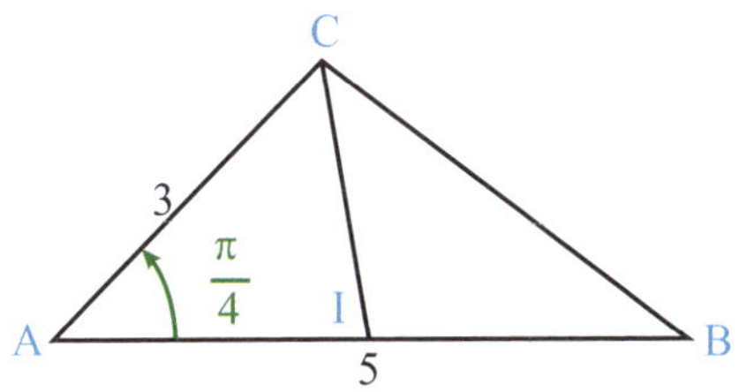

$$\begin{aligned} CA^2 + CB^2 &= 2CI^2 + \frac{1}{2}AB^2 \\ 3^2 + \underbrace{(34 - 15\sqrt{2})}_{\text{obtenu précédemment}} &= 2CI^2 + \frac{1}{2} \times 5^2 \\ 2CI^2 &= 9 + 34 - 15\sqrt{2} - \frac{25}{2} \\ CI^2 &= \frac{61 - 30\sqrt{2}}{2} \\ CI &= \sqrt{\frac{61 - 30\sqrt{2}}{4}}. \end{aligned}$$

3.3 Aire d'un triangle

Théorème 4

Dans tout triangle ABC,

$$\text{Aire}(ABC) = \frac{1}{2} \times AB \times AC \times \sin\widehat{A}$$
$$= \frac{1}{2} \times BA \times BC \times \sin\widehat{B}$$
$$= \frac{1}{2} \times CA \times CB \times \sin\widehat{C}.$$

Exemple : soit un triangle ABC tel que $AB = 5$, $AC = 3$ et $\left(\overrightarrow{AB}\ ;\ \overrightarrow{AC}\right) = \frac{\pi}{4}$.

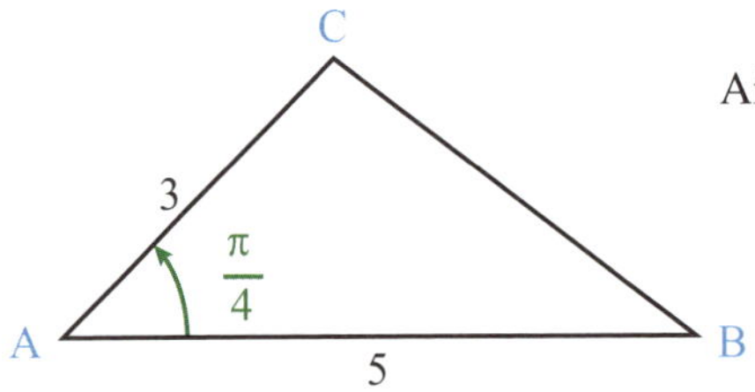

$$\text{Aire}(ABC) = \frac{1}{2} \times AB \times AC \times \sin\widehat{A}$$
$$= \frac{1}{2} \times 5 \times 3 \times \sin\frac{\pi}{4}$$
$$= \frac{15\sqrt{2}}{4}.$$

3.4 Ligne de niveau

3.4.1 - Cercle

Propriété 3

Pour tous points A, B et M du plan,

$$\overrightarrow{MA} \cdot \overrightarrow{MB} = MI^2 - \frac{1}{4}AB^2$$

où I est le milieu de $[AB]$.

Propriété 4

Soient A et B deux points du plan.

L'ensemble des points M du plan qui vérifient l'égalité $\overrightarrow{MA} \cdot \overrightarrow{MB} = 0$ est le cercle de diamètre $[AB]$.

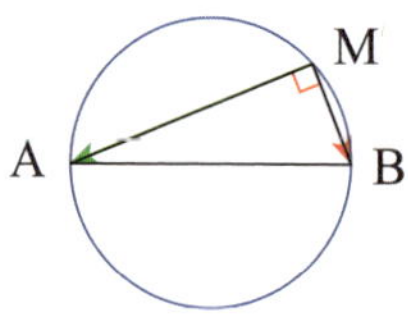

Propriété 5

Dans un repère orthonormal, l'équation cartésienne du cercle de centre $\Omega(a\,;\,b)$ et de rayon R est :

$$(x-a)^2+(y-b)^2=R^2\,.$$

3.4.2 - Centre de gravité d'un triangle

Définition 4 : rappel de collège

Le *centre de gravité* d'un triangle ABC est le point d'intersection de ses médianes.

Propriété 6

Soit ABC un triangle quelconque.
Le centre de gravité G de ABC vérifie l'égalité :

$$\overrightarrow{GA}+\overrightarrow{GB}+\overrightarrow{GC}=\overrightarrow{0}\,.$$

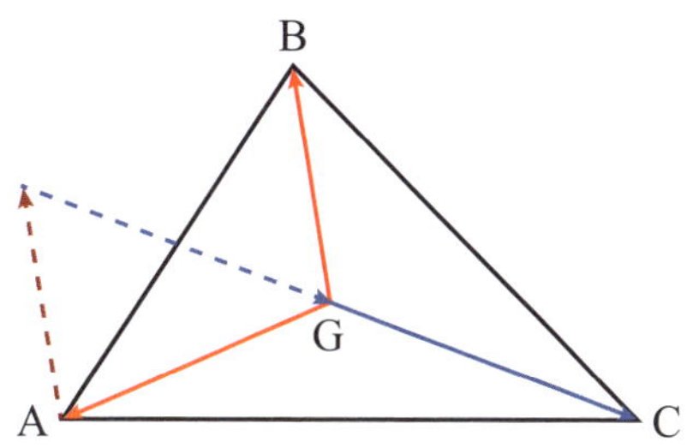

Propriété 7

Soient A, B et C trois points quelconques du plan.
Quel que soit le point M du plan,

$$\overrightarrow{MA}+\overrightarrow{MB}+\overrightarrow{MC}=3\overrightarrow{MG}.$$

Propriété 8

Dans un repère cartésien, le centre de gravité G d'un triangle ABC où $A(x_A\,;\,y_A)$, $B(x_B\,;\,y_B)$ et $C(x_C\,;\,y_C)$ a pour coordonnées :

$$x_G=\frac{x_A+x_B+x_C}{3}\quad;\quad y_G=\frac{y_A+y_B+y_C}{3}.$$

Propriété 9

Soient ABC un triangle quelconque du plan et G son centre de gravité.
Quel que soit le point M du plan,

$$MA^2+MB^2+MC^2=3MG^2+GA^2+GB^2+GC^2.$$

Propriété 10

Soient ABC un triangle quelconque du plan et G son centre de gravité.
Soit M un point quelconquc du plan.

$MA^2 + MB^2 + MC^2$ est minimal lorsque $M = G$.

Solution de l'exercice type 3

Lycée Carnot, Cannes

1 Utilisons le théorème d'Al-Kashi dans le triangle ABC :

$$AB^2 = AC^2 + BC^2 - 2 \times AC \times BC \times \cos\widehat{C}$$
$$6^2 = 9^2 + 5^2 - 2 \times 5 \times 9 \times \cos\widehat{C}$$
$$36 = 81 + 25 - 90\cos\widehat{C}$$
$$\cos\widehat{C} = \frac{81 + 25 - 36}{90} = \frac{7}{9}$$

d'où $\widehat{C} \approx 39°$.

2 Posons I le milieu de $[AB]$.

$$AC^2 + BC^2 = 2CI^2 + \frac{AB^2}{2} \text{(théorème de la médiane)}$$
$$81 + 25 = 2CI^2 + \frac{36}{2}$$
$$CI^2 = \frac{81 + 25 - 18}{2}$$
$$CI = \sqrt{44}.$$

3 D'après le cours, $\text{Aire}(ABC) = \frac{1}{2} \times CA \times CB \times \sin\widehat{C}$

$$\approx \frac{1}{2} \times 9 \times 5 \times \sin(39°)$$
$$\approx 28{,}32 \text{ cm}^2.$$

Illustration à l'échelle $1/2$ *:*

4 D'après le cours, le point M tel que $MA^2 + MB^2 + MC^2$ soit minimal est le centre de gravité G de ABC, intersection de deux médianes.

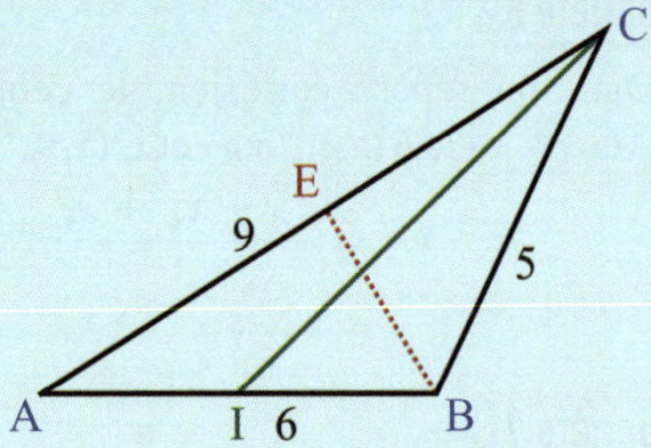

Voir énoncé page 228

1 V/F Connaissance du cours

10 min Corrigé p. 243

Dire si les propositions suivantes sont vraies ou fausses :

1 Un produit scalaire est toujours positif.

2 Si $\vec{u} \cdot \vec{w} = \vec{v} \cdot \vec{w}$ alors $\vec{u} = \vec{v}$.

3 L'ensemble des points M du plan tels que $\overrightarrow{MA} \cdot \overrightarrow{MB} = k \quad (k \in \mathbb{R})$ est un cercle de centre le milieu de $[AB]$.

4 Si $\vec{u}$ et $\vec{v}$ sont deux vecteurs non nuls orthogonaux, alors :

$$\|\vec{u} + \vec{v}\| = \|\vec{u} - \vec{v}\|.$$

2 QCM Applications du produit scalaire

20 min Corrigé p. 244

Déterminer parmi les réponses a, b, c celle qui est correcte.

1 Dans le plan rapporté à un repère orthonormal $(O; \vec{i}, \vec{j})$, on considère les points $I(3\ ;\ -5)$, $J(2\ ;\ 1)$ et $K(7\ ;\ y)$. Si (IJ) est perpendiculaire à (JK), alors y vaut :

a $\frac{11}{6}$ b $-\frac{11}{6}$ c $\frac{5}{6}$

2 Dans le plan rapporté à un repère orthonormal, soit $A(2\ ;\ 0)$, $B(1\ ;\ \sqrt{3})$ et $C(1\ ;\ -\sqrt{3})$. Une mesure de $(\overrightarrow{AB}, \overrightarrow{AC})$ est :

a $\frac{\pi}{3}$ b $\frac{2\pi}{3}$ c $\frac{\pi}{6}$

3 Dans le plan rapporté à un repère orthonormal, soit les droites D_1 et D_2 d'équation respective : $D_1 : 2x + 4y + 5 = 0$ et $D_2 : -5x + \frac{5}{2}y - 12 = 0$. Les droites D_1 et D_2 sont :

a parallèles b confondues c perpendiculaires

4 On considère deux points A et B tels que $AB = 7$ cm. Combien existe-t-il de points C tels que le triangle ABC soit un triangle rectangle d'aire 10 cm^2 ?

a 4 b 8 c Une infinité

5 Dans le plan rapporté à un repère orthonormal, le cercle d'équation :

$$x^2 + y^2 + 14x - 10y + 48 = 0$$

a pour périmètre :

a $2\pi\sqrt{74}$ b 52π c $2\pi\sqrt{26}$

COURS INTERROS CORRIGÉS

3 QCM Équations de cercles

20 min Corrigé p. 245

Choisir l'unique réponse correcte parmi celles proposées pour chaque question :
Dans un repère orthonormal d'origine O, on a : $A(1\,;-3)$ et $B(-4\,;0)$.
$\mathcal{C}$ est le cercle de diamètre $[AB]$.

1 Une équation de $\mathcal{C}$ est :

a $x^2+y^2+3(x+y)=4$ b $\left(x+\frac{3}{2}\right)^2+\left(y+\frac{3}{2}\right)^2=0$

c Autre chose

2 Le rayon de ce cercle est :

a 0 b 34 c $\frac{\sqrt{34}}{2}$

3 Le point $E(1\,;0)$:

a appartient à ce cercle
b n'appartient pas à ce cercle
c on ne peut pas savoir

4 Soit un point de $\mathcal{C}$ d'abscisse 1.
Soit un (les) point(s) du cercle $\mathcal{C}$ d'abscisse 1, et la (les) tangente(s) à $\mathcal{C}$ en ce(s) point(s).

a Il y a une seule tangente au cercle $\mathcal{C}$ passant par un tel point et elle a pour équation $y=-\frac{5}{3}x+\frac{5}{3}$.

b Il y a deux tangentes à $\mathcal{C}$ en des points d'abscisses 1.
c Il n'y a pas de tangente au cercle en un point d'abscisse 1.

4 QCM Parallélogramme

20 min Corrigé p. 246

Soit $ABCD$ un parallélogramme de centre O tel que $AB=5$, $AD=4$ et $BD=7$.

1 L'angle $\widehat{DAB}$ a pour mesure, arrondie au degré :

a 102° b 2° c on ne peut pas savoir

2 La diagonale $[AC]$ a pour longueur arrondie à l'unité :

a 7 b 33 c 6

3 L'angle $\widehat{CAB}$ a pour mesure, arrondie au degré :

a 43° b 137° c on ne peut pas savoir

4 $\overrightarrow{BA}\cdot\overrightarrow{BC}=$

a 4 b -4 c BA^2

Géométrie non repérée

5 Calcul de longueur

★ 10 min Corrigé p. 248

Lycée Sophie Germain, Paris

ABC est un triangle. H est le pied de la hauteur issue de A, $H \in [BC]$.
On a : $AB = 3$, $BH = 2$ et $HC = 3$.

1 Calculer $\overrightarrow{BA} \cdot \overrightarrow{BC}$.

2 En déduire la longueur AC.

6 Vecteurs et parallélogramme

★ 10 min Corrigé p. 248

Lycée Marceau, Chartres

Soit, dans le plan orienté, un parallélogramme $ABCD$ tel que :

$$AB = 6 \text{ cm}, \qquad AD = 4 \text{ cm} \qquad \text{et} \qquad (\overrightarrow{AB}, \overrightarrow{AD}) = \frac{2\pi}{3}.$$

1 Calculer $\overrightarrow{AB} \cdot \overrightarrow{AD}$.

2 **(a)** Exprimer les vecteurs $\overrightarrow{AC}$ et $\overrightarrow{BD}$ en fonction de $\overrightarrow{AB}$ et $\overrightarrow{AD}$.

(b) Calculer $\overrightarrow{AB} \cdot \overrightarrow{AC}$ et $\overrightarrow{AB} \cdot \overrightarrow{BD}$ (utiliser (a)).

(c) Les points C et D se projettent orthogonalement en C' et D' sur la droite (AB).
Calculer AC' et AD'.

7 Une relation vectorielle

★ 10 min Corrigé p. 249

Lycée Jules Ferry, Conflans-Sainte-Honorine

Soit ABC un triangle.
Soit I le milieu de $[BC]$ et K le milieu de $[AI]$.

1 Montrer que le point K vérifie la relation :

$$2\overrightarrow{KA} + \overrightarrow{KB} + \overrightarrow{KC} = \overrightarrow{0}.$$

2 Trouver la valeur du réel α tel que, pour tout point M :

$$2\overrightarrow{MA} + \overrightarrow{MB} + \overrightarrow{MC} = \alpha\overrightarrow{MK}.$$

3 En déduire l'ensemble des points M tels que :

$$2\overrightarrow{MA} \cdot \overrightarrow{MI} + \overrightarrow{MB} \cdot \overrightarrow{MI} + \overrightarrow{MC} \cdot \overrightarrow{MI} = 0.$$

8 Dans un rectangle

★ 10 min

Corrigé p. 250

Lycée Jacques Amyot, Auxerre

On considère un rectangle $ABCD$ tel que $AD = 1$ et $AB = \sqrt{2}$. I est le milieu de $[CD]$.

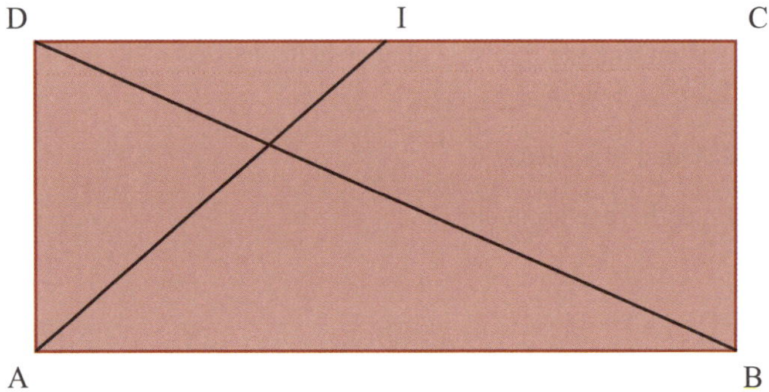

1. Calculer $\overrightarrow{AD} \cdot \overrightarrow{AI}$.
2. En remarquant que $\overrightarrow{AI} = \overrightarrow{AD} + \overrightarrow{DI}$, calculer $\overrightarrow{BA} \cdot \overrightarrow{AI}$.
3. Démontrer que les droites (BD) et (AI) sont perpendiculaires.

9 Théorème d'Al-Kashi

★ 10 min

Corrigé p. 251

Lycée Gustave Eiffel, Bordeaux

On considère un cercle $\mathcal{C}$ de centre O et de rayon 3.

Soient $[AB]$ et $[AC]$ deux cordes de $\mathcal{C}$ telles que $AB = 3$ et $\widehat{BAC} = 80°$, C appartenant au grand arc $\overset{\frown}{AB}$.

1. Faire une figure.
2. Quelle est la nature du triangle OAB ?

   En déduire la mesure de l'angle $\widehat{OAC}$, puis la valeur approchée au centième de la longueur AC.
3. En déduire la valeur approchée au centième de l'aire de ABC.

10 Configuration géométrique

★ 20 min

Corrigé p. 251

Lycée Sophie Germain, Paris

ABC est un triangle. On considère les points D et E extérieurs au triangle ABC tels que les deux triangles ABD et ACE soient rectangles isocèles en A.

1. Faire une figure.
2. (a) Exprimer l'angle $(\overrightarrow{AD}, \overrightarrow{AE})$ en fonction de l'angle $(\overrightarrow{AB}, \overrightarrow{AC})$.

(b) En déduire que $\overrightarrow{AD} \cdot \overrightarrow{AE} = -\overrightarrow{AB} \cdot \overrightarrow{AC}$.

3 (a) Calculer $\overrightarrow{BE} \cdot \overrightarrow{CD}$.

(b) Que peut-on en conclure ?

11 Une autre configuration géométrique ★

20 min Corrigé p. 252

Lycée Jules Ferry, Conflans-Sainte-Honorine

Soit A et B deux points tels que $AB = 5$.

1 (a) Quel est l'ensemble des points M tels que $\overrightarrow{AB} \cdot \overrightarrow{AM} = 10$?

(b) En déduire la construction d'un point C tel que $\overrightarrow{AB} \cdot \overrightarrow{AC} = 10$ et $AC = 4$.

2 Soit D et E les points définis par :

$$\overrightarrow{AD} = -\frac{7}{5}\overrightarrow{AB} \qquad \text{et} \qquad \overrightarrow{AE} = \frac{3}{2}\overrightarrow{AC}.$$

Calculer $\overrightarrow{AB} \cdot \overrightarrow{CD}$, $\overrightarrow{AC} \cdot \overrightarrow{AE}$, $\overrightarrow{AD} \cdot \overrightarrow{AE}$.
En déduire que $\overrightarrow{BE} \cdot \overrightarrow{CD} = 0$.
Que représente la droite (CD) pour le triangle BDE ?

12 Relations métriques et suites ★★

20 min Corrigé p. 254

Lycée Gustave Eiffel, Bordeaux

On construit $n+1$ points alignés $A_0, A_1, \ldots, A_n$ tels que $A_kA_{k+1} = 3$. Soit alors S le point tel que $A_0S = 7$ et $\widehat{A_1A_0S} = \alpha$, où $\alpha \in \left[0\,;\, \frac{\pi}{2}\right]$.

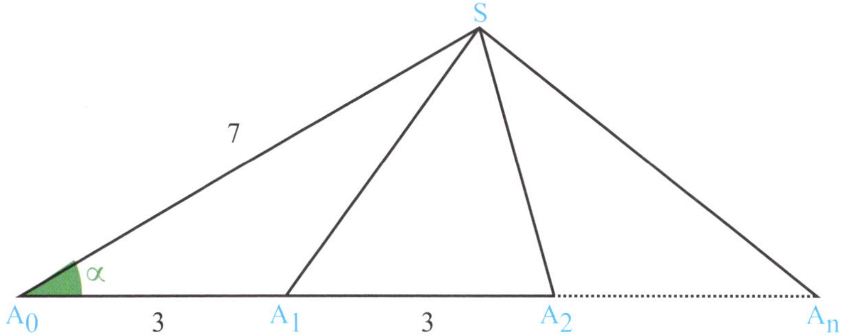

1 Justifier que $SA_2^2 = 2SA_1^2 - 31$.

2 Justifier que $SA_1^2 = 58 - 42\cos\alpha$, puis en déduire SA_1 et SA_2.

3 On pose (u_n) la suite définie par $u_0 = 7$, $u_1 = \sqrt{58 - 42\cos\alpha}$ et $u_n = SA_n$.

Montrer que pour tout entier naturel n, $u_{n+2} = \sqrt{2u_{n+1}^2 - u_n^2 + 18}$.

4 Proposer un algorithme qui permet d'afficher u_{50}.

13 Lignes de niveau d'une application ★★ 30 min

Corrigé p. 256

Lycée Saint-Marc, Lyon

Soit ABC un triangle équilatéral de côté 2. On note I le milieu de $[AB]$, et pour tout point M du plan :

$$f(M) = \overrightarrow{MA} \cdot \overrightarrow{MB}.$$

1 Calculer $f(A)$, $f(B)$, $f(I)$ et $f(C)$.

2 Quel est l'ensemble E_0 des points M du plan tels que $f(M) = 0$?

Dessiner E_0.

3 Montrer que pour tout M :

$$f(M) = MI^2 - 1.$$

4 Déterminer, suivant les valeurs du réel k, l'ensemble E_k des points M du plan tels que $f(M) = k$.

Dessiner E_2 sur la figure.

14 Recherche d'ensemble de points ★★ 50 min

Corrigé p. 258

Lycée Victor Hugo, Marseille

Soient A et B deux points tels que : $AB = 4$ cm.

On définit pour un point M du plan $\mathcal{P}$:

$$\mathcal{A}(M) = \text{Aire}(AMB)$$
$$f(M) = MA - MB$$
$$g(M) = \overrightarrow{AB} \cdot \overrightarrow{AM}$$
$$h(M) = \overrightarrow{MA} \cdot \overrightarrow{MB}$$
$$i(M) = MA^2 + MB^2$$
$$j(M) = MA^2 - MB^2$$

Déterminer et construire l'ensemble des points M du plan vérifiant :

1 $\mathcal{A}(M) = 4$;

2 $f(M) = 0$;

3 $g(M) = 0$;

4 $h(M) = 0$;

5 $i(M) = 2$;

6 $j(M) = -24$.

15 Formule de Héron

★★★ 40 min Corrigé p. 260

Lycée Camille Jullian, Bordeaux

Soit un triangle ABC, et H le pied de la hauteur issue du sommet B. On note AB = c, AC = b, BC = a et BH = h.

1 Exprimer h en fonction de c et $\sin\widehat{A}$, puis en déduire que l'aire du triangle ABC est :

$$\mathcal{A} = \frac{1}{2}bc\sin\widehat{A}.$$

2 À l'aide de la formule d'Al-Kashi, exprimer $\sin^2\widehat{A}$ en fonction de a, b et c.

3 En notant $p = \dfrac{a+b+c}{2}$, montrer alors que :

$$\sin^2\widehat{A} = \frac{4p(p-a)(p-b)(p-c)}{b^2c^2}.$$

4 En déduire alors que :

$$\mathcal{A} = \sqrt{p(p-a)(p-b)(p-c)}.$$

Cette dernière formule est appelée la *formule de Héron*.

5 Application : calculer l'aire d'un triangle dont les côtés ont pour mesure 7 cm, 12 cm et 9 cm.

Géométrie repérée

16 Calcul d'angle

★ 10 min Corrigé p. 262

Lycée Sophie Germain, Paris

Soient, dans un repère orthonormé, les points $A(1\,;3)$, $B(4\,;-2)$ et $C(-1\,;3)$.

1 Calculer $\overrightarrow{AB}\cdot\overrightarrow{AC}$.

2 En déduire une valeur approchée de l'angle $\widehat{BAC}$, au degré près.

17 Équation de la médiatrice

★ 10 min Corrigé p. 262

Lycée Jules Ferry, Conflans-Sainte-Honorine

Dans le plan muni d'un repère orthonormal $(O;\vec{\imath},\vec{\jmath})$, on considère les points $A(-3\,;2)$ et $B(5\,;-4)$.
Déterminer une équation de la médiatrice du segment $[AB]$.

18 Équation cartésienne de droites ★ 10 min

Corrigé p. 263

Lycée Montaigne, Bordeaux

On se place dans un repère orthonormé. Dans chacun des cas suivants, déterminer une équation cartésienne de la droite $\mathcal{D}$.

1. A$(-1\ ;\ 2)$, B$(4\ ;\ -3)$ et $\mathcal{D}$ est la médiatrice de [AB].
2. $\mathcal{D}$ est la droite passant par A$(1\ ;\ 3)$ et perpendiculaire à la droite $\mathcal{D}'$ d'équation $2x - 5y + 3 = 0$.
3. $\mathcal{D}$ est la tangente au cercle de centre O et de rayon 3 passant par le point d'abscisse 2.
4. $\mathcal{D}$ a pour vecteur normal le vecteur $\overrightarrow{n}\begin{pmatrix}2\\-1\end{pmatrix}$ et passe par le point A$(-1\ ;\ 2)$.

19 Nature d'un triangle ★ 15 min

Corrigé p. 264

Lycée Alain, Caen

Soit, dans un repère orthonormal direct $(O; \vec{\imath}, \vec{\jmath})$, les points :

$$A(-2\,;0), \qquad B(1\,;\sqrt{3}) \qquad \text{et} \qquad C(-2\,;2\sqrt{3}).$$

1. Calculer $\|\overrightarrow{AB}\|$, $\|\overrightarrow{AC}\|$, $\cos(\overrightarrow{AB}, \overrightarrow{AC})$ et $\sin(\overrightarrow{AB}, \overrightarrow{AC})$.
   En déduire la mesure principale de l'angle $(\overrightarrow{AB}, \overrightarrow{AC})$.
2. Quelle est la nature du triangle ABC ?

20 Localisation à l'aide d'un algorithme ★ 20 min

Corrigé p. 265

Lycée Odilon Redon, Pauillac

On considère les points A et B de coordonnées respectives $A(3\,;4)$ et $B(-1\,;0)$.
Écrire un algorithme qui demande à l'utilisateur les coordonnées d'un point M et affiche si ce point appartient au cercle $\mathcal{C}$ de diamètre $[AB]$.
Les points $C(-1\,;4)$ et $D(5\,;2)$ sont-ils sur le cercle $\mathcal{C}$?

21 Calcul de norme ★ 20 min

Corrigé p. 266

Lycée Carnot, Cannes

$(O; \vec{\imath}, \vec{\jmath})$ est un repère orthonormal direct. Soit $\vec{v}$ le vecteur tel que :

$$(\vec{\imath}, \vec{v}) = \frac{\pi}{3} \qquad \text{et} \qquad \|\vec{v}\| = 3,$$

et $\vec{w}$ le vecteur tel que :

$$(\vec{v}, \vec{w}) = -\frac{\pi}{2} \qquad \text{et} \qquad \|\vec{w}\| = 4.$$

1. Faire une figure, puis déterminer les coordonnées de $\vec{v}$ et $\vec{w}$.
2. Déterminer $\|\vec{v} + \vec{w}\|$.

22 Droites perpendiculaires

★ 20 min Corrigé p. 267

Lycée Notre Dame du Grandchamp, Versailles

$ABCD$ est un carré, I et J sont les points tels que :

$$\overrightarrow{BI} = \frac{1}{3}\overrightarrow{BC} \quad ; \quad \overrightarrow{CJ} = \frac{1}{3}\overrightarrow{CD}.$$

Démontrer de deux manières différentes (en utilisant le produit scalaire les deux fois) que les droites (AI) et (BJ) sont perpendiculaires.

23 Cercle et droites

★★ 20 min Corrigé p. 268

Lycée Louis Vincent, Metz

Dans le plan muni d'un repère orthonormé $(O; \vec{\imath}, \vec{\jmath})$, on considère les points $A(-1; 2)$, $B(9; 7)$ et $C(0; -5)$.

1 Faire une figure que l'on complétera au fur et à mesure.

2 Montrer qu'une équation cartésienne de la droite (BC) est $4x - 3y - 15 = 0$.

3 Montrer qu'une équation cartésienne de la droite (Δ) passant par A et perpendiculaire à (BC) est $3x + 4y - 5 = 0$.

4 À l'aide des résultats des questions précédentes, déterminer les coordonnées du point H, projeté orthogonal du point A sur (BC).

5 Déterminer une équation du cercle (Γ) de centre A et tangent à la droite (BC).

6 Déterminer les abscisses des points d'intersection de (Γ) avec l'axe des abscisses.

24 Angles et intersection

★★ 20 min Corrigé p. 270

Lycée Jacques Amyot, Auxerre

Dans un repère orthonormé, on considère les points $A(-3\ ;\ 2)$, $B(3\ ;\ 5)$ et $C(5\ ;\ -4)$.

1 Calculer $\overrightarrow{AB} \cdot \overrightarrow{AC}$.

2 Calculer les distances AB et AC.

3 Déduire des questions précédentes une valeur approchée au degré près de l'angle $\widehat{BAC}$.

4 Soit $D(1{,}5\ ;\ 3)$. Montrer que $(CD) \perp (AB)$ et que $(BD) \perp (AC)$.

5 Que représente le point D pour le triangle ABC ?

6 Soit H le point d'intersection des droites (BD) et (AC).

Sans faire de calcul, expliquer pourquoi $\overrightarrow{AB} \cdot \overrightarrow{AC} = AH \times AC$. En déduire que $AH = 3$ cm.

25 Étude d'un cercle

★★ 20 min Corrigé p. 270

Lycée Clémenceau, Nantes

Le plan est rapporté à un repère orthonormal.
Déterminer le rayon du cercle passant par $A(2\ ;\ -1)$ et $B(1\ ;\ 3)$ et dont le centre est sur la droite d'équation :

$$x + y + 1 = 0.$$

26 Équations de droites et de cercles

★★ 20 min Corrigé p. 272

Lycée Notre Dame du Grandchamp, Versailles

Dans un repère orthonormé $(O; \vec{\imath}, \vec{\jmath})$, on considère les points $A(1\ ;\ -2)$, $B(4\ ;\ -1)$ et $C(4\ ;\ 4)$.

1 **(a)** Déterminer une équation de la médiatrice D_1 de $[AB]$.
(b) Déterminer une équation de la médiatrice D_2 de $[BC]$.

2 En déduire une équation du cercle circonscrit à ABC.

27 La droite d'Euler

★★ 30 min Corrigé p. 273

Lycée Camille Jullian, Bordeaux

Dans un repère orthonormé $(O; \vec{\imath}, \vec{\jmath})$, on considère les points $A(-5\ ;\ 1)$, $B(1\ ;\ -2)$ et $C(7\ ;\ 4)$.

1 Trouver les coordonnées du centre de gravité G de ABC.

2 Trouver les coordonnées du centre I du cercle circonscrit à ABC.

3 Trouver les coordonnées de l'orthocentre H de ABC (point d'intersection des hauteurs).

4 Montrer que G, I et H sont alignés.

5 La *droite d'Euler* de ABC est la droite (GH). Donner une équation cartésienne de cette droite.

28 Équation de cercle

★★★ 20 min Corrigé p. 275

Lycée Notre Dame du Grandchamp, Versailles

Retrouvez le corrigé de cet exercice en vidéo avec live!

Dans un repère orthonormé, on considère le cercle $\mathcal{C}$ d'équation :

$$x^2 + y^2 - 6x - 4y - 4 = 0.$$

1 Déterminer les coordonnées du centre Ω de ce cercle et son rayon.

2 Vérifier que le point $A(-1\ ;\ 1)$ appartient à ce cercle et déterminer une équation de la tangente en A à $\mathcal{C}$.

3 Soit $\mathcal{D}$ la droite d'équation $x - y = 4$.
Déterminer une équation du cercle $\mathcal{C}'$ de centre Ω tel que $\mathcal{D}$ soit tangente à $\mathcal{C}'$.

1 V/F Connaissance du cours

Enoncé p. 233

1 *Faux*. Dans le repère orthonormal $(O; \vec{\imath}, \vec{\jmath})$, si $\vec{u}$ et $\vec{v}$ ont pour coordonnées respectives $\vec{u}(2\,;5)$ et $\vec{v}(1\,;-5)$ alors :

$$\vec{u}\cdot\vec{v} = 2\times 1 - 5\times 5 = -23$$

Le produit scalaire $\vec{u}\cdot\vec{v}$ est strictement négatif.

2 *Faux*. Soit $\vec{u}(2\,;0)$, $\vec{v}(0\,;8)$ et $\vec{w}(0\,;15)$. On a :

$$\vec{u}\cdot\vec{v} = 2\times 0 + 0\times 8 = 0$$
$$\vec{u}\cdot\vec{w} = 2\times 0 + 0\times 15 = 0$$

Cependant $\vec{u}$ et $\vec{v}$ ne sont pas égaux.

3 *Faux*. Soit I le milieu de $[AB]$.

$$\begin{aligned}\overrightarrow{MA}\cdot\overrightarrow{MB} &= \left(\overrightarrow{MI}+\overrightarrow{IA}\right)\cdot\left(\overrightarrow{MI}+\overrightarrow{IB}\right)\\ &= \overrightarrow{MI}^2 + \overrightarrow{MI}\cdot\left(\overrightarrow{IA}+\overrightarrow{IB}\right) + \overrightarrow{IA}\cdot\overrightarrow{IB}\end{aligned}$$

Or, $\overrightarrow{IA}+\overrightarrow{IB} = \vec{0}$ et $\overrightarrow{IA}\cdot\overrightarrow{IB} = -IA^2 = -\left(\frac{1}{2}AB\right)^2 = -\frac{1}{4}AB^2$.
Par suite,

$$\overrightarrow{MA}\cdot\overrightarrow{MB} = k \iff MI^2 - \frac{1}{4}AB^2 = k$$
$$\overrightarrow{MA}\cdot\overrightarrow{MB} = k \iff MI^2 = k + \frac{1}{4}AB^2$$

Si $k + \frac{1}{4}AB^2 < 0$, alors l'ensemble cherché est vide.

4 *Vrai*.

$$\|\vec{u}+\vec{v}\|^2 = (\vec{u}+\vec{v})^2 = \vec{u}^2 + 2\vec{u}\cdot\vec{v} + \vec{v}^2$$

Comme $\vec{u}$ et $\vec{v}$ sont orthogonaux, $\vec{u}\cdot\vec{v} = 0$.
Par suite,

$$\|\vec{u}+\vec{v}\|^2 = \vec{u}^2 + \vec{v}^2$$

$$\|\vec{u}-\vec{v}\|^2 = (\vec{u}-\vec{v})^2 = \vec{u}^2 - 2\vec{u}\cdot\vec{v} + \vec{v}^2$$

On a donc aussi :

$$\|\vec{u}-\vec{v}\|^2 = \vec{u}^2 + \vec{v}^2$$

D'où :

$$\|\vec{u}+\vec{v}\|^2 = \|\vec{u}-\vec{v}\|^2$$

Et comme $\|\vec{u}+\vec{v}\|$ et $\|\vec{u}-\vec{v}\|$ sont positifs, alors $\|\vec{u}+\vec{v}\| = \|\vec{u}-\vec{v}\|$.

COURS

INTERROS

CORRIGÉS

2 QCM Applications du produit scalaire

Enoncé p. 233

1 Réponse **a**. On a : $\overrightarrow{IJ}(-1\,;\,6)$ et $\overrightarrow{JK}(5\,;\,y-1)$. Les droites (IJ) et (JK) sont perpendiculaires si et seulement si $\overrightarrow{IJ}\cdot\overrightarrow{JK}=0$, soit :

$$-5+6(y-1)=0$$

Cette équation admet pour unique solution : $y=\dfrac{11}{6}$.

2 Réponse **b**. D'après le cours, $\overrightarrow{AB}\cdot\overrightarrow{AC}=AB\times AC\times\cos(\overrightarrow{AB},\overrightarrow{AC})$.
Or, $\overrightarrow{AB}(-1\,;\,\sqrt{3})$ et $\overrightarrow{AC}(-1\,;\,-\sqrt{3})$.
Donc $\|\overrightarrow{AB}\|^2=\left(\sqrt{3}\right)^2+(-1)^2=4$ et $\|\overrightarrow{AC}\|^2=\left(-\sqrt{3}\right)^2+(-1)^2=4$.
On a alors : $\overrightarrow{AB}\cdot\overrightarrow{AC}=2\times 2\times\cos(\overrightarrow{AB},\overrightarrow{AC})$.
De plus, $\overrightarrow{AB}\cdot\overrightarrow{AC}=(-1)^2-\sqrt{3}^2=-2$ donc $\cos(\overrightarrow{AB},\overrightarrow{AC})=-\dfrac{1}{2}$.
Or, parmi les propositions, seul $\cos\dfrac{2\pi}{3}=-\dfrac{1}{2}$.
La bonne réponse est donc **b**.

3 Réponse **c**. Un vecteur directeur de $\mathcal{D}_1$ est $\vec{u}_1(-4\,;\,2)$ et un vecteur directeur de $\mathcal{D}_2$ est $\vec{u}_2\left(-\dfrac{5}{2}\,;\,-5\right)$, d'après le cours.

$$\vec{u}_1\cdot\vec{u}_2=-4\times\left(-\frac{5}{2}\right)+(-5)\times 2=0.$$

Les vecteurs directeurs de ces deux droites sont donc orthogonaux, et les droites sont perpendiculaires.

4 Réponse **b**. Soit H le projeté orthogonal de C sur la droite (AB).
On a :

$$\frac{1}{2}AB\times CH=10.$$

Soit : $CH=\dfrac{20}{7}$.
On en déduit que C appartient à l'une des deux droites $\mathcal{D}_1$ et $\mathcal{D}_2$ parallèles à (AB) dont la distance à (AB) est $\dfrac{20}{7}$.
De plus, le triangle ABC est rectangle. Il existe deux positions de C telles que ABC soit rectangle en A ($C\in\mathcal{D}_1$ ou $C\in\mathcal{D}_2$).
De même, il existe deux positions de C tel que ABC soit rectangle en B.
Le triangle ABC peut aussi être rectangle en C. Ceci est réalisé si et seulement si $\overrightarrow{CA}.\overrightarrow{CB}=0$, c'est-à-dire si et seulement si C appartient au cercle de diamètre $[AB]$.
Le rayon de ce cercle est $\dfrac{7}{2}$ et la distance de (AB) à $\mathcal{D}_1$ ou $\mathcal{D}_2$ est $\dfrac{20}{7}$.

Comme $\frac{7}{2} > \frac{20}{7}$, le cercle de diamètre $[AB]$ coupe $\mathcal{D}_1$ en deux points distincts et $\mathcal{D}_2$ en deux autres points.
Finalement, il existe 8 possibilités pour placer le point C (voir figure ci-dessous).

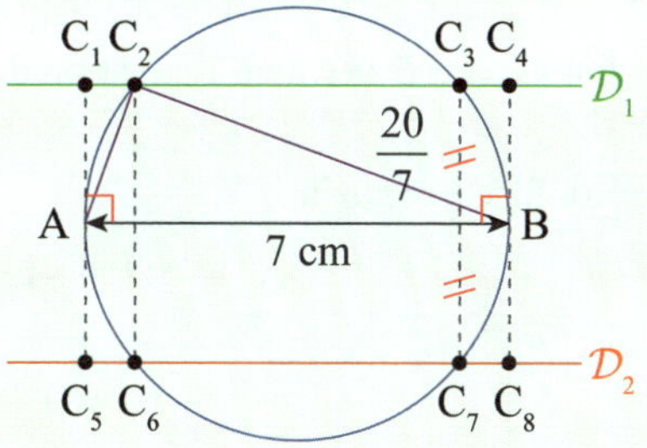

5 Réponse **c**. On ramène l'équation du cercle à la forme :

$$(x-a)^2 + (y-b)^2 = R^2$$

$$x^2 + y^2 + 14x - 10y + 48 = 0$$

$$\iff (x+7)^2 - 49 + (y-5)^2 - 25 + 48 = 0$$

$$\iff (x+7)^2 + (y-5)^2 = 26$$

Ce cercle a pour centre le point $I(-7\,;\,5)$ et pour rayon $R = \sqrt{26}$.
Par suite, son périmètre est $2\pi R = 2\pi\sqrt{26}$.

3 QCM Équations de cercles

Enoncé p. 234

1 Réponse **a**. Le centre du cercle est I, milieu de $[AB]$.
I a pour coordonnées $\left(\frac{1-4}{2}\,;\,\frac{-3+0}{2}\right)$, donc $I\left(-\frac{3}{2}\,;\,-\frac{3}{2}\right)$.
Le rayon du cercle est la longueur AI (ou BI).

$$AI^2 = \left(-\frac{3}{2}-1\right)^2 + \left(-\frac{3}{2}+3\right)^2$$

$$= \frac{25}{4} + \frac{9}{4}$$

$$= \frac{34}{4}$$

Donc une équation du cercle est $\left(x+\frac{3}{2}\right)^2 + \left(y+\frac{3}{2}\right)^2 = \frac{34}{4}$, ou encore, en développant :

$$x^2 + 3x + \frac{9}{4} + y^2 + 3y + \frac{9}{4} = \frac{34}{4}$$

On obtient finalement : $x^2 + y^2 + 3(x+y) = 4$.

2 Réponse **c**. Le carré du rayon est $\frac{34}{4}$, donc le rayon est $\sqrt{\frac{34}{4}} = \frac{\sqrt{34}}{2}$.

3 Réponse **a**. En remplaçant x par 1 et y par 0 dans l'équation du cercle, on obtient :

$$1^2 + 0^2 + 3(1+0) = 1 + 3 = 4$$

Les coordonnées de E vérifient l'équation du cercle, donc E appartient au cercle $\mathcal{C}$.

4 Réponse **b**. Si $x = 1$, on a :

$$1^2 + y^2 + 3(1+y) = 4$$

et donc :

$$y^2 + 3y = 0$$

ou, en factorisant :

$$y(y+3) = 0$$

Cette équation a pour solutions 0 et -3, donc il y a deux points du cercle d'abscisse 1, le point E et le point de coordonnées $(1\ ;\ -3)$, et il y a donc deux tangentes.

4 QCM Parallélogramme

Enoncé p. 234

MÉTHODE

Pour chacune des questions, nous allons utiliser le théorème d'Al-Kashi dans un triangle bien choisi.

1 Réponse **a**.

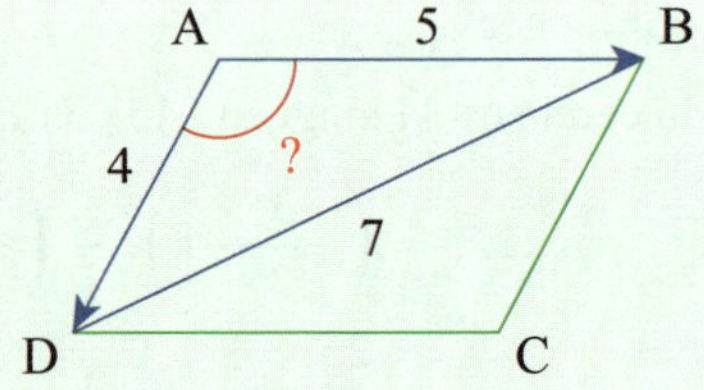

$$BD^2 = AD^2 + AB^2 - 2AD \times AB \times \cos(\widehat{DAB})$$

$$49 = 16 + 25 - 40 \times \cos(\widehat{DAB})$$

Donc : $\cos(\widehat{DAB}) = -\frac{8}{40} = -\frac{1}{5}$.

À la calculatrice, ceci correspond à un angle d'environ 102°.

2 Réponse **c**.

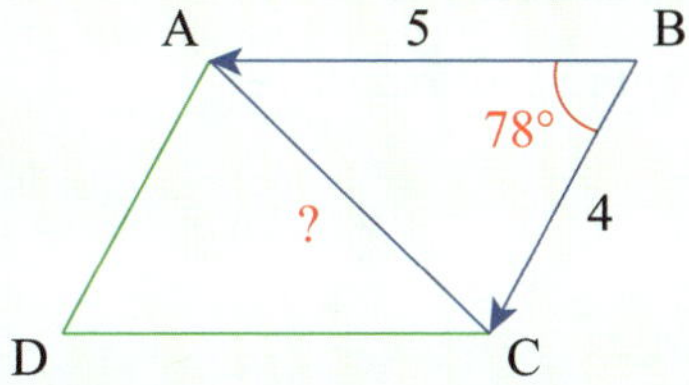

Puisque l'angle $\widehat{DAB}$ mesure environ 102°, l'angle $\widehat{ABC}$ mesure environ $180° - 102° = 78°$.
Cependant, il vaut mieux reprendre la valeur plus précise donnée par la calculatrice. On a alors :

$$AC^2 = BA^2 + BC^2 - 2BA \times BC \times \cos(\widehat{ABC})$$

On obtient : $AC^2 \approx 33$ et donc $AC \approx 6$.

3 Réponse **a**.

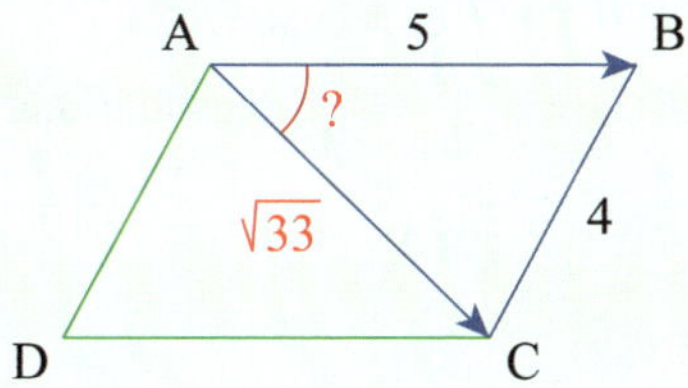

La réponse **b** est évidemment fausse compte tenu de la valeur de l'angle $\widehat{DAB}$. On a :

$$BC^2 = AC^2 + AB^2 - 2AB \times AC \times \cos(\widehat{CAB})$$

$$16 = 33 + 25 - 2 \times 5 \times \cos(\widehat{CAB})$$

Donc : $\cos(\widehat{CAB}) = \dfrac{42}{10\sqrt{33}}$.
La calculatrice donne alors $\widehat{CAB} \approx 43°$.

4 Réponse **a**.

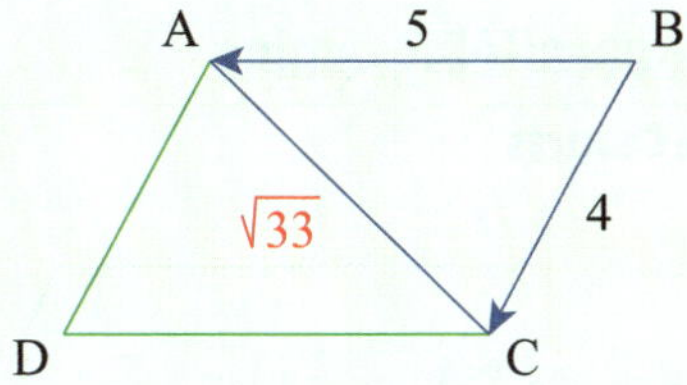

On a $AC^2 = BA^2 + BC^2 - 2\overrightarrow{BA} \cdot \overrightarrow{BC}$.
Donc $\overrightarrow{BA} \cdot \overrightarrow{BC} = \dfrac{25 + 16 - 33}{2} = 4$.

5 Calcul de longueur

Enoncé p. 235

Lycée Sophie Germain, Paris

1 Voilà une figure approximative :

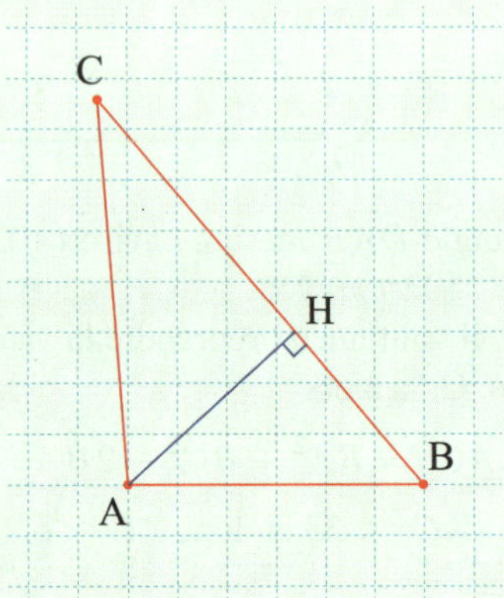

$\overrightarrow{BA} \cdot \overrightarrow{BC} = BA \times BC \times \cos(\widehat{ABC})$.

Or, $\cos(\widehat{ABC}) = \dfrac{HB}{AB} = \dfrac{2}{3}$ (dans le triangle ABH rectangle en H).

Donc $\overrightarrow{BA} \cdot \overrightarrow{BC} = 3 \times (2+3) \times \dfrac{2}{3} = 10$.

2 On a :

$$AC^2 = BA^2 + BC^2 - 2\overrightarrow{BA} \cdot \overrightarrow{BC}$$
$$AC^2 = 9 + 25 - 20$$
$$AC^2 = 14$$
$$AC = \sqrt{14}$$

Remarque : on pourrait aussi pu calculer AC à l'aide du théorème de Pythagore dans AHB pour trouver AH, puis dans AHC pour trouver AC. Cette méthode nous sert juste pour nous familiariser avec le théorème d'Al-Kashi.

6 Vecteurs et parallélogramme

Enoncé p. 235

Lycée Marceau, Chartres

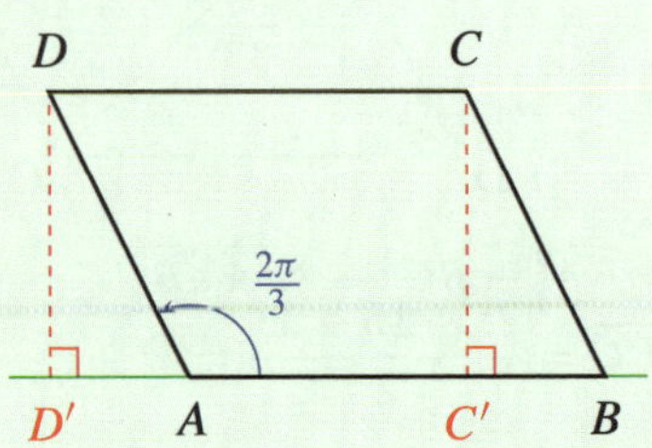

1 On a :

$$\overrightarrow{AB} \cdot \overrightarrow{AD} = AB \times AD \times \cos\left(\frac{2\pi}{3}\right)$$
$$= 6 \times 4 \times \left(-\frac{1}{2}\right)$$
$$= -12$$

2 **(a)** On a :

$$\overrightarrow{AC} = \overrightarrow{AB} + \overrightarrow{AD} \qquad \text{et} \qquad \overrightarrow{BD} = \overrightarrow{AD} - \overrightarrow{AB}$$

(b) On a :

$$\overrightarrow{AB} \cdot \overrightarrow{AC} = \overrightarrow{AB} \cdot (\overrightarrow{AB} + \overrightarrow{AD})$$
$$= \overrightarrow{AB}^2 + \overrightarrow{AB} \cdot \overrightarrow{AD}$$
$$= 36 - 12 = 24$$
$$\overrightarrow{AB} \cdot \overrightarrow{BD} = \overrightarrow{AB} \cdot (\overrightarrow{AD} - \overrightarrow{AB})$$
$$= \overrightarrow{AB} \cdot \overrightarrow{AD} - \overrightarrow{AB}^2$$
$$= -12 - 36 = -48$$

(c) On a :

$$\overrightarrow{AB} \cdot \overrightarrow{AC} = AB \times AC' = 24 \quad \text{et} \quad AB = 6\,,$$

donc :

$$AC' = 4$$
$$\overrightarrow{AB} \cdot \overrightarrow{AD} = -AB \times AD' = -12 \quad \text{et} \quad AB = 6.$$

Ainsi :

$$AD' = 2.$$

7 Une relation vectorielle

Enoncé p. 235

Lycée Jules Ferry, Conflans-Sainte-Honorine

1 K est le milieu de $[AI]$, et on a donc :

$$\overrightarrow{KA} + \overrightarrow{KI} = \overrightarrow{0}$$

Par ailleurs, I étant le milieu de $[BC]$, on a :

$$\overrightarrow{KB} + \overrightarrow{KC} = 2\overrightarrow{KI} = -2\overrightarrow{KA}$$

On en déduit donc la relation vectorielle :

$$2\overrightarrow{KA} + \overrightarrow{KB} + \overrightarrow{KC} = 2\overrightarrow{KA} - 2\overrightarrow{KA} = \overrightarrow{0}$$

COURS INTERROS CORRIGÉS

2 En utilisant la relation de Chasles, on a pour tout point M du plan,

$$\begin{aligned}&2\overrightarrow{MA}+\overrightarrow{MB}+\overrightarrow{MC}\\&=2\left(\overrightarrow{MK}+\overrightarrow{KA}\right)+\left(\overrightarrow{MK}+\overrightarrow{KB}\right)+\left(\overrightarrow{MK}+\overrightarrow{KC}\right)\\&=4\overrightarrow{MK}+\underbrace{2\overrightarrow{KA}+\overrightarrow{KB}+\overrightarrow{KC}}_{=\vec{0}}\end{aligned}$$

d'où, en identifiant :

$$\alpha = 4.$$

3 On a :

$$\begin{aligned}&2\overrightarrow{MA}\cdot\overrightarrow{MI}+\overrightarrow{MB}\cdot\overrightarrow{MI}+\overrightarrow{MC}\cdot\overrightarrow{MI}=0\\&\iff (2\overrightarrow{MA}+\overrightarrow{MB}+\overrightarrow{MC})\cdot\overrightarrow{MI}=0\\&\iff 4\overrightarrow{MK}\cdot\overrightarrow{MI}=0\\&\iff \overrightarrow{MK}\cdot\overrightarrow{MI}=0\\&\iff M \text{ est sur le cercle de diamètre } [IK].\end{aligned}$$

L'ensemble des points M cherché est donc le cercle de diamètre $[IK]$.

8 Dans un rectangle

Enoncé p. 236

Lycée Jacques Amyot, Auxerre

1

$$\begin{aligned}\overrightarrow{AD}\cdot\overrightarrow{AI}&=\overrightarrow{AD}\cdot\left(\overrightarrow{AD}+\overrightarrow{DI}\right)\\&=\overrightarrow{AD}\cdot\overrightarrow{AD}+\overrightarrow{AD}\cdot\overrightarrow{DI}\\&=AD^2+0 \text{ car } \overrightarrow{AD}\perp\overrightarrow{DI}\\&=1.\end{aligned}$$

2

$$\begin{aligned}\overrightarrow{BA}\cdot\overrightarrow{AI}&=\overrightarrow{BA}\cdot\left(\overrightarrow{AD}+\overrightarrow{DI}\right)\\&=\overrightarrow{BA}\cdot\overrightarrow{AD}+\overrightarrow{BA}\cdot\overrightarrow{DI}\\&=0+BA\times DI\times\cos\left(\overrightarrow{BA}\,;\,\overrightarrow{DI}\right)\\&=BA\times DI\times(-1)\\&=-1.\end{aligned}$$

3 Pour démontrer que (BD) et (AI) sont perpendiculaires, on peut démontrer que $\overrightarrow{BD}\cdot\overrightarrow{AI}=0$.

$$\begin{aligned}\overrightarrow{BD}\cdot\overrightarrow{AI}&=\left(\overrightarrow{BA}+\overrightarrow{AD}\right)\cdot\overrightarrow{AI}\\&=\overrightarrow{BA}\cdot\overrightarrow{AI}+\overrightarrow{AD}\cdot\overrightarrow{AI}\\&=-1+1 \text{ (d'après les questions précédentes)}\\&=0.\end{aligned}$$

Ainsi, (BD) et (AI) sont perpendiculaires.

9 Théorème d'Al-Kashi

Enoncé p. 236

Lycée Gustave Eiffel, Bordeaux

1 Figure :

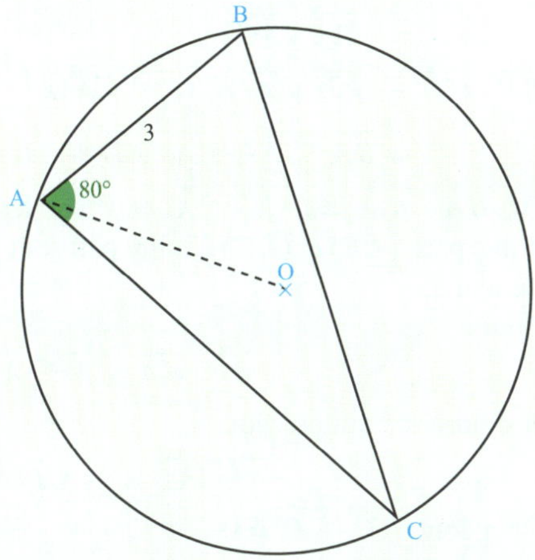

2 $OA = OB = AB$ donc OAB est un triangle équilatéral. On en déduit que $\widehat{OAB} = 60°$ et donc que $\widehat{OAC} = 20°$.
Or, AOC est isocèle en O car $OA = OC$ donc :

$$\widehat{AOC} = 180° - 2 \times 20° = 140°.$$

Le théorème d'Al-Kashi appliqué au triangle OAC donne :

$$\begin{aligned} AC^2 &= OA^2 + OC^2 - 2 \times OA \times OC \times \cos\widehat{AOC} \\ &= 9 + 9 - 18\cos\left(140°\right) \end{aligned}$$

soit $AC \approx 5{,}64$.

3 $$\begin{aligned} \text{Aire}(ABC) &= \frac{1}{2} \times AB \times AC \times \sin\widehat{CAB} \\ &\approx 3 \times 5{,}64 \times \sin 80° \\ &\approx 8{,}33. \end{aligned}$$

10 Configuration géométrique

Enoncé p. 236

Lycée Sophie Germain, Paris

1 Voir figure page suivante (en fin de corrigé).

2 **(a)** $$\begin{aligned} (\overrightarrow{AD},\overrightarrow{AE}) &= (\overrightarrow{AD},\overrightarrow{AB}) + (\overrightarrow{AB},\overrightarrow{AC}) + (\overrightarrow{AC},\overrightarrow{AE}) \\ &= \frac{\pi}{2} + (\overrightarrow{AB},\overrightarrow{AC}) + \frac{\pi}{2} \\ &= (\overrightarrow{AB},\overrightarrow{AC}) + \pi \end{aligned}$$

(b) $$\begin{aligned} \overrightarrow{AD} \cdot \overrightarrow{AE} &= AD \times AE \times \cos(\overrightarrow{AD},\overrightarrow{AE}) \\ &= AD \times AE \times \cos\left(\pi + (\overrightarrow{AB},\overrightarrow{AC})\right) \end{aligned}$$

Or, $AD = AB$, $AE = AC$ et $\cos\left(\pi+(\overrightarrow{AB},\overrightarrow{AC})\right) = -\cos(\overrightarrow{AB},\overrightarrow{AC})$ donc :

$$\overrightarrow{AD}\cdot\overrightarrow{AE} = -AB \times AC \times \cos(\overrightarrow{AB},\overrightarrow{AC})$$
$$= -\overrightarrow{AB}\cdot\overrightarrow{AC}$$

3 **(a)** $\overrightarrow{BE}\cdot\overrightarrow{CD} = (\overrightarrow{BA}+\overrightarrow{AE})\cdot(\overrightarrow{CA}+\overrightarrow{AD})$

$$= \overrightarrow{BA}\cdot\overrightarrow{CA}+\overrightarrow{BA}\cdot\overrightarrow{AD}+\overrightarrow{AE}\cdot\overrightarrow{CA}+\overrightarrow{AE}\cdot\overrightarrow{AD}$$

Or, $\overrightarrow{BA}\cdot\overrightarrow{AD} = \overrightarrow{AE}\cdot\overrightarrow{CA} = 0$ car les droites (DA) et (AB) d'une part, (AE) et (AC) d'autre part sont perpendiculaires d'après l'énoncé.

De plus,

$$\overrightarrow{BA}\cdot\overrightarrow{CA} = \overrightarrow{AB}\cdot\overrightarrow{AC}$$

et d'après ce qui précède,

$$\overrightarrow{AE}\cdot\overrightarrow{AD} = -\overrightarrow{AB}\cdot\overrightarrow{AC}$$

On a donc $\overrightarrow{BE}\cdot\overrightarrow{CD} = 0$.

(b) On en déduit que les droites (BE) et (CD) sont perpendiculaires.

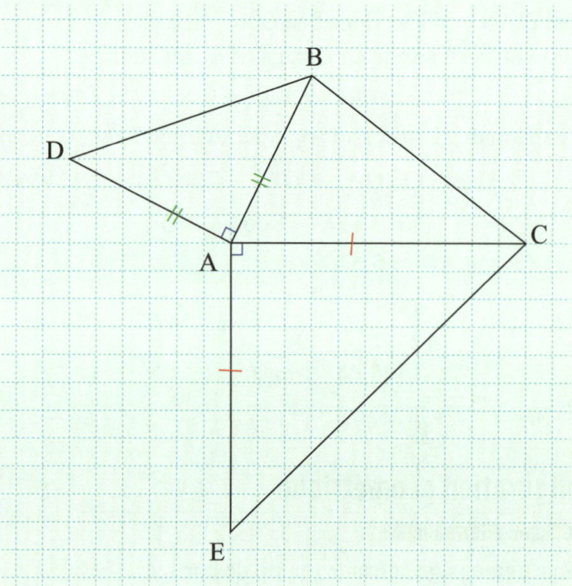

11 Une autre configuration géométrique

Enoncé p. 237

Lycée Jules Ferry, Conflans-Sainte-Honorine

1 **(a)** Soit H le projeté orthogonal de M sur (AB).

Par définition, $\overrightarrow{AB}\cdot\overrightarrow{AM} = \overrightarrow{AB}\cdot\overrightarrow{AH}$, et on souhaite que $\overrightarrow{AB}\cdot\overrightarrow{AM} = 10$ donc $\overrightarrow{AB}\cdot\overrightarrow{AH} = 10$.

Or, $\overrightarrow{AB} \cdot \overrightarrow{AH} > 0 \iff \begin{cases} \overrightarrow{AB} \text{ et } \overrightarrow{AH} \text{ sont de même sens} \\ \overrightarrow{AB} \cdot \overrightarrow{AH} = AB \times AH \end{cases}$

On a donc : $\overrightarrow{AB} \cdot \overrightarrow{AM} = 10 \iff \begin{cases} \overrightarrow{AB} \text{ et } \overrightarrow{AH} \text{ sont de même sens} \\ AB \times AH = 10 \end{cases}$.

Comme $AB = 5$, on en déduit $AH = 2$.

La seule position possible pour H est donc :

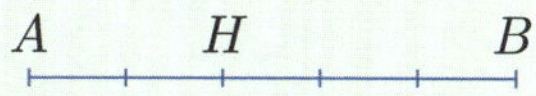

H étant le projeté orthogonal de M sur (AB), M est sur la droite Δ perpendiculaire à (AB) passant par H.

Conclusion : l'ensemble de tous les points M tels que $\overrightarrow{AB} \cdot \overrightarrow{AM} = 10$ est la droite Δ.

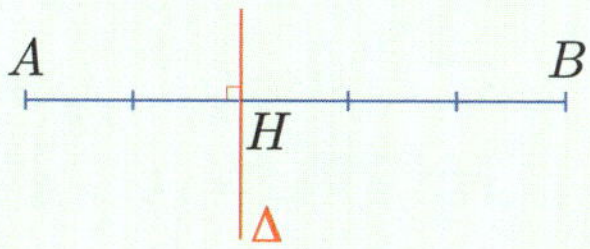

(b) On a :

$$\overrightarrow{AB} \cdot \overrightarrow{AC} = 10 \iff C \in \Delta$$
$$AC = 4 \iff C \in \mathcal{C}(A,4)$$

Le point C doit donc appartenir à la fois à la droite Δ et au cercle $\mathcal{C}$ de centre A et de rayon 4.

Comme la distance du point A à la droite Δ est 2 ($AH = 2$), la droite Δ est sécante au cercle $\mathcal{C}$ et il y a deux points possibles : C_1 et C_2.

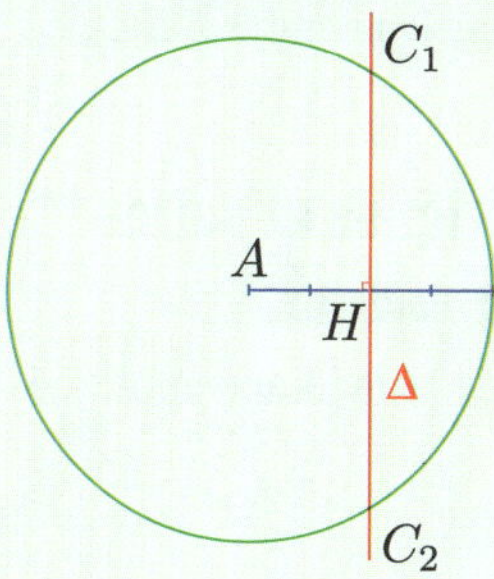

2 On a :

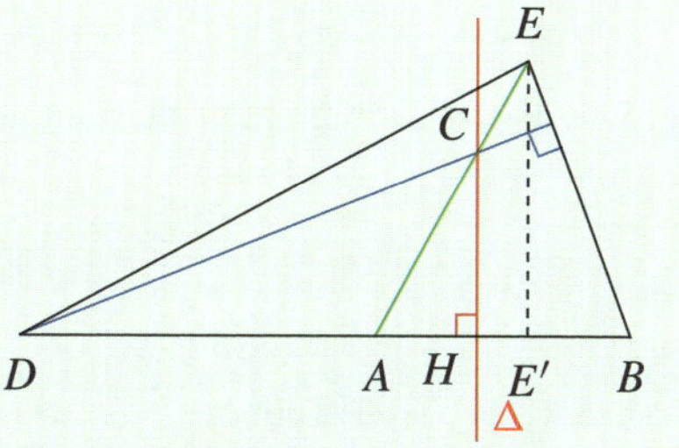

$$\overrightarrow{AB}\cdot\overrightarrow{CD} = -\overrightarrow{AB}\cdot\overrightarrow{DC}$$

Or, C se projette en H sur (AB) donc :

$$\overrightarrow{AB}\cdot\overrightarrow{CD} = -5\times DH$$

$$\begin{aligned} DH &= DA + AH \\ &= \frac{7}{5}AB + 2 \\ &= \frac{7}{5}\times 5 + 2 \\ &= 9. \end{aligned}$$

Donc :

$$\overrightarrow{AB}\cdot\overrightarrow{CD} = -AB\times HD = -5\times 9 = -45.$$

$$\overrightarrow{AC}\cdot\overrightarrow{AE} = AC\times AE = 4\times 6 = 24.$$

$$\overrightarrow{AD}\cdot\overrightarrow{AE} = -AD\times AE' = -7\times 3 = -21.$$

De plus,

$$\begin{aligned} \overrightarrow{BE}\cdot\overrightarrow{CD} &= (\overrightarrow{BA}+\overrightarrow{AE})\cdot\overrightarrow{CD} \\ &= -\overrightarrow{AB}\cdot\overrightarrow{CD} + \overrightarrow{AE}\cdot(\overrightarrow{AD}-\overrightarrow{AC}) \\ &= -\overrightarrow{AB}\cdot\overrightarrow{CD} + \overrightarrow{AD}\cdot\overrightarrow{AE} - \overrightarrow{AC}\cdot\overrightarrow{AE} \\ &= 45 - 21 - 24 \\ &= 0\,. \end{aligned}$$

Donc $(BE)\perp(CD)$, ce qui prouve que la droite (CD) est la hauteur issue de D dans le triangle BED.

12 Relations métriques et suites

Enoncé p. 237

Lycée Gustave Eiffel, Bordeaux

1 Le théorème de la médiane appliqué dans le triangle SA_0A_2 donne :

$$SA_0^2 + SA_2^2 = 2SA_1^2 + \frac{A_0A_2^2}{2}$$

ce qui donne :

$$49 + SA_2^2 = 2SA_1^2 + 18 \iff SA_2^2 = 2SA_1^2 - 31.$$

2 Le théorème d'Al-Kashi appliqué au triangle SA_0A_1 donne :

$$\begin{aligned} SA_1^2 &= SA_0^2 + A_1A_0^2 - 2\times SA_0\times A_0A_1\times\cos\alpha \\ SA_1^2 &= 49 + 9 - 42\cos\alpha \\ SA_1^2 &= 58 - 42\cos\alpha. \end{aligned}$$

On en déduit alors que :

$$SA_1 = \sqrt{58 - 42\cos\alpha}.$$

De la question précédente, on peut alors déduire :

$$SA_2^2 = 2(58 - 42\cos\alpha) - 31$$

$$SA_2 = \sqrt{85 - 84\cos\alpha}.$$

3 Par construction, dans le triangle SA_nA_{n+2}, le théorème de la médiane donne :

$$SA_n^2 + SA_{n+2}^2 = 2SA_{n+1}^2 + \frac{A_nA_{n+2}^2}{2}.$$

Donc :

$$SA_{n+2}^2 = 2SA_{n+1}^2 - SA_n^2 + 18.$$

Autrement dit,

$$u_{n+2} = \sqrt{2u_{n+1}^2 - u_n^2 + 18}.$$

4 **Algorithme**

```
a ← angle
u ← 7
v ← √(58 − 42 cos a)
Pour n allant de 0 à 48:
    w ← √(2*v*v-u*u+18)
    u ← v
    v ← w
Fin du Pour
Afficher w
```

En Python

Retrouvez ce programme en ligne avec live!

Ce programme affiche : 146.62537297480264

```
import math

a = math.pi/3
u = 7
v = math.sqrt(58-42*math.cos(a))

for n in range(49):
    w = math.sqrt(2*v*v-u*u+18)
    u = v
    v = w

print(w)
```

13 Lignes de niveau d'une application

Enoncé p. 238

Lycée Saint-Marc, Lyon

Commençons par faire un schéma :

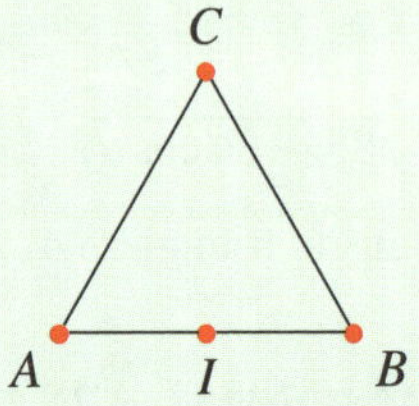

1 On a par définition :

$$f(A) = \overrightarrow{AA} \cdot \overrightarrow{AB} = 0$$

et

$$f(B) = \overrightarrow{BA} \cdot \overrightarrow{BB} = 0.$$

On a ensuite :

$$\begin{aligned} f(I) &= \overrightarrow{IA} \cdot \overrightarrow{IB} \\ &= IA \times IB \times \cos\big(\underbrace{\overrightarrow{IA}; \overrightarrow{IB}}_{=\pi}\big) \\ &= -IA \times IB \\ &= -1. \end{aligned}$$

Par ailleurs, on a par définition :

$$\begin{aligned} f(C) &= \overrightarrow{CA} \cdot \overrightarrow{CB} \\ &= CA \times CB \times \cos(\overrightarrow{CA}, \overrightarrow{CB}). \end{aligned}$$

Le triangle étant équilatéral, on a :

$$CA = CB = 2$$

Et

$$(\overrightarrow{CA}, \overrightarrow{CB}) = \frac{\pi}{3} \quad \text{ou} \quad -\frac{\pi}{3}$$

Dans les deux cas, $\cos(\overrightarrow{CA}, \overrightarrow{CB}) = \dfrac{1}{2}$ donc :

$$f(C) = 4 \times \frac{1}{2} = 2$$

2 Pour E_0, on cherche l'ensemble des points M du plan tels que :

$$\overrightarrow{MA} \cdot \overrightarrow{MB} = 0$$

On obtient alors le cercle de diamètre $[AB]$, autrement dit le cercle de centre I et de rayon 1.

On a donc le schéma :

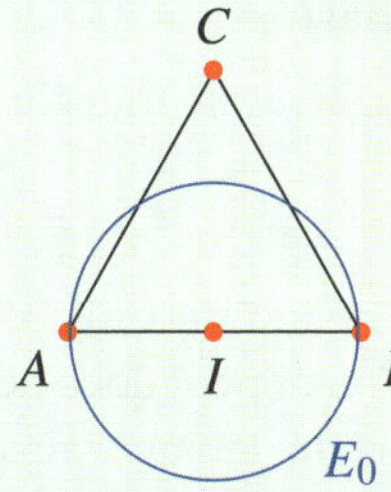

3 On a : $f(M) = \overrightarrow{MA} \cdot \overrightarrow{MB}$

$$= (\overrightarrow{MI} + \overrightarrow{IA}) \cdot (\overrightarrow{MI} + \overrightarrow{IB})$$
$$= \overrightarrow{MI}^2 + \overrightarrow{MI} \cdot (\overrightarrow{IA} + \overrightarrow{IB}) + \overrightarrow{IA} \cdot \overrightarrow{IB}$$

I étant le milieu de $[AB]$, on a alors :

$$\overrightarrow{IA} + \overrightarrow{IB} = \vec{0}$$

Et comme précédemment, on a :

$$\overrightarrow{IA} \cdot \overrightarrow{IB} = -\frac{1}{4}AB^2 = -1$$

D'où, finalement :

$$f(M) = MI^2 - 1$$

4 Pour déterminer E_k, reprenons l'expression de $f(M)$ déterminée à la question précédente :

$$MI^2 - 1 = k$$

Ce qui est équivalent à :

$$MI^2 = k + 1$$

- Si $k \geqslant -1$, on obtient le cercle de centre I et de rayon $\sqrt{k+1}$;
- si $k < -1$, c'est l'ensemble vide.

Remarque : si $k = -1$, l'ensemble est réduit au point I.

Comme $f(C) = 2$, E_2 est le cercle de centre I passant par C.

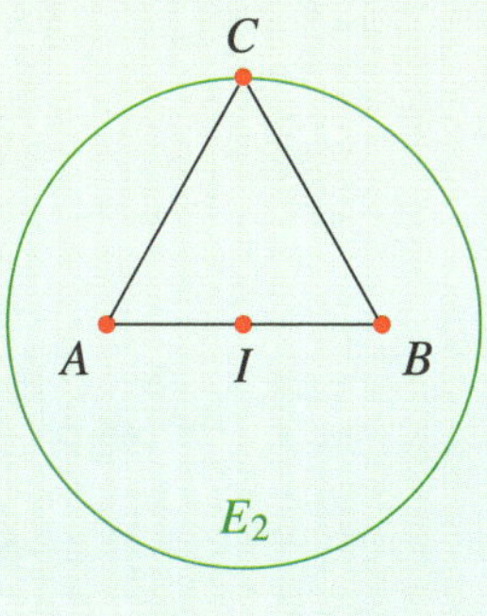

14 Recherche d'ensemble de points

Enoncé p. 238

Lycée Victor Hugo, Marseille

1 Notons $[MH]$ la hauteur du triangle AMB ; on a alors :

$$\mathcal{A}(AMB) = \frac{AB \times MH}{2}.$$

Pour que l'aire en question vaille 4, il faut et il suffit que $MH = 2$, puisque $AB = 4$; on obtient donc deux droites parallèles à (AB) et distantes de 2 cm de cette dernière, ainsi que le montre la figure suivante :

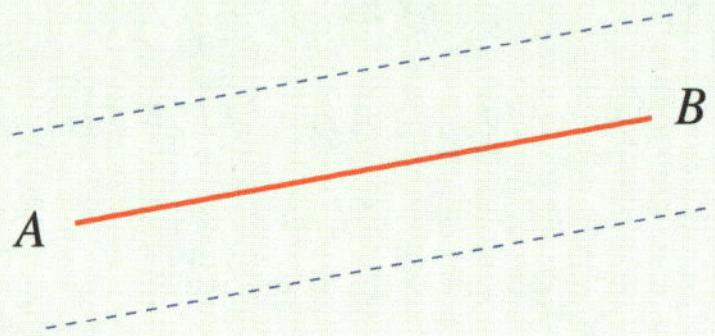

2 On obtient $MA = MB$, soit la médiatrice de $[AB]$, d'où le schéma :

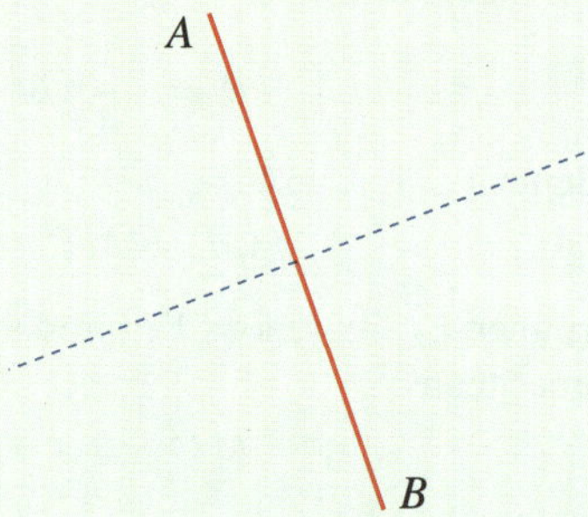

3 Ici, on doit avoir :

$$\overrightarrow{AB} \cdot \overrightarrow{AM} = 0$$

(AM) doit donc être perpendiculaire à (AB) (c'est une condition nécessaire et suffisante) ; on obtient donc la droite perpendiculaire à (AB) passant par A (voir page suivante).

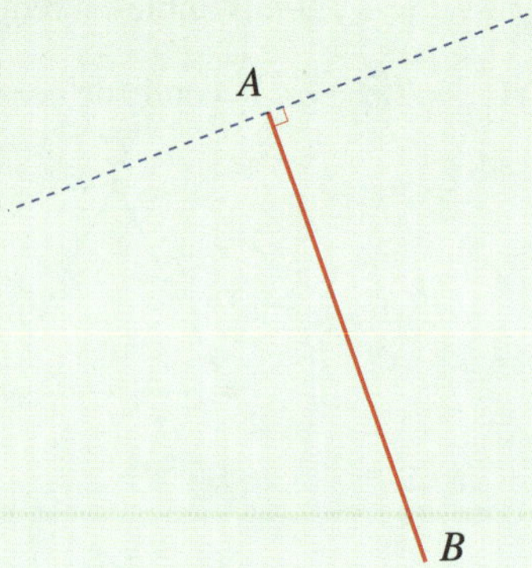

4 On obtient ici le cercle de diamètre $[AB]$ (cas classique du cours) :

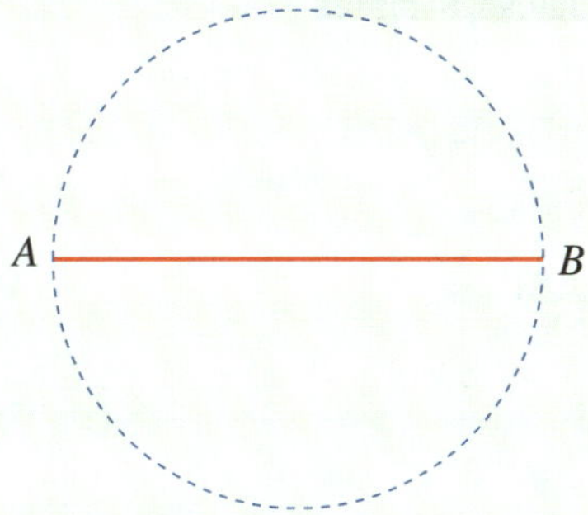

5 Technique classique, il suffit d'introduire ici le milieu du segment $[AB]$; en effet on a, I étant le milieu de $[AB]$, d'après le théorème de la médiane :

$$MA^2 + MB^2 = 2MI^2 + \frac{1}{2}AB^2$$

Donc :

$$MA^2 + MB^2 = 2MI^2 + 8$$

Et on obtient :

$$MI^2 = \frac{2-8}{2} = -3\ ,$$

ce qui est impossible : il n'y a donc pas de solution.

6 Cas également classique, on utilise ici l'identité remarquable suivante :

$$MA^2 - MB^2 = (\overrightarrow{MA} + \overrightarrow{MB}) \cdot (\overrightarrow{MA} - \overrightarrow{MB}) = (\overrightarrow{MA} + \overrightarrow{MB}) \cdot (\overrightarrow{BA})$$

En introduisant le milieu I de $[AB]$, on obtient :

$$\overrightarrow{MA} + \overrightarrow{MB} = \overrightarrow{MI} + \overrightarrow{IA} + \overrightarrow{MI} + \overrightarrow{IB} = 2\overrightarrow{MI}$$

On a donc finalement :

$$MA^2 - MB^2 = 2\overrightarrow{MI} \cdot \overrightarrow{BA}$$

On doit donc avoir :

$$\overrightarrow{MI} \cdot \overrightarrow{BA} = -12$$

Considérons le point H de la droite (AB) tel que :

$$\overrightarrow{HI} \cdot \overrightarrow{BA} = -12$$

c'est-à-dire, comme H, I et B sont alignés, $HI \times BA = 12$ et $\overrightarrow{HI}$ et $\overrightarrow{BA}$ de sens contraire.

Alors l'ensemble des points M est la droite passant par H perpendiculaire à (AB), comme le montre le schéma suivant (on doit avoir $IH = 3$ cm) :

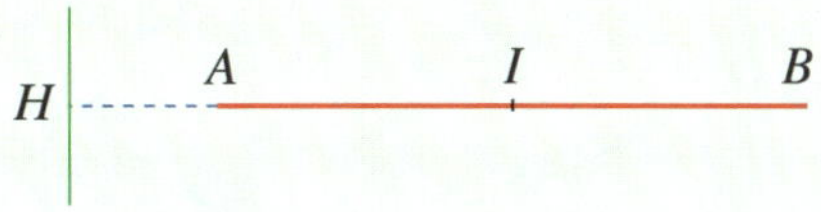

15 Formule de Héron

Enoncé p. 239

Lycée Camille Jullian, Bordeaux

1 Dans le triangle AHB, rectangle en H, on a : $\sin\widehat{A} = \frac{h}{c}$, donc $h = c \times \sin\widehat{A}$.

L'aire de ABC est :

$$\mathcal{A} = \frac{1}{2} \times b \times h \qquad \text{soit} \qquad \mathcal{A} = \frac{1}{2} bc \sin\widehat{A}.$$

2 La formule d'Al-Kashi est :

$$a^2 = b^2 + c^2 - 2bc\cos\widehat{A},$$

ce qui donne :

$$a^2 - b^2 - c^2 = -2bc\cos\widehat{A},$$

ou encore :

$$\cos\widehat{A} = \frac{b^2 + c^2 - a^2}{2bc}.$$

En élevant au carré, on obtient :

$$\cos^2\widehat{A} = \frac{(b^2 + c^2 - a^2)^2}{4b^2c^2}.$$

Or, $\cos^2\widehat{A} + \sin^2\widehat{A} = 1$, donc $\cos^2\widehat{A} = 1 - \sin^2\widehat{A}$, ce qui donne :

$$1 - \sin^2\widehat{A} = \frac{(b^2 + c^2 - a^2)^2}{4b^2c^2},$$

soit :

$$\sin^2\widehat{A} = 1 - \frac{(b^2 + c^2 - a^2)^2}{4b^2c^2}.$$

3 Développons :

$$\frac{4p(p-a)(p-b)(p-c)}{b^2c^2}$$
$$=\frac{4\frac{a+b+c}{2}\left(\frac{a+b+c}{2}-a\right)\left(\frac{a+b+c}{2}-b\right)\left(\frac{a+b+c}{2}-c\right)}{b^2c^2}$$
$$=\frac{2(a+b+c)\left(\frac{b+c-a}{2}\right)\left(\frac{a-b+c}{2}\right)\left(\frac{a+b-c}{2}\right)}{b^2c^2}$$
$$=\frac{(2bc+b^2+c^2-a^2)(2bc+a^2-b^2-c^2)}{4b^2c^2}$$
$$=\frac{\left[2bc+(b^2+c^2-a^2)\right]\left[2bc-(b^2+c^2-a^2)\right]}{4b^2c^2}$$
$$=\frac{(2bc)^2-\left(b^2+c^2-a^2\right)^2}{4b^2c^2}$$
$$=1-\frac{\left(b^2+c^2-a^2\right)^2}{4b^2c^2}$$
$$=\sin^2\widehat{A}.$$

4 De la question 1, on déduit que :

$$\mathcal{A}^2=\frac{1}{4}b^2c^2\sin^2\widehat{A}.$$

En remplaçant alors $\sin^2\widehat{A}$ par l'expression trouvée à la question 3, on obtient :

$$\mathcal{A}^2=\frac{1}{4}b^2c^2\times\frac{4p(p-a)(p-b)(p-c)}{b^2c^2}$$
$$=p(p-a)(p-b)(p-c).$$

$\mathcal{A}$ étant un nombre positif, en prenant la racine carrée des deux membres de cette dernière égalité, on obtient :

$$\mathcal{A}=\sqrt{p(p-a)(p-b)(p-c)}.$$

5 $p=\frac{7+9+12}{2}=14$ donc :

$$\mathcal{A}=\sqrt{14(14-7)(14-9)(14-12)}$$
$$=\sqrt{14\times7\times5\times2}$$
$$=\sqrt{980}$$
$$\mathcal{A}=14\sqrt{5}\text{ cm}^2.$$

16 Calcul d'angle

Enoncé p. 239

Lycée Sophie Germain, Paris

1 $\overrightarrow{AB}(3\ ;-5)$ et $\overrightarrow{AC}(-2\ ;0)$. Donc :

$$\overrightarrow{AB}\cdot\overrightarrow{AC}=3\times(-2)-5\times 0=-6$$

2 On sait que $\overrightarrow{AB}\cdot\overrightarrow{AC}=AB\times AC\times\cos(\widehat{BAC})$.

Donc $\cos(\widehat{BAC})=\dfrac{\overrightarrow{AB}\cdot\overrightarrow{AC}}{AB\times AC}$.

$AB=\sqrt{3^2+5^2}=\sqrt{34}$ et $AC=2$. Donc $\cos(\widehat{BAC})=\dfrac{-6}{2\sqrt{34}}$.

À la calculatrice, on trouve $\widehat{BAC}\approx 121°$.

Remarque : il peut être prudent de faire une figure pour vérifier la vraisemblance des résultats :

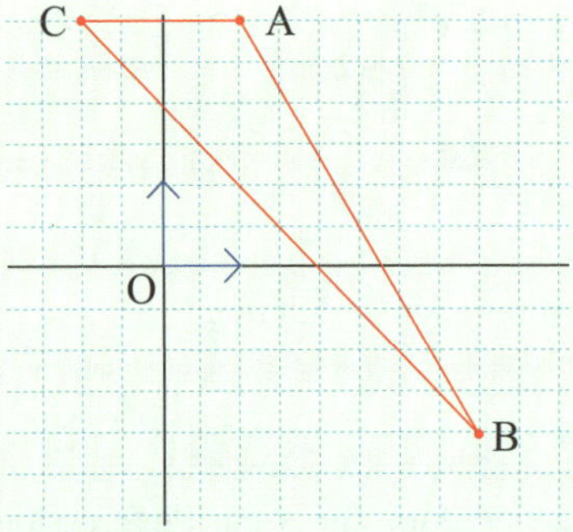

17 Équation de la médiatrice

Enoncé p. 239

Lycée Jules Ferry, Conflans-Sainte-Honorine

Soit I le milieu de $[AB]$,

$$x_I=\frac{x_A+x_B}{2}=1\quad\text{et}\quad y_I=\frac{y_A+y_B}{2}=-1\quad\text{donc}\quad I(1\ ;-1).$$

Notons Δ la médiatrice de $[AB]$.

Δ est la perpendiculaire à (AB) en I ; c'est l'ensemble des points $M(x\ ;y)$ qui vérifient :

$$\overrightarrow{IM}\cdot\overrightarrow{AB}=0$$

Or,

$\overrightarrow{IM}$ a pour coordonnées $(x-1\ ;y+1)$

$\overrightarrow{AB}$ a pour coordonnées $(8\ ;-6)$

donc :

$$\begin{aligned}\overrightarrow{IM}\cdot\overrightarrow{AB}=0 &\iff 8(x-1)-6(y+1)=0\\ &\iff 8x-6y-14=0\\ &\iff 4x-3y-7=0\end{aligned}$$

Une équation de Δ est alors :

$$4x-3y-7=0$$

18 Équation cartésienne de droites

Enoncé p. 240

Lycée Montaigne, Bordeaux

1 On a $\overrightarrow{\mathrm{AB}}\begin{pmatrix}5\\-5\end{pmatrix}$.

Le milieu de [AB] est $\mathrm{I}\left(\frac{3}{2}\ ;\ -\frac{1}{2}\right)$.

$$\begin{aligned}\mathrm{M}(x\ ;\ y)\in\mathcal{D} &\iff \overrightarrow{\mathrm{AB}}\cdot\overrightarrow{\mathrm{IM}}=0\\ &\iff \begin{pmatrix}5\\-5\end{pmatrix}\cdot\begin{pmatrix}x-\frac{3}{2}\\ y+\frac{1}{2}\end{pmatrix}=0\\ &\iff 5\left(x-\frac{3}{2}\right)-5\left(y+\frac{1}{2}\right)=0\\ &\iff 5x-5y-10=0\\ &\iff x-y+2=0.\end{aligned}$$

Une équation cartésienne de $\mathcal{D}$ est donc $x-y+2=0$.

2 Un vecteur directeur de $\mathcal{D}$ est un vecteur normal de $\mathcal{D}'$, soit par exemple $\vec{u}\begin{pmatrix}2\\-5\end{pmatrix}$. Ainsi, une équation de $\mathcal{D}$ est de la forme :

$$-5x-2y+c=0 \quad , \quad c\in\mathbb{R}.$$

$$\mathrm{A}(1\ ;3)\in\mathcal{D}\iff -5\times1-2\times3+c=0\iff c=11.$$

Une équation cartésienne de $\mathcal{D}$ est donc $5x+2y-11=0$.

3 Notons A le point d'abscisse 2 appartenant au cercle de centre O et de rayon 3 (donc d'équation $x^2+y^2=3^2$). Son ordonnée est donc : $y_A=\sqrt{3^2-2^2}=\sqrt{5}$.
Ainsi, $A\left(2\ ;\ \sqrt{5}\right)$.

$\mathcal{D}$ est tangente au cercle en A donc $\overrightarrow{OA}\begin{pmatrix}2\\\sqrt{5}\end{pmatrix}$ est un vecteur normal à $\mathcal{D}$; d'après le cours, une équation cartésienne de $\mathcal{D}$ est donc :

$$2x+\sqrt{5}y+c=0,\ c\in\mathbb{R}.$$

$A \in \mathcal{D}$ donc $2x_A + \sqrt{5}y_A + c = 0$, soit :

$$c = -2x_A - \sqrt{5}y_A = -4 - 5 = -9.$$

Une équation cartésienne de $\mathcal{D}$ est donc :

$$2x + \sqrt{5}y - 9 = 0.$$

4 $M(x\ ;\ y) \in \mathcal{D} \Longleftrightarrow \overrightarrow{AM} \cdot \vec{n} = 0$

$$\Longleftrightarrow \begin{pmatrix} x+1 \\ y-2 \end{pmatrix} \cdot \begin{pmatrix} 2 \\ -1 \end{pmatrix} = 0$$

$$\Longleftrightarrow 2(x+1) - 1(y-2) = 0$$

$$\Longleftrightarrow 2x - y + 4 = 0.$$

Une équation cartésienne de $\mathcal{D}$ est donc $2x - y - 4 = 0$.

19 Nature d'un triangle

Enoncé p. 240

Lycée Alain, Caen

1 On a :

$$\overrightarrow{AB}(3\ ;\ \sqrt{3}), \quad \text{donc} \quad \|\overrightarrow{AB}\| = \sqrt{3^2 + (\sqrt{3})^2} = 2\sqrt{3}$$

$$\overrightarrow{AC}(0\ ;\ 2\sqrt{3}), \quad \text{donc} \quad \|\overrightarrow{AC}\| = \sqrt{0^2 + (2\sqrt{3})^2} = 2\sqrt{3}.$$

On a :

$$\overrightarrow{AB} \cdot \overrightarrow{AC} = (3 \times 0) + (\sqrt{3} \times 2\sqrt{3}) = 6$$

et

$$\overrightarrow{AB} \cdot \overrightarrow{AC} = \|\overrightarrow{AB}\| \times \|\overrightarrow{AC}\| \times \cos(\overrightarrow{AB}, \overrightarrow{AC})$$

D'où :

$$\cos(\overrightarrow{AB}, \overrightarrow{AC}) = \frac{6}{\|\overrightarrow{AB}\| \times \|\overrightarrow{AC}\|} = \frac{6}{12} = \frac{1}{2}.$$

On sait de plus que :

$$\cos^2 \alpha + \sin^2 \alpha = 1$$

Donc :

$$\sin^2(\overrightarrow{AB}, \overrightarrow{AC}) = 1 - \left(\frac{1}{2}\right)^2 = \frac{3}{4}$$

D'où :

$$\sin(\overrightarrow{AB}, \overrightarrow{AC}) = \frac{\sqrt{3}}{2} \quad \text{ou} \quad \sin(\overrightarrow{AB}, \overrightarrow{AC}) = -\frac{\sqrt{3}}{2}$$

Comme $\cos(\overrightarrow{AB}, \overrightarrow{AC})$ est positif, on sait que la mesure principale de $(\overrightarrow{AB}, \overrightarrow{AC})$ appartient à $\left[-\frac{\pi}{2}\ ;\ \frac{\pi}{2}\right]$ et donc :

$$(\overrightarrow{AB}, \overrightarrow{AC}) = \frac{\pi}{3} \quad \text{ou} \quad (\overrightarrow{AB}, \overrightarrow{AC}) = -\frac{\pi}{3}.$$

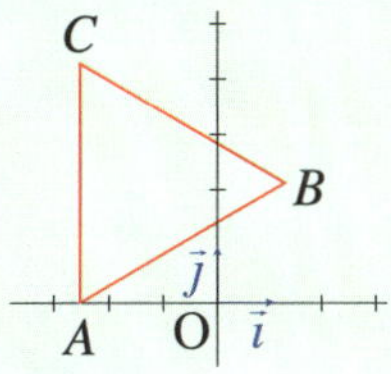

La figure permet d'affirmer que :

$$(\overrightarrow{AB}, \overrightarrow{AC}) = \frac{\pi}{3}$$

donc que $\sin(\overrightarrow{AB}, \overrightarrow{AC}) = \dfrac{\sqrt{3}}{2}$.

2 On a :

$$\|\overrightarrow{AB}\| = \|\overrightarrow{AC}\| \iff AB = AC$$

donc ABC est isocèle en A.
De plus,

$$(\overrightarrow{AB}, \overrightarrow{AC}) = \frac{\pi}{3}.$$

Le triangle ABC est donc équilatéral.

20 Localisation à l'aide d'un algorithme

Enoncé p. 240

Lycée Odilon Redon, Pauillac

Le point M appartient au cercle de diamètre $[AB]$ si et seulement si le triangle AMB est rectangle en M, ou $M = A$ ou $M = B$, si et seulement si les vecteurs $\overrightarrow{AM}$ et $\overrightarrow{BM}$ sont orthogonaux.
En terme de produit scalaire, on a donc : $M \in \mathcal{C} \iff \overrightarrow{AM} \cdot \overrightarrow{BM} = 0$.
Soit $M(x\,;\,y)$, alors, $\overrightarrow{AM}(x-3\,;\,y-4)$ et $\overrightarrow{BM}(x+1\,;\,y)$, et donc,

$$M \in \mathcal{C} \iff (x-3)(x+1) + (y-4)y = 0\,.$$

On peut alors écrire l'algorithme suivant :

```
Lire x,y
P ← (x-3)*(x+1)+(y-4)*y
Si P=0
    Afficher « M est sur le cercle »
Sinon
    Afficher « M n'est pas sur le cercle »
Fin Si
```

On vérifie alors, en entrant les coordonnées du point C ou D :

- pour le point C : $P = \overrightarrow{AC} \cdot \overrightarrow{BC} = (-4) \times 0 + 0 \times 4 = 0$, et donc $C \in \mathcal{C}$.
- pour le point D : $P = \overrightarrow{AD} \cdot \overrightarrow{BD} = 2 \times 6 + (-2) \times 2 \neq 0$, et donc $D \notin \mathcal{C}$.

COURS INTERROS CORRIGÉS

21 Calcul de norme

Enoncé p. 240

Lycée Carnot, Cannes

1

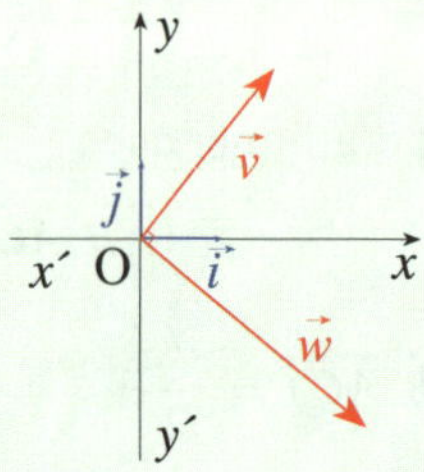

Les coordonnées de $\vec{v}$ sont :

$$\left(\|\vec{v}\|\cos\frac{\pi}{3}\ ;\ \|\vec{v}\|\sin\frac{\pi}{3}\right)$$

soit :

$$\left(\frac{3}{2}\ ;\ \frac{3\sqrt{3}}{2}\right).$$

On a :

$$(\vec{\imath},\vec{w}) = (\vec{\imath},\vec{v}) + (\vec{v},\vec{w})$$
$$(\vec{\imath},\vec{w}) = \frac{\pi}{3} - \frac{\pi}{2} = -\frac{\pi}{6}.$$

De même, les coordonnées de $\vec{w}$ sont :

$$\left(\|\vec{w}\|\cos\left(-\frac{\pi}{6}\right)\ ;\ \|\vec{w}\|\sin\left(-\frac{\pi}{6}\right)\right)$$

soit :

$$\left(2\sqrt{3}\ ;\ -2\right).$$

2 Les coordonnées de $\vec{v}+\vec{w}$ sont :

$$\left(\frac{3}{2}+2\sqrt{3}\ ;\ \frac{3\sqrt{3}}{2}-2\right).$$

$$\begin{aligned}\|\vec{v}+\vec{w}\| &= \sqrt{\left(\frac{3}{2}+2\sqrt{3}\right)^2+\left(\frac{3\sqrt{3}}{2}-2\right)^2}\\ &= \sqrt{\frac{9}{4}+12+6\sqrt{3}+4+\frac{27}{4}-6\sqrt{3}}\\ &= \sqrt{25}\\ &= 5.\end{aligned}$$

22 Droites perpendiculaires

Enoncé p. 241

Lycée Notre Dame du Grandchamp, Versailles

La figure n'est pas demandée, mais elle peut aider... comme souvent en géométrie !

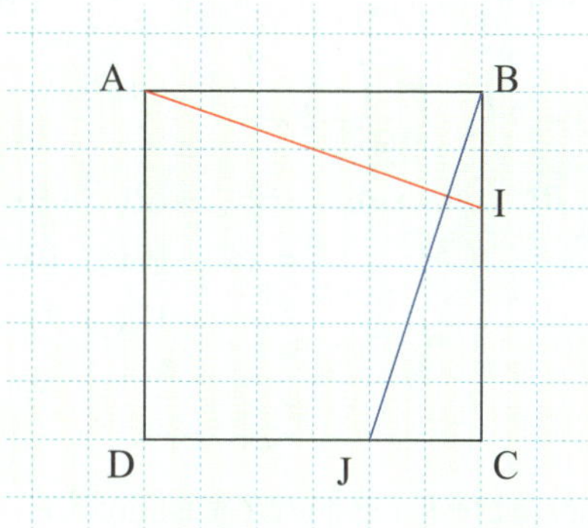

- *Une première méthode :*

  On considère le repère orthonormé $\left(D\ ;\ \overrightarrow{DC}, \overrightarrow{DA}\right)$.

  Dans ce repère : $A(0\ ;\ 1)$, $B(1\ ;\ 1)$, $I\left(1\ ;\ \frac{2}{3}\right)$ et $J\left(\frac{2}{3}\ ;\ 1\right)$.

  On a donc :

  $$\overrightarrow{AI}\left(1\ ;\ -\frac{1}{3}\right) \quad \text{et} \quad \overrightarrow{BJ}\left(-\frac{1}{3}\ ;\ -1\right)$$

  Donc :

  $$\overrightarrow{AI} \cdot \overrightarrow{BJ} = 1 \times \left(-\frac{1}{3}\right) + \left(-\frac{1}{3}\right) \times (-1) = 0$$

  Les vecteurs $\overrightarrow{AI}$ et $\overrightarrow{BJ}$ sont donc orthogonaux, et les droites (AI) et (BJ) sont donc perpendiculaires.

- *Une deuxième méthode, utilisant la relation de Chasles :*

  $$\begin{aligned}\overrightarrow{AI} \cdot \overrightarrow{BJ} &= \left(\overrightarrow{AB} + \overrightarrow{BI}\right) \cdot \left(\overrightarrow{BC} + \overrightarrow{CJ}\right)\\ &= \overrightarrow{AB} \cdot \overrightarrow{BC} + \overrightarrow{AB} \cdot \overrightarrow{CJ} + \overrightarrow{BI} \cdot \overrightarrow{BC} + \overrightarrow{BI} \cdot \overrightarrow{CJ}\\ &= 0 + AB \times \left(-\frac{1}{3}\overrightarrow{AB}\right) + BC \times \frac{1}{3}\overrightarrow{BC} + 0\\ &= -\frac{1}{3}AB^2 + \frac{1}{3}BC^2\\ &= 0 \text{ car } AB = BC.\end{aligned}$$

MÉTHODE

Utiliser la relation de Chasles pour faire apparaître soit des vecteurs orthogonaux, soit des vecteurs dont on peut exprimer la longueur.

23 Cercle et droites

Enoncé p. 241

Lycée Louis Vincent, Metz

1 La figure complète se trouve en fin de corrigé.

2 Soit $M(x; y)$ un point de (BC). Alors, $\overrightarrow{BM}$ et $\overrightarrow{BC}$ sont colinéaires.

Or, $\overrightarrow{BM}\begin{pmatrix} x-9 \\ y-7 \end{pmatrix}$ et $\overrightarrow{BC}\begin{pmatrix} 0-9 \\ -5-7 \end{pmatrix}$, soit $\overrightarrow{BC}\begin{pmatrix} -9 \\ -12 \end{pmatrix}$.

$$\begin{aligned}
\overrightarrow{BM} \text{ et } \overrightarrow{BC} \text{ colinéaires} &\iff -12(x-9)-(-9)(y-7)=0 \\
&\iff -12x+108+9y-63=0 \\
&\iff -12x+9y+45=0 \\
&\iff -3(4x-3y-15)=0 \\
&\iff 4x-3y-15=0 \text{ car } -3 \neq 0.
\end{aligned}$$

Une équation cartésienne de (BC) est donc $4x-3y-15=0$.

3 $(\Delta) \perp (BC)$ et $A \in (\Delta)$ donc, pour tout point $M(x; y) \in (\Delta)$:

$$\begin{aligned}
\overrightarrow{AM} \cdot \overrightarrow{BC} = 0 &\iff \begin{pmatrix} x-(-1) \\ y-2 \end{pmatrix} \cdot \begin{pmatrix} -9 \\ -12 \end{pmatrix} = 0 \\
&\iff -9(x+1)-12(y-2)=0 \\
&\iff -9x-12y-9+24=0 \\
&\iff -9x-12y+15=0 \\
&\iff -3(3x+4y-5)=0 \\
&\iff 3x+4y-5=0 \text{ car } -3 \neq 0.
\end{aligned}$$

Une équation cartésienne de (Δ) est donc $3x+4y-5=0$.

4 H est le projeté orthogonal de A sur (BC) donc $(AH) \perp (BC)$ et $H \in (BC)$. H est donc l'intersection de (Δ) et (BC). Pour trouver ses coordonnées, on doit résoudre le système formé par les équations de ces deux droites :

$$\begin{cases} 4x-3y-15=0 & L_1 \\ 3x+4y-5=0 & L_2 \end{cases} \iff \begin{cases} 16x-12y-60=0 & L_1' \leftarrow 4L_1 \\ 9x+12y-15=0 & L_2' \leftarrow 3L_2 \end{cases}$$

$$\iff \begin{cases} 25x-75=0 & L_1' \leftarrow L_1'+L_2' \\ 3x+4y-5=0 & L_2 \end{cases}$$

$$\iff \begin{cases} x=\dfrac{75}{25}=3 \\ 3\times 3+4y-5=0 \end{cases}$$

$$\iff \begin{cases} x=3 \\ y=\dfrac{5-9}{4}=-1 \end{cases}$$

Ainsi, $H(3; -1)$.

5 Le cercle (Γ) étant tangent à (BC) et ayant pour centre A, son rayon est égal à AH.

$$\begin{aligned} AH &= \sqrt{(x_H - x_A)^2 + (y_H - y_A)^2} \\ &= \sqrt{(3+1)^2 + (-1-2)^2} \\ &= \sqrt{16+9} \\ AH &= 5. \end{aligned}$$

Une équation cartésienne de (Γ) est donc :

$$(x - x_A)^2 + (y - y_A)^2 = 5^2$$

soit :

$$(x+1)^2 + (y-2)^2 = 25.$$

6 Les points d'intersection de (Γ) avec l'axe des abscisses sont les points de (Γ) d'ordonnée nulle, donc leur abscisse vérifie :

$$(x+1)^2 + (0-2)^2 = 25$$

soit, après simplification :

$$x^2 + 2x - 20 = 0,$$

équation dont le discriminant est égal à $2^2 - 4 \times 1 \times (-20) = 84 > 0$, donc ayant deux solutions distinctes :

$$x_1 = \frac{-2-\sqrt{84}}{2} = \frac{-2-\sqrt{4\times 21}}{2} = \frac{-2-2\sqrt{21}}{2} = -1-\sqrt{21}$$

et donc :

$$x_2 = -1 + \sqrt{21}.$$

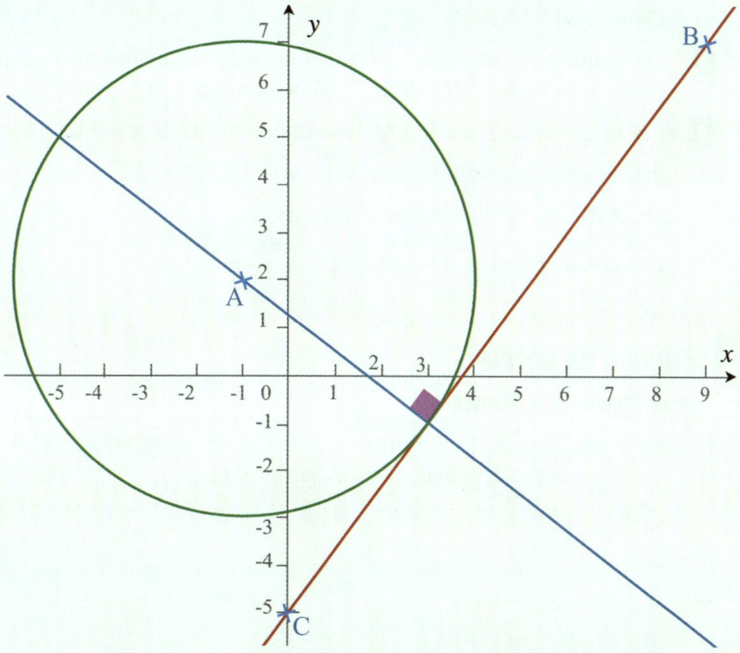

24 Angles et intersection

Enoncé p. 241

Lycée Jacques Amyot, Auxerre

1 $\overrightarrow{AB}\begin{pmatrix}6\\3\end{pmatrix}$ et $\overrightarrow{AC}\begin{pmatrix}8\\-6\end{pmatrix}$ donc :

$$\overrightarrow{AB}\cdot\overrightarrow{AC} = 6\times 8 + 3\times(-6) = 48 - 18 = 30.$$

2 $AB = \sqrt{6^2+3^2} = \sqrt{36+9} = \sqrt{45}$.

$AC = \sqrt{8^2+(-6)^2} = \sqrt{64+36} = \sqrt{100} = 10$.

3 On sait que $\overrightarrow{AB}\cdot\overrightarrow{AC} = AB\times AC\times\cos\left(\overrightarrow{AB}\ ;\ \overrightarrow{AC}\right)$ donc :

$$30 = 10\sqrt{45}\cos\left(\overrightarrow{AB}\ ;\ \overrightarrow{AC}\right).$$

Ainsi,

$$\cos\left(\overrightarrow{AB}\ ;\ \overrightarrow{AC}\right) = \frac{30}{10\sqrt{45}} \approx 0{,}447.$$

On en déduit alors que $\left(\overrightarrow{AB}\ ;\ \overrightarrow{AC}\right) \approx 63°$.

4 $\overrightarrow{CD}\begin{pmatrix}-3{,}5\\7\end{pmatrix}$ donc :

$$\overrightarrow{CD}\cdot\overrightarrow{AB} = -3{,}5\times 6 + 7\times 3 = -21 + 21 = 0.$$

Donc $(CD)\perp(AB)$.

De plus, $\overrightarrow{BD}\begin{pmatrix}-1{,}5\\-2\end{pmatrix}$ donc :

$$\overrightarrow{BD}\cdot\overrightarrow{AC} = -1{,}5\times 8 + (-2)\times(-6) = -12 + 12 = 0.$$

Donc $(BD)\perp(AC)$.

5 De la question précédente, on déduit que D est l'intersection des hauteurs du triangle ABC, donc l'orthocentre de ABC.

6 Par définition, H est le projeté orthogonal de B sur (AC). Donc, par définition du produit scalaire, $\overrightarrow{AB}\cdot\overrightarrow{AC} = AH\times AC$.

Or, $\overrightarrow{AB}\cdot\overrightarrow{AC} = 30$ d'après la question 1.

Donc $AH\times AC = 30$, soit $AH = \dfrac{30}{AC} = \dfrac{30}{10} = 3$.

25 Étude d'un cercle

Enoncé p. 242

Lycée Clémenceau, Nantes

Le cercle que l'on doit déterminer passe par les deux points $A(2\ ;-1)$ et $B(1\ ;3)$. Le centre appartient à la médiatrice de $[AB]$.

Étudions le schéma suivant :

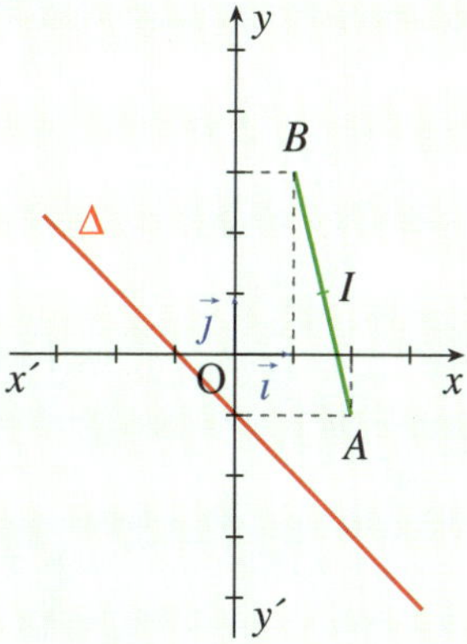

Le milieu de $[AB]$ est $I\left(\frac{3}{2}\,;\,1\right)$. Cherchons une équation de la médiatrice de $[AB]$, écrivons pour cela qu'avec I, milieu de $[AB]$, le point $M(x\,;\,y)$ est sur la médiatrice si et seulement si :

$$\overrightarrow{IM}\cdot\overrightarrow{AB}=0$$

Or $\overrightarrow{IM}$ a pour coordonnées :

$$\left(x-\frac{3}{2}\,;\,y-1\right)$$

et $\overrightarrow{AB}$ a pour coordonnées $(-1\,;\,4)$, donc une équation de la médiatrice de $[AB]$ est :

$$-\left(x-\frac{3}{2}\right)+4(y-1)=0$$

Soit :

$$x-4y+\frac{5}{2}=0$$

Déterminons-en alors l'intersection avec la droite donnée :

$$\begin{cases}x+y+1=0\\ x-4y+\dfrac{5}{2}=0\end{cases}$$

En faisant la différence des deux équations, nous obtenons :

$$5y-\frac{3}{2}=0$$

Donc :

$$y=\frac{3}{10}\quad\text{et}\quad x=-\frac{13}{10}$$

sont les coordonnées du centre du cercle. Notons Ω ce centre :

$$\Omega\left(-\frac{13}{10}\,;\,\frac{3}{10}\right)$$

Et

$$r = \|\overrightarrow{\Omega B}\|$$

Donc :

$$\|\Omega B\|^2 = r^2 = \left(1 + \frac{13}{10}\right)^2 + \left(3 - \frac{3}{10}\right)^2 = \frac{1\,258}{100}$$

D'où :

$$r = \sqrt{12{,}58} \approx 3{,}55$$

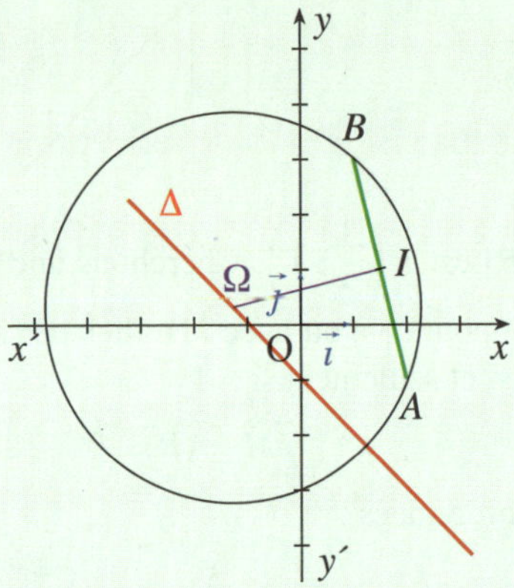

26 Équations de droites et de cercles

Enoncé p. 242

Lycée Notre Dame du Grandchamp, Versailles

1 **(a)** La médiatrice de $[AB]$ est la droite qui passe par le milieu I de $[AB]$ et qui est perpendiculaire à (AB).

On a : $I\left(\frac{1+4}{2}\,;\,\frac{-2-1}{2}\right)$, donc $I\left(\frac{5}{2}\,;\,-\frac{3}{2}\right)$.

Par ailleurs, $\overrightarrow{AB}(3\,;\,1)$.

$$\begin{aligned} M \in D_1 &\iff \overrightarrow{IM} \cdot \overrightarrow{AB} = 0 \\ &\iff \left(x - \frac{5}{2}\right) \times 3 + \left(y + \frac{3}{2}\right) \times 1 = 0 \\ &\iff 3x + y - \frac{15}{2} + \frac{3}{2} = 0 \\ &\iff 3x + y - 6 = 0 \end{aligned}$$

Une équation de D_1 est donc $3x + y - 6 = 0$.

(b) La médiatrice de $[BC]$ est la droite qui passe par le milieu J de $[BC]$ et qui est perpendiculaire à (BC).

On a : $J\left(\frac{4+4}{2}\,;\,\frac{4-1}{2}\right)$, donc $J\left(4\,;\,\frac{3}{2}\right)$.

Par ailleurs, $\overrightarrow{BC}(0\,;5)$.

$$\begin{aligned} M \in D_2 &\iff \overrightarrow{JM} \cdot \overrightarrow{BC} = 0 \\ &\iff (x-4) \times 0 + \left(y - \frac{3}{2}\right) \times 5 = 0 \\ &\iff y - \frac{3}{2} = 0 \\ &\iff y = \frac{3}{2} \end{aligned}$$

Une équation de D_2 est donc $y = \frac{3}{2}$.

Le point d'intersection K de ces deux droites vérifie :

$$\begin{cases} y = \frac{3}{2} \\ 3x + y - 6 = 0 \end{cases} \iff \begin{cases} y = \frac{3}{2} \\ x = \frac{3}{2} \end{cases}$$

Donc $K\left(\frac{3}{2}\,;\frac{3}{2}\right)$ est, par propriété (intersection des médiatrices), le centre du cercle circonscrit au triangle ABC.

Il reste à trouver le rayon de ce cercle, en calculant par exemple KA.

$$KA = \sqrt{\left(1 - \frac{3}{2}\right)^2 + \left(-2 - \frac{3}{2}\right)^2} = \sqrt{\frac{25}{2}}.$$

L'équation du cercle circonscrit au triangle ABC est donc :

$$\left(x - \frac{3}{2}\right)^2 + \left(y - \frac{3}{2}\right)^2 = \frac{25}{2}.$$

27 La droite d'Euler

Enoncé p. 242

Lycée Camille Jullian, Bordeaux

1 D'après le cours,

$$\begin{cases} x_G = \dfrac{x_A + x_B + x_C}{3} = \dfrac{-5+1+7}{3} = 1 \\ y_G = \dfrac{y_A + y_B + y_C}{3} = \dfrac{1-2+4}{3} = 1. \end{cases}$$

Ainsi, $G(1\,;\ 1)$.

2 Le centre du cercle circonscrit à ABC est le point d'intersection des médiatrices.

- *Médiatrice de* $[AB]$: le milieu M_1 de $[AB]$ a pour coordonnées :

$$x_1 = \frac{x_A + x_B}{2} = -2 \quad \text{et} \quad y_1 = \frac{y_A + y_B}{2} = -\frac{1}{2}.$$

Soit $M(x\ ;\ y)$ un point de la médiatrice de $[AB]$. Alors,

$$\begin{aligned}\overrightarrow{MM_1}\cdot\overrightarrow{AB}=0 &\iff \begin{pmatrix}-2-x\\ -\dfrac{1}{2}-y\end{pmatrix}\cdot\begin{pmatrix}1-(-5)\\ -2-1\end{pmatrix}=0\\ &\iff \begin{pmatrix}-2-x\\ -\dfrac{1}{2}-y\end{pmatrix}\cdot\begin{pmatrix}6\\ -3\end{pmatrix}=0\\ &\iff 6(-2-x)-3\left(-\frac{1}{2}-y\right)=0\\ &\iff -6x+3y-\frac{21}{2}=0\\ &\iff 12x-6y+21=0.\end{aligned}$$

Ainsi, une équation cartésienne de la médiatrice de $[AB]$ est $12x-6y+21=0$.

- *Médiatrice de* $[AC]$: le milieu M_2 de $[AC]$ a pour coordonnées :
$$x_2=\frac{x_A+x_C}{2}=1 \quad\text{et}\quad y_2=\frac{y_A+y_C}{2}=\frac{5}{2}.$$
Soit $M(x\ ;\ y)$ un point de la médiatrice de $[AC]$. Alors,
$$\begin{aligned}\overrightarrow{MM_2}\cdot\overrightarrow{AC}=0 &\iff \begin{pmatrix}1-x\\ \dfrac{5}{2}-y\end{pmatrix}\cdot\begin{pmatrix}7-(-5)\\ 4-1\end{pmatrix}=0\\ &\iff \begin{pmatrix}1-x\\ \dfrac{5}{2}-y\end{pmatrix}\cdot\begin{pmatrix}12\\ 3\end{pmatrix}=0\\ &\iff 12(1-x)+3\left(\frac{5}{2}-y\right)=0\\ &\iff -12x-3y+\frac{39}{2}=0\\ &\iff 24x+6y-39=0.\end{aligned}$$
Ainsi, une équation cartésienne de la médiatrice de $[AC]$ est $24x+6y+39=0$.

Trouvons maintenant les coordonnées de leur point d'intersection en résolvant le système :

$$\begin{cases}12x-6y+21=0 & (E_1)\\ 24x+6y-39=0 & (E_2)\end{cases}.$$

- $(E_1)+(E_2) \iff 36x-18=0 \iff x=\dfrac{18}{36}=\dfrac{1}{2}$;
- $2(E_1)-(E_2) \iff -18x+81=0 \iff x=\dfrac{81}{18}=\dfrac{9}{2}$.

Ainsi, $I\left(\dfrac{1}{2}\ ;\ \dfrac{9}{2}\right)$.

COURS INTERROS CORRIGÉS

3 • *Hauteur passant par B* : soit $M(x\ ;\ y)$ sur cette hauteur. Alors,

$$\begin{aligned}\overrightarrow{AC}\cdot\overrightarrow{BM}=0 &\iff \begin{pmatrix}12\\3\end{pmatrix}\cdot\begin{pmatrix}x-1\\y+2\end{pmatrix}=0\\ &\iff 12x+3y-6=0\\ &\iff 4x+y-2=0.\end{aligned}$$

• *Hauteur passant par C* : soit $M(x\ ;\ y)$ sur cette hauteur. Alors,

$$\begin{aligned}\overrightarrow{AB}\cdot\overrightarrow{CM}=0 &\iff \begin{pmatrix}6\\-3\end{pmatrix}\cdot\begin{pmatrix}x-7\\y-4\end{pmatrix}=0\\ &\iff 6x-3y-30=0\\ &\iff 2x-y-10=0.\end{aligned}$$

Pour trouver l'intersection de ces deux droites, on résout le système :

$$\begin{cases}4x+y-2=0 & (E_1)\\ 2x-y-10=0 & (E_2)\end{cases}$$

• $(E_1)+(E_2) \iff 6x-12=0 \iff x=2$;

• $(E_1)-2(E_2) \iff 3y+18=0 \iff y=-6$.

Ainsi, $H(2\ ;\ -6)$.

4 $\overrightarrow{GI}\begin{pmatrix}\frac{1}{2}-1\\ \frac{9}{2}-1\end{pmatrix}$ donc $\overrightarrow{GI}\begin{pmatrix}-\frac{1}{2}\\ \frac{7}{2}\end{pmatrix}$.

De plus, $\overrightarrow{GH}\begin{pmatrix}2-1\\-6-1\end{pmatrix}$ donc $\overrightarrow{GH}\begin{pmatrix}1\\-7\end{pmatrix}$.

$$-\frac{1}{2}\times(-7)-\frac{7}{2}\times 1=0$$

donc $\overrightarrow{GI}$ et $\overrightarrow{GH}$ sont colinéaires. De plus, ils ont un point en commun donc G, I et H sont alignés.

5 $$\begin{aligned}M(x\ ;\ y)\in(GH) &\iff \overrightarrow{GH}\begin{pmatrix}1\\-7\end{pmatrix} \text{ et } \overrightarrow{GM}\begin{pmatrix}x-1\\y-1\end{pmatrix} \text{ sont colinéaires}\\ &\iff 1\times(y-1)-(-7)(x-1)=0\\ &\iff 7x+y-8=0.\end{aligned}$$

Ainsi, une équation de la droite d'Euler de ABC est $7x+y-8=0$.

28 Équation de cercle

Enoncé p. 242

Lycée Notre Dame du Grandchamp, Versailles

live! **1** On considère que x^2-6x est le début d'un carré parfait, et de même que y^2-4y est le début d'un carré parfait.

On obtient donc :

$$x^2 - 6x + 9 = (x-3)^2 \quad \text{et} \quad x^2 - 6x = (x-3)^2 - 9;$$
$$y^2 - 4y + 4 = (y-2)^2 \quad \text{et} \quad y^2 - 4y = (y-2)^2 - 4.$$

Finalement :

$$x^2 + y^2 - 6x - 4y - 4 = (x-3)^2 - 9 + (y-2)^2 - 4 - 4 = 0.$$

Donc :

$$(x-3)^2 + (y-2)^2 = 17.$$

Ω a donc pour coordonnées $(3\ ;\ 2)$, et le rayon du cercle est $\sqrt{17}$.

2 En remplaçant x et y dans le premier membre de l'équation du cercle par les coordonnées de A, on obtient :

$$(-1-3)^2 + (1-2)^2 = 4^2 + 1^2 = 17.$$

Donc, puisque les coordonnées de A vérifient l'équation du cercle, A appartient bien au cercle.

La tangente en A à $\mathcal{C}$ passe par A et est perpendiculaire au rayon ΩA.

Par conséquent, $M(x\ ;\ y)$ appartient à cette tangente si et seulement si :

$$\begin{aligned}\overrightarrow{AM}\cdot\overrightarrow{\Omega A} = 0 &\iff (x+1)\times(-1-3) + (y-1)\times(1-2) = 0\\ &\iff -4x - 4 - y + 1 = 0\\ &\iff y = -4x - 3.\end{aligned}$$

3 $\mathcal{D}$ est tangente à $\mathcal{C}'$ si $\mathcal{D}$ est perpendiculaire au rayon de $\mathcal{C}'$ ayant un point commun H avec $\mathcal{D}$.

Un vecteur directeur de $\mathcal{D}$ est $\vec{u}(1\ ;\ 1)$. On doit donc avoir : $\overrightarrow{\Omega H}\cdot\vec{u} = 0$.

Il faut donc trouver les coordonnées du point H intersection de $\mathcal{C}'$ avec $\mathcal{D}$. Les coordonnées $(x\ ;\ y)$ de H vérifient :

$$\begin{cases} x - y = 4 \\ (x-3)\times 1 + (y-2)\times 1 = 0 \end{cases} \iff \begin{cases} y = x - 4 \\ x - 3 + x - 6 = 0 \end{cases}$$
$$\iff \begin{cases} y = x - 4 \\ x = \dfrac{9}{2} \end{cases}$$
$$\iff \begin{cases} x = \dfrac{9}{2} \\ y = \dfrac{1}{2} \end{cases}$$

Le point H a donc pour coordonnées $\left(\dfrac{9}{2}\ ;\ \dfrac{1}{2}\right)$.

Calculons ΩH pour avoir le rayon du cercle :

$$\Omega H = \sqrt{\left(\frac{9}{2} - 3\right)^2 + \left(\frac{1}{2} - 2\right)^2} = \sqrt{\frac{9}{2}}.$$

Le cercle $\mathcal{C}'$ a donc pour équation :

$$(x-3)^2 + (y-2)^2 = \frac{9}{2}.$$

Chapitre 7

Probabilités conditionnelles

Plan du chapitre

Exercice type

Lycée Virlogeux, Riom

Retrouvez le corrigé de cet exercice en vidéo avec live!

Un laboratoire propose un test de dépistage d'une maladie. Ce test présente les caractéristiques suivantes :

- la probabilité qu'un individu atteint de cette maladie ait un test positif est 0,95.
- la probabilité qu'un individu non atteint par cette maladie ait un test négatif est aussi 0,95.

On choisit un individu au hasard et on note M l'événement « l'individu est malade » et T l'événement « le test est positif ».

1 On réalise un dépistage dans une population donnée dans laquelle la proportion d'individus atteints de la maladie est 0,001.

(a) Construire un arbre représentant cette situation.

(b) Calculer la probabilité de l'événement T.

(c) Calculer la probabilité qu'un individu présentant un test positif soit atteint de la maladie. Cette probabilité est appelée valeur prédictive du test.

2 On veut étudier les variations de cette valeur prédictive selon la proportion d'individus atteints de la maladie dans la population.

(a) On considère une population à risque pour la maladie considérée : dans cette population, un quart des individus sont atteints. Quelle est alors la valeur prédictive du test ?

(b) On considère maintenant une population dans laquelle la proportion d'individus atteints de la maladie est x. Déterminer en fonction de x la valeur prédictive du test pour cette population.
Pour quelle valeur de x un individu dont le test est positif a-t-il autant de chance d'être malade que d'être sain ?

Voir corrigé page 280

1 Conditionnement

Définition 1

A et B sont deux événements d'un univers Ω tels que $p(A) \neq 0$, la probabilité de l'événement B sachant A, notée $p_A(B)$ est $p_A(B) = \dfrac{p(A \cap B)}{p(A)}$.

Remarques

- La probabilité de B sachant A est la probabilité que B soit réalisé dans l'univers A.
- Dans le cas d'équiprobabilité,

$$p_A(B) = \frac{\text{nombre d'événements élémentaires de } A \cap B}{\text{nombre d'événements élémentaires de } A}.$$

À RETENIR

Pour calculer $p_A(B)$, vous pouvez :

- soit utiliser la définition si vous connaissez $p(A \cap B)$ et $p(A)$;
- soit déterminer les résultats qui réalisent A et, parmi ceux-ci, calculer la probabilité de ceux qui réalisent B.

Propriété 1

Soient A et B deux événements de probabilités non nulles. Alors,

$$p(A \cap B) = p_A(B) \times p(A) = p_B(A) \times p(B).$$

Théorème 1

Soient A et B deux événements, avec $P(A) \neq 0$. Alors :

$$p_A(B) + p_A(\overline{B}) = 1.$$

2 Indépendance

Définition 2

Soit p une probabilité définie sur un univers Ω. Deux événements A et B de probabilités non nulles sont *indépendants* si et seulement si :

$$p(A \cap B) = p(A) \times p(B).$$

Propriété 2

Deux événements A et B de probabilité non nulle sont indépendants si et seulement si :

$$p_A(B) = p(B) \qquad \text{ou} \qquad p_B(A) = p(A).$$

Propriété 3

Si A et B sont indépendants, alors $\bar{A}$ et B, A et $\bar{B}$, et $\bar{A}$ et $\bar{B}$ le sont aussi.

3 Formule des probabilités totales

Définition 3

Les événements $E_1, \ldots, E_n$ forment une partition de Ω si et seulement si :

- les E_i sont deux à deux incompatibles ($E_i \cap E_j = \varnothing$ pour $i \neq j$),
- aucun des E_i n'est impossible ($E_i \neq \varnothing$ pour tout entier i),
- et la réunion des E_i est l'univers ($E_1 \cup E_2 \cup \cdots \cup E_n = \Omega$).

Remarque : on dit aussi que $(E_1, \ldots, E_n)$ forment un système complet d'événements.

Théorème 2 : formule des probabilités totales

Soit p une probabilité définie sur un univers Ω et $E_1, \ldots, E_n$ un système complet d'événements, alors pour tout événement B :

$$p(B) = p(B \cap E_1) + p(B \cap E_2) + \cdots p(B \cap E_n).$$

Remarque : cette dernière formule revient aussi à écrire :

$$p(B) = p_{E_1}(B)p(E_1) + p_{E_2}(B)p(E_2) + \cdots p_{E_n}(B)p(E_n).$$

Dans le cas d'une partition à deux événements A et D, on peut schématiser la formule des probabilités totales ainsi :

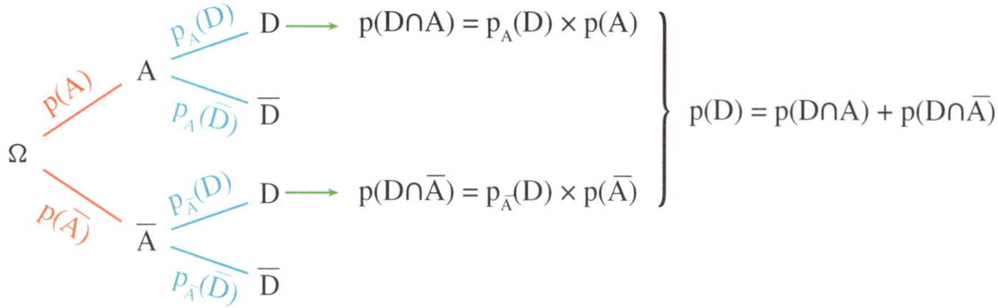

4 Succession de deux épreuves indépendantes

Imaginons une épreuve à 2 issues (A et $\overline{A}$ par exemple) que l'on répète deux fois de façon indépendante, c'est-à-dire que les issues de la seconde fois ne sont nullement influencées par celles de la première fois.

Alors, la situation peut se représenter par l'arbre suivant :

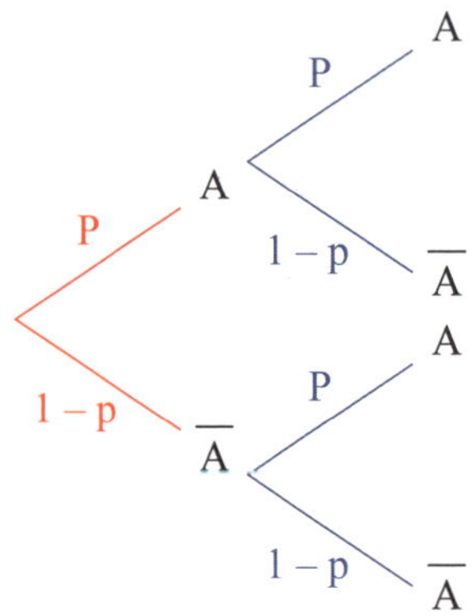

Ainsi,

- la probabilité d'obtenir deux fois l'événement A est p^2 ;
- la probabilité d'obtenir une seule fois l'événement A est $= 2p(1-p)$;
- la probabilité de ne pas obtenir l'événement A est $(1-p)^2$.

Exemple : on lance un dé cubique équilibré deux fois de suite, en considérant que les lancers sont indépendants.

On pose A : « obtenir un multiple de 3. » Ainsi, $p = p(A) = \frac{1}{3}$.

La probabilité d'obtenir un multiple de 3 une seule fois sur les deux lancers est :

$$2p(1-p) = 2 \times \frac{1}{3} \times \frac{2}{3} = \frac{4}{9}.$$

Solution de l'exercice type — **Lycée Virlogeux, Riom**

Retrouvez le corrigé de cet exercice en vidéo avec live!

1 **(a)** On peut représenter la situation par l'arbre ci-dessous :

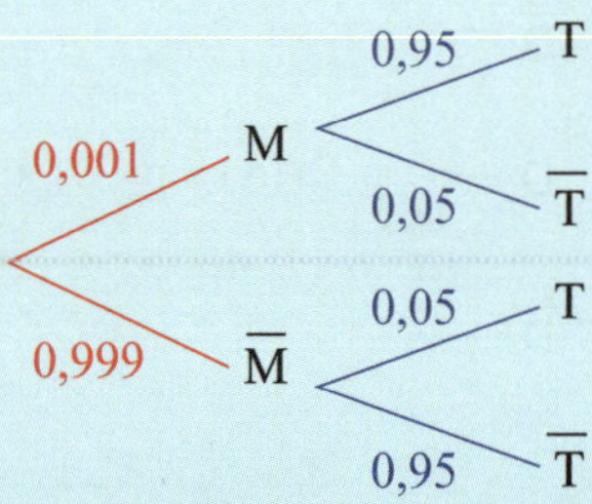

•••

➔ Solution de l'exercice type (suite)

Lycée Virlogeux, Riom

(b) $P(T) = P(M \cap T) + P(\overline{M} \cap T)$

$= 0{,}001 \times 0{,}95 + 0{,}999 \times 0{,}05$

$= 0{,}050\,9.$

(c) On a : $P_T(M) = \dfrac{P(T \cap M)}{P(T)} = \dfrac{0{,}001 \times 0{,}95}{0{,}050\,9} \approx 0{,}018\,7.$

2 **(a)** On obtient le nouvel arbre :

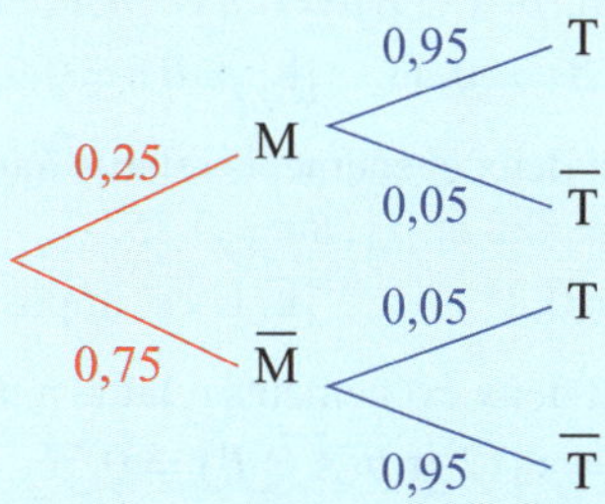

En faisant le même calcul que précédemment, on obtient :

$$P_T(M) = \frac{P(T \cap M)}{P(T)} = \frac{0{,}25 \times 0{,}95}{0{,}25 \times 0{,}95 + 0{,}75 \times 0{,}05} \approx 0{,}864.$$

(b) On obtient maintenant cet arbre :

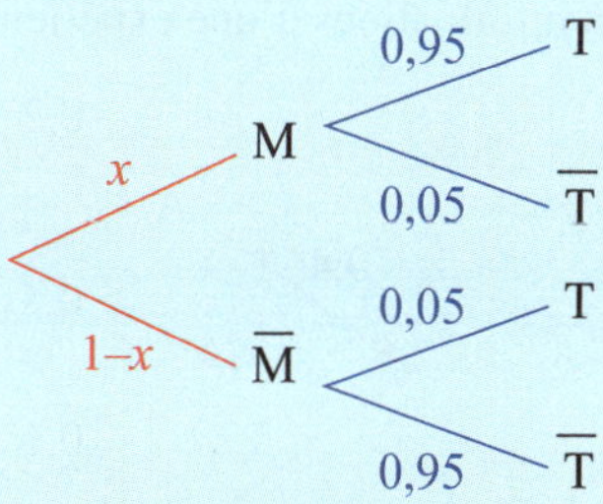

En faisant le même calcul que précédemment, on obtient :

$$P_T(M) = \frac{P(T \cap M)}{P(T)} = \frac{x \times 0{,}95}{x \times 0{,}95 + (1-x) \times 0{,}05} = \frac{0{,}95x}{0{,}05 + 0{,}9x}.$$

$$\frac{0{,}95x}{0{,}05 + 0{,}9x} = 0{,}5 \iff 0{,}95x = 0{,}45x + 0{,}025$$

$$\iff 0{,}5x = 0{,}025$$

$$\iff x = 0{,}05.$$

Conclusion : un individu dont le test est positif a autant de chance d'être malade que sain lorsque 5% de la population est atteinte par cette maladie.

Voir énoncé page 277

1 QCM Propriétés des probabilités

15 min Corrigé p. 292

Pour chacune des questions de ce QCM, une seule réponse est exacte.

1 A et B sont deux événements relatifs à une même épreuve tels que $p(A) = 0{,}3$, $p_A(B) = 0{,}4$ et $p_{\bar{A}}(B) = 0{,}2$.

a $p(B) = 0{,}26$ **b** $p(A \cap B) = 0{,}4$ **c** $p(A \cup B) = \dfrac{109}{130}$

2 A et B sont des événements relatifs à une même épreuve tels que $p(A) = 0{,}6$, $p(A \cup B) = 0{,}8$ et $p(A \cap B) = p(A)p(B)$. Alors

a $p(A \cap B) = 0{,}48$ **b** $p(B) = 0{,}2$ **c** $p_A(B) = 0{,}5$

3 A et B sont deux événements relatifs à une même épreuve tels que $p(A \cap B) = 0{,}8$ et $p_A(B) = 0{,}25$.

a $p(A) = 0{,}2$ **b** C'est impossible **c** $p(B) = 0{,}9$

4 A et B sont deux événements relatifs à une même épreuve tels que $p(A \cap B) = 0{,}12$ et $p(\bar{A} \cap B) = 0{,}36$.

a $p_B(A) = 0{,}24$ **b** $p_B(A) = 0{,}48$ **c** $p_B(A) = 0{,}25$

2 V/F Interprétation d'un arbre

15 min Corrigé p. 292

On a résumé des informations d'une expérience dans l'arbre ci-dessous :

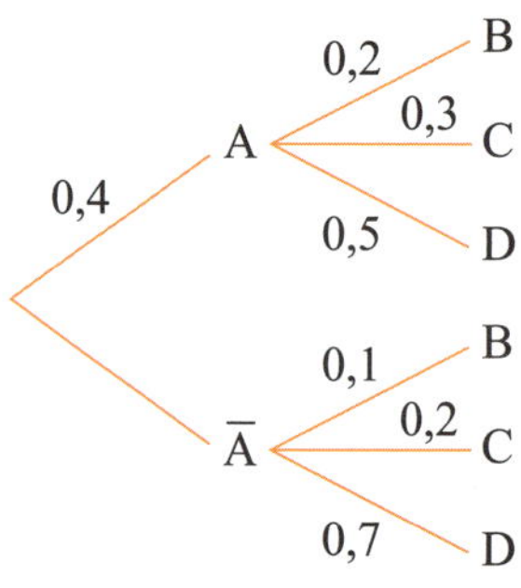

Les égalités suivantes sont-elles vraies ou fausses ?

1 $p_A(D) = 0{,}2$

2 $p(C) = 0{,}2$

3 $p(B) = 0{,}14$

4 $p_D(A) = \dfrac{5}{16}$

3 QCM D'après un sujet de bac

10 min

Corrigé p. 293

Pour chacune des questions de ce QCM, une seule réponse est exacte.

Les élèves de deux classes de 1re (désignées par 1re A et 1re B) sont répartis selon leur spécialité (qui sont abrégées en NSI, SVT, Math) de la façon suivante :

Spécialité	1re A	1re B	Total
NSI	16	8	24
SVT	12	14	26
Math	6	10	16
Total	34	32	66

On interroge un élève au hasard. Les données précédentes sont à utiliser pour les quatre questions suivantes :

1 La probabilité que l'élève interrogé appartienne à la 1re A est égale à :

a $\frac{1}{66}$ b $\frac{1}{34}$ c $\frac{17}{33}$

2 La probabilité que l'élève interrogé suive l'enseignement de spécialité Math ou appartienne à la 1re A est égale à :

a $\frac{2}{3}$ b $\frac{25}{33}$ c $\frac{1}{11}$

3 La probabilité que l'élève interrogé suive la spécialité Math sachant qu'il appartient à la 1re A est égale à :

a $\frac{1}{34}$ b $\frac{1}{11}$ c $\frac{3}{17}$

4 La probabilité que l'élève interrogé appartienne à la 1re A sachant qu'il suit la spécialité Math est égale à :

a $\frac{3}{17}$ b $\frac{14}{17}$ c $\frac{3}{8}$

4 V/F Événements indépendants

10 min

Corrigé p. 293

Parmi les propositions suivantes, quelles sont celles qui sont exactes ?

1 On joue à pile ou face avec une pièce équilibrée. La probabilité d'obtenir face au dixième lancer sachant qu'on a obtenu pile à tous les lancers précédents est strictement supérieure à 0,5.

2 Si A et B sont deux événements définis sur le même espace probabilisé tels que $P(A) = \frac{2}{3}$, $P(B) = \frac{3}{5}$ et $P(A \cap \overline{B}) = \frac{4}{15}$, alors les événements A et B sont indépendants.

3 **(a)** Dans une classe de terminale S, les trois quarts des élèves sont des filles. Une fille sur trois a son permis de conduire du premier coup alors que cela n'est le cas que d'un garçon sur dix. On interroge au hasard un élève de la classe. La probabilité qu'il ait eu son permis du premier coup est 0,275.

(b) On interroge un élève ayant eu son permis du premier coup. La probabilité que ce soit un garçon est 0,1.

Conditionnement

5 Arbre pondéré

★ 20 min Corrigé p. 294

Lycée Virlogeux, Riom

Dans une ville , une enquête portant sur les habitudes des ménages en matière d'écologie a donné les résultats suivants :

- 70 % des ménages pratiquent le tri sélectif ;
- parmi les ménages pratiquant le tri sélectif, 40 % consomment des produits bio ;
- parmi les ménages ne pratiquant pas le tri sélectif, 10 % consomment des produits bio.

On choisit un ménage au hasard (tous les ménages ayant la même probabilité d'être choisis) et on note :

- T l'événement « le ménage pratique le tri sélectif » et $\bar{T}$ son événement contraire ;
- B l'événement « le ménage consomme des produits bio » et $\bar{B}$ son événement contraire.

Les résultats seront donnés sous forme décimale.

1 Donner sans justification la probabilité $p(T)$ de l'événement T.

2 Représenter la situation à l'aide d'un arbre pondéré.

3 **(a)** Calculer la probabilité de l'événement : « le ménage pratique le tri sélectif et consomme des produits bio »

(b) Montrer que la probabilité que le ménage consomme des produits bio est égale à 0,31.

4 Calculer la probabilité que le ménage pratique le tri sélectif sachant qu'il consomme des produits bio (le résultat sera donné sous forme décimale arrondie au centième).

6 Médailles de judo

★ 20 min Corrigé p. 295

Bac métropole, septembre 2011

Pierre, le président d'un club de judo. veut acheter 60 médailles ayant la même référence. Elles sont gravées à l'effigie d'une ou d'un champion Doullet, Rinar ou Vécosse. Il passe commande chez un grossiste qui travaille avec deux fournisseurs A et B. Le tableau suivant indique les caractéristiques du colis contenant les 60 médailles envoyées par le grossiste :

	Doullet	Rinar	Vécosse	Total
Fournisseur A	10	10	10	30
Fournisseur B	5	10	15	30
Total	15	20	25	60

Pierre reçoit le colis, et tire au hasard une médaille. Dans la suite de l'exercice, on suppose que chaque médaille a la même probabilité d'être tirée.

1 (a) Montrer que la probabilité que cette médaille soit à l'effigie de Vécosse est égale à $\frac{5}{12}$.

(b) Quelle est la probabilité que cette médaille soit à l'effigie de Vécosse et provienne du fournisseur B ?

(c) Pierre constate que la médaille tirée est à l'effigie de Vécosse. Quelle est la probabilité qu'elle provienne du fournisseur B ?

2 Pierre remet la médaille dans le colis et répète maintenant trois fois de suite les mêmes gestes :

- il tire au hasard une médaille ;
- il note l'effigie du champion et remet la médaille dans le colis.

Quelle est la probabilité qu'au moins une des médailles soit à l'effigie de Vécosse ?

7 Pannes électroniques

★ 20 min Corrigé p. 295

Lycée Voltaire, Paris

Une entreprise fabrique des appareils électroniques. La probabilité pour qu'un appareil ainsi fabriqué fonctionne parfaitement est $\frac{9}{10}$.

1 On note F l'événement :« l'appareil fonctionne parfaitement », et $\overline{F}$ l'événement contraire de F. Calculer la probabilité de l'événement $\overline{F}$.

2 On fait subir à chaque appareil un test avant la livraison ; on constate que :

- quand un appareil est en parfait état de fonctionnement, il est toujours accepté à l'issue du test.
- quand un appareil n'est pas en parfait état de fonctionnement, il peut être néanmoins accepté avec une probabilité de $\frac{1}{11}$.

On note T l'événement « l'appareil est accepté à l'issue du test ».

(a) Montrer que les probabilités des événements « T et F » et « T et $\overline{F}$ » sont respectivement égales à $\frac{9}{10}$ et $\frac{1}{110}$.

(b) En déduire la probabilité de T.

(c) Calculer la probabilité de F sachant T.

8 Génétique

★ 30 min Corrigé p. 297

Lycée Stanislas, Paris

Une population est constituée de 100 personnes (40 hommes et 60 femmes) telles que :

- 50 personnes ont les yeux bleus,
- 60 % des hommes ont les yeux bleus.

On choisit au hasard une personne. On suppose que toutes les personnes ont la même probabilité d'être choisies.

Calculer, sous forme de fraction irréductible, les probabilités des événements suivants :

1 A : « Avoir choisi un homme ».

2 B : « Avoir choisi un homme aux yeux bleus ».

3 C : « Avoir choisi une femme aux yeux bleus ».

4 D : « Avoir choisi une personne aux yeux bleus, sachant que c'est une femme ».

5 E : « Avoir choisi une femme, sachant que c'est une personne ayant les yeux bleus ».

9 Lancer de fléchettes

★★ 35 min Corrigé p. 298

Lycée Carnot, Dijon

Une épreuve consiste à jeter des fléchettes sur une cible partagée en trois cases notées 1, 2 et 3. Deux concurrents A et B sont en présence. On admet que chaque joueur touche une case et une seule à chaque lancer, et que de plus les lancers sont indépendants. Pour le concurrent A, la probabilité de toucher les cases 1, 2 et 3 sont dans cet ordre :

$$\frac{1}{12}, \quad \frac{1}{3} \quad \text{et} \quad \frac{7}{12}.$$

Le concurrent B a ses 3 éventualités équiprobables.

1 Le concurrent A lance 3 fléchettes.

(a) Quelle est la probabilité qu'il atteigne chaque fois la case 3 ?

(b) Quelle est la probabilité qu'il atteigne les cases 1, 2 et 3 dans cet ordre ?

(c) Quelle est la probabilité qu'il atteigne les cases 1, 2 et 3 ?

2 On choisit un des 2 concurrents. La probabilité de choisir A est égale à $\frac{2}{3}$, celle de choisir B vaut $\frac{1}{3}$.

(a) Un seul lancer est effectué, quelle est la probabilité que la case 3 soit atteinte ?

(b) Un seul lancer est effectué et la case 3 est atteinte. Quelle est la probabilité que ce soit le concurrent A qui ait lancé la fléchette ?

10 Arbre pondéré

★★ 40 min Corrigé p. 299

Lycée Galilée, Gennevilliers

Pour payer ses études de médecine, Watson est gardien de nuit dans une grande résidence de 100 appartements. Celle-ci est munie d'un système anti-intrusion (antivol) ultra-moderne, mais qui provoque quelquefois de fausses alarmes.

D'après le constructeur du système, la probabilité d'une fausse alarme, c'est-à-dire que l'alarme se déclenche alors qu'il n'y a pas d'intrusion, est de 0,02.

Par ailleurs, les statistiques sur les trois dernières années montrent que :

Année	1999	2000	2001
Nombre d'intrusions	28	30	26
Nombre d'intrusions qui ont déclenché l'alarme	25	28	23

On effectuera tous les calculs avec une précision de 0,001.

1 D'après ces données, et en interprétant les fréquences statistiques comme des probabilités, montrer que :

(a) La probabilité d'avoir une intrusion un jour quelconque de l'année est de 0,077 (à 0,001 près).

(b) La probabilité qu'il y ait une intrusion et que l'alarme se déclenche est de 0,069 (à 0,001 près).

2 Quelle est la probabilité que l'alarme se déclenche sachant qu'il y a eu une intrusion ?

3 Représenter les résultats précédents sous forme d'arbre pondéré.
Quelle est la probabilité que l'alarme se déclenche ?

4 Une nuit Watson est réveillé en sursaut par l'alarme. Il consulte son ami Sherlock pour connaître la probabilité qu'il s'agisse d'une intrusion.
Quelle réponse donne Sherlock ?

11 Tickets de péage

★★ 30 min Corrigé p. 300

Lycée Virlogeux, Riom

Dans tout cet exercice, on donnera la valeur exacte de chaque résultat.

Grâce à un système de détecteur, une borne de péage automatique peut délivrer des tickets à deux hauteurs différentes selon le véhicule détecté afin que le conducteur ne soit pas obligé de sortir pour le saisir :

- s'il s'agit d'une voiture, d'une moto ou d'une camionnette, le ticket sort en bas ;
- s'il s'agit d'un camion, le ticket sort en haut.

La société d'autoroute a modélisé le fonctionnement défectueux du détecteur de l'une de ces bornes :

- lorsqu'un camion passe, il n'est correctement détecté que deux fois sur trois ;
- lorsqu'un autre type de véhicule passe, son conducteur est contraint d'en sortir pour saisir son ticket en haut une fois sur quatre.

On estime qu'à cette borne de péage, 60 % des véhicules sont des camions.

On considère les événements suivants :

- C : « Le véhicule qui se présente est un camion » ;
- H : « Le ticket sort en haut » ;
- B : « Le ticket sort en bas ».

Notation : pour tout événement E et tout événement F de probabilité non nulle, on note $p(E)$ la probabilité de l'événement E et $p_F(E)$ la probabilité conditionnelle de E sachant F.

1. Donner les probabilités : $p(C), p_{\bar{C}}(H)$ et $p_{\bar{C}}(B)$.
2. Construire un arbre probabiliste présentant la situation.
3. Calculer la probabilité que le ticket sorte en haut.
4. Montrer que la probabilité qu'un conducteur ne soit pas obligé de sortir de son véhicule pour saisir le ticket vaut $0,7$.

12 Prise d'initiative

★★ 25 min Corrigé p. 301

Lycée Sophie Germain, Paris

Une coopérative d'achat mène une enquête auprès de ses adhérents et leur fait remplir un questionnaire à propos de leur équipement en Smartphone.

L'enquête révèle que 80 % des adhérents possèdent un Smartphone. Mais aussi que 15 % de ceux qui n'en ont pas vont en acheter un dans l'année, alors que 30 % de ceux qui sont déjà équipé vont renouveler leur équipement.

On choisit au hasard le questionnaire d'un des adhérents.

1 Construire un arbre de probabilités décrivant la situation, en définissant précisément les événements considérés.

2 Quelle est la probabilité de choisir le questionnaire d'un adhérent déjà équipé et qui va renouveler son matériel ?

3 Si au moins 25 % des adhérents souhaitent acheter un Smartphone cette année, la coopérative va mettre en place un service spécial d'information pour faciliter le choix de l'équipement. D'après cette enquête, va-t-elle le mettre en place ?

4 Sachant que la personne va acheter un Smartphone dans l'année, quelle est la probabilité que ce soit son premier équipement ?

13 Sondage anonyme

★★★ 20 min Corrigé p. 302

Lycée Jean Moulin, Saint-Amand-Montrond

Voici une technique pour permettre des réponses anonymes à une question. On propose à chaque personne sondée de faire comme ci-dessous :

- lancez une pièce de monnaie. Si elle tombe sur pile, répondez à la question : « Est-ce que vous fumez plus d'un paquet de cigarette par jour ? ».
- Si elle tombe sur face, relancez la pièce une deuxième fois, et répondez à la question : « Êtes-vous tombé sur pile au deuxième lancer ? ».

Chacune des personnes sondées répond en cochant la case oui ou la case non au bas de la fiche explicative. On ne sait donc pas à quelle question elle a répondu oui, ou non. Il y a donc plus de chance que les personnes répondent honnêtement.

1 Modéliser la situation par un arbre en notant r la proportion (inconnue) de gros fumeurs parmi les personnes interrogées.

2 Sur un grand nombre de personnes, on a obtenu 45 % de oui. À combien peut-on estimer la proportion de personnes fumant plus d'un paquet de cigarettes par jour ?

3 Inversement, quelle devrait être la proportion de oui pour que la proportion de gros fumeurs (plus d'un paquet par jour) soit inférieure à 10 % ?

14 Probabilités et suites

★★★ 45 min Corrigé p. 302

Lycée Blaise Pascal, Clermont Ferrand

Pierre et Jean-Philippe jouent souvent au ping-pong ensemble, et lorsqu'ils jouent, ils font de nombreuses parties d'affilée. Lors de la première partie, ils ont autant de chance de gagner l'un que l'autre.

Ils ont remarqué que, si Pierre gagne une partie, la probabilité qu'il gagne la suivante est 0,6, alors que s'il perd une partie, la probabilité qu'il perde la suivante est 0,7.

On note G_n l'événement « Pierre gagne la n-ième partie ».

1 (a) Donner les valeurs de $p(G_1)$ et de $p(\bar{G}_1)$.

(b) Calculer $p(G_2)$ et $p(\bar{G}_2)$.

2 (u_n) et (v_n) sont les deux suites définies sur $\mathbb{N}^*$ par :

$$u_n = p(G_n) \quad \text{et} \quad v_n = p(\bar{G}_n).$$

(a) Construire un arbre pondéré pour la n-ième et la $(n+1)$-ième partie.

(b) En déduire que :

$$\begin{cases} u_{n+1} = 0{,}6u_n + 0{,}3v_n, \\ v_{n+1} = 0{,}4u_n + 0{,}7v_n. \end{cases}$$

(c) Montrer que la suite $(u_n + v_n)$ est constante. Donner la valeur de $u_n + v_n$ pour tout n.

(d) Démontrer que la suite $(4u_n - 3v_n)$ est géométrique.
Exprimer $4u_n - 3v_n$ en fonction de n.

3 (a) En utilisant les résultats des questions 2.c et 2.d, exprimer u_n et v_n en fonction de n.

(b) Si les deux amis font un très grand nombre de parties, qui a le plus de chances de gagner la dernière ?

Indépendance

15 Deux différents dés

★ 10 min Corrigé p. 303

Lycée Camille Jullian, Bordeaux

Simon lance un dé à six faces (numérotées de 1 à 6) et un dé à quatre faces (numérotées de 1 à 4) non pipés. Soit A l'événement : « le dé à six faces tombe sur un nombre pair » et soit B l'événement : « le dé à quatre faces tombe sur un nombre impair ».

1 Quelle est la probabilité, $p(A)$ que le dé à six faces tombe sur un nombre pair ?

2 Quelle est la probabilité, $p(B)$ que le dé à quatre faces tombe sur un nombre impair ?

3 Quelle est la probabilité, $p(A \cap B)$ que le dé à six faces tombe sur un nombre pair et que le dé à quatre faces tombe sur un nombre impair ?

4 Les événements A et B sont-ils indépendants ?

16 Lancers successifs de dés

★ 15 min Corrigé p. 304

Lycée Marie Curie, Sceaux

On lance 3 fois de suite un dé à 6 faces (numérotées de 1 à 6) non pipé (c'est-à-dire non truqué). Soient x , y et z les chiffres obtenus lors des trois lancers.

On considère deux événements :

- $A =$ « $x \times y \times z = 12$ »
- $B =$ « $x + y = 4$ ».

Les événements A et B sont-ils indépendants ?

17 Généralisation d'un résultat

★★★ 20 min Corrigé p. 305

Lycée Camille Jullian, Bordeaux

La famille Potter comporte 2 enfants. On considère les événements :

- A : « il y a deux enfants de sexes différents chez les Potter »
- B : « la famille Potter a au plus une fille ».

1. A et B sont-ils indépendants ?
2. Même question si la famille Potter comporte 3 enfants.
3. Généraliser le résultat à n enfants.

1 QCM Propriétés des probabilités

Enoncé p. 282

1 Réponse [a] :

$$p(B) = p(A \cap B) + p(\bar{A} \cap B) = p(A)p_A(B) + p(\bar{A})p_{\bar{A}}(B)$$
$$= 0{,}3 \times 0{,}4 + (1 - 0{,}3) \times 0{,}2 = 0{,}26.$$

ATTENTION

Il ne faut pas confondre $p(A \cap B)$ avec $p_A(B)$, la réponse [b] est donc fausse.

2 Réponse [c] : si A et B sont tels que $p(A \cap B) = p(A) \times p(B)$, alors

$$p(A \cup B) = p(A) + p(B) - p(A \cap B)$$
$$= p(A) + p(B) - p(A) \times p(B),$$

d'où :

$$0{,}8 = 0{,}6 + p(B) - 0{,}6 \times p(B)$$
$$\iff 0{,}4 \times p(B) = 0{,}2 \iff p(B) = 0{,}5.$$

Donc

$$p_A(B) = \frac{p(A \cap B)}{p(A)} = \frac{p(A)p(B)}{p(A)} = p(B) = 0{,}5$$

3 Réponse [b]. En effet, d'après le cours,

$$P_A(B) = \frac{P(A \cap B)}{P(A)} \text{ donc } P(A) = \frac{P(A \cap B)}{P_A(B)} = \frac{0{,}8}{0{,}25} = 3{,}2 > 1$$

ce qui est impossible.

4 Réponse [c] : comme A et $\bar{A}$ forment une partition de l'univers, d'après la formule des probabilités totales :

$$p(B) = p(A \cap B) + p(\bar{A} \cap B) = 0{,}12 + 0{,}36 = 0{,}48.$$

Comme $p_B(A) = \dfrac{p(A \cap B)}{p(B)} = \dfrac{0{,}12}{0{,}48}$, alors $p_B(A) = 0{,}25$.

2 V/F Interprétation d'un arbre

Enoncé p. 282

1 Faux : $p_A(D) = 0{,}5$.

2 Faux : $p(C) = p(A)p_A(C) + p(\bar{A})p_{\bar{A}}(C) = 0{,}12 + 0{,}12 = 0{,}24$

3 Vrai : $p(B) = p(A)p_A(B) + p(\bar{A})p_{\bar{A}}(B) = 0{,}08 + 0{,}06 = 0{,}14$

4 Faux : $p_D(A) = \dfrac{p(D \cap A)}{p(D)} = \dfrac{0{,}4 \times 0{,}5}{0{,}4 \times 0{,}5 + 0{,}6 \times 0{,}7} = \dfrac{0{,}2}{0{,}62} = \dfrac{10}{31}$.

3 QCM D'après un sujet de bac

Enoncé p. 283

1 Réponse **c** : l'ensemble des élèves des deux classes comportent 66 élèves.

On interroge un élève au hasard, il y a donc équiprobabilité des choix des élèves interrogés.

N'oubliez pas de justifier l'équiprobabilité, ici, par le mot « hasard ».

Soit E_1 l'événement « l'élève choisi appartient à la 1re A ».

Alors $p(E_1) = \dfrac{\text{nombre de cas favorables}}{\text{nombre de cas possibles}} = \dfrac{34}{66} = \dfrac{17}{33}$.

2 Réponse **a** : soit M l'événement « l'élève choisi suit l'enseignement spécialité Math » et E l'événement « l'élève choisi suit l'enseignement de spécialité Math ou appartient à la 1re A ».

L'événement E est la réunion des deux événements M et E_1 et donc :

$$p(E) = p(M \cup E_1) = p(M) + p(E_1) - p(M \cap E_1).$$

Il y a toujours équiprobabilité des choix des élèves interrogés, d'où :

$$p(M) = \frac{16}{66} = \frac{8}{33} \quad \text{et} \quad p(M \cap E_1) = \frac{6}{66} = \frac{1}{11}.$$

On en déduit que : $p(E) = \dfrac{8}{33} + \dfrac{17}{33} - \dfrac{3}{33} = \dfrac{22}{33} = \dfrac{2}{3}$.

3 Réponse **c** : par lecture du tableau, la probabilité demandée est égale à $\dfrac{6}{34}$ (car il y a 6 élèves suivant l'enseignement des mathématiques sur les 34 élèves de la 1re A), soit après simplification : $\dfrac{3}{17}$.

4 Réponse **c** : par lecture graphique du tableau, la probabilité demandée est égale à $\dfrac{6}{16}$ (car il y a 6 élèves dans la 1re A sur les 16 qui suivent l'enseignement de spécialité Math), soit après simplification : $\dfrac{3}{8}$.

4 V/F Événements indépendants

Enoncé p. 283

1 Faux. La pièce étant parfaitement équilibrée, la probabilité d'avoir face à un lancer quelconque est de $\dfrac{1}{2}$. Les lancers successifs étant indépendants, le fait d'avoir obtenu neuf fois de suite pile lors des lancers antérieurs n'a aucune influence sur le dixième lancer ... même si l'intuition nous incite à penser qu'on devrait voir apparaître « face » !

2 Vrai. On commence par calculer $P(A \cap B)$:

$$P(A \cap B) = P(A) - P(A \cap \overline{B}) = \frac{6}{15}.$$

COURS INTERROS CORRIGÉS

On compare ensuite avec le produit $P(A)P(B) = \frac{2}{3} \times \frac{3}{5}$.

On a bien $P(A \cap B) = P(A)P(B)$ ce qui prouve l'indépendance des événements A et B.

3 **(a)** Vrai. On définit les événements :

- S : « L'élève a réussi le permis de conduire ».
- F : « L'élève interrogé est une fille ».
- G : « L'élève interrogé est une garçon ».

On applique la formule des probabilités totales avec le système complet d'événements (F,G) :

$$P(S) = P_F(S)P(F) + P_G(S)P(G).$$

On obtient alors :

$$P(S) = \frac{1}{3} \times \frac{3}{4} + \frac{1}{10} \times \frac{1}{4} = 0{,}275.$$

(b) Faux. On cherche à calculer $P_S(G)$. D'après la formule des probabilités conditionnelles, puisque $P(S)$ est non nul, on a :

$$P_S(G) = \frac{P(S \cap G)}{P(S)} = \frac{0{,}1 \times 0{,}25}{0{,}275} = \frac{1}{11}.$$

Une valeur approchée de $P_S(G)$ à 0,001 près est 0,091.

5 Arbre pondéré

Enoncé p. 284

Lycée Virlogeux, Riom

1 $p(T) = 0{,}7$ (le 70 % de l'énoncé !).

2 $p_T(B) = 0{,}4$ et $p_{\bar{T}}(B) = 0{,}1$ (là encore, c'est dans l'énoncé).
Les autres probabilités sont obtenues en utilisant le fait que la somme des probabilités des branches partant d'un nœud est toujours égale à 1.

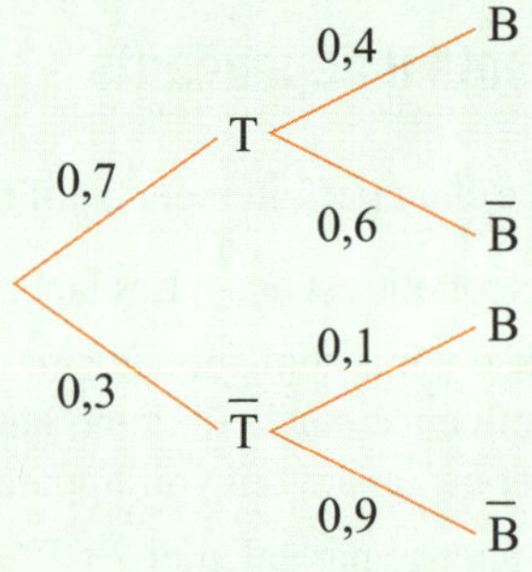

3 **(a)** $p(T \cap B) = p(T) \times p_T(B) = 0{,}7 \times 0{,}4 = 0{,}28$.

(b) D'après la formule des probabilités totales :

$$\begin{aligned} p(B) &= p(T \cap B) + p(\bar{T} \cap B) \\ &= 0{,}7 \times 0{,}4 + 0{,}3 \times 0{,}1 \\ &= 0{,}28 + 0{,}03 \\ &= 0{,}31. \end{aligned}$$

4 $p_B(T) = \dfrac{p(B \cap T)}{p(B)} = \dfrac{0{,}28}{0{,}31} \approx 0{,}90.$

6 Médailles de judo

Enoncé p. 285

Bac métropole, septembre 2011

1 **(a)** On a : $P(V) = \dfrac{25}{60} = \dfrac{5}{12}.$

(b) On a : $P(V \cap B) = \dfrac{15}{60} = \dfrac{1}{4}.$

(c) On a : $P_V(B) = \dfrac{P(V \cap B)}{P(V)} = \dfrac{\frac{1}{4}}{\frac{5}{12}} = \dfrac{1}{4} \times \dfrac{12}{5} = \dfrac{3}{5}.$

(ou bien, d'après le tableau, $P_V(B) = \dfrac{15}{25} = \dfrac{3}{5}$)

2 **MÉTHODE**

Quand un énoncé de probabilité contient les mots « au moins un » (ou « au moins une »), il faut penser à l'événement contraire.

Ici en particulier, il est plus simple de chercher d'abord la probabilité de l'événement contraire, qui est : « aucune médaille n'est à l'effigie de Vécosse ». Sa probabilité est $\left(1 - \dfrac{5}{12}\right)^3 = \left(\dfrac{7}{12}\right)^3$, et la probabilité qu'au moins une des médailles soit à l'effigie de Vécosse est donc :

$1 - \left(\dfrac{7}{12}\right)^3 = \dfrac{1385}{1728} \approx 0{,}8.$

7 Pannes électroniques

Enoncé p. 285

Lycée Voltaire, Paris

1 On sait que $p(F) + p(\overline{F}) = 1$ par la loi des contraires.

On sait par ailleurs que $p(F) = \dfrac{9}{10}$. Donc :

$$p(\overline{F}) = 1 - \frac{9}{10} = \frac{1}{10} = 0{,}1.$$

COURS INTERROS CORRIGÉS

2 On représente sous forme d'un arbre pondéré, les événements en jeu et les probabilités données directement par l'énoncé.
On note que $p_F(T) = 1$ car, si l'appareil est bon, il passe toujours le test avec succès.

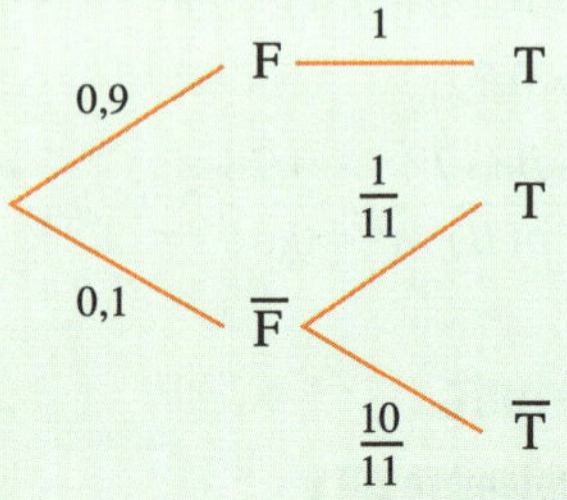

(a) Un appareil défectueux ($\overline{F}$) passe le test avec succès (T) avec une probabilité $\frac{1}{11}$. On peut donc écrire :

$$p_{\overline{F}}(T) = \frac{1}{11}.$$

Utilisons maintenant les probabilités conditionnelles.
On cherche $p(T \cap \overline{F})$ en fonction de $p_{\overline{F}}(T)$.
On va donc utiliser la formule des probabilités conditionnelles :

$$p(T \cap \overline{F}) = \underbrace{p(\overline{F})}_{\frac{1}{10}} \times \underbrace{p_{\overline{F}}(T)}_{\frac{1}{11}} = \frac{1}{10 \times 11} = \frac{1}{110}.$$

De la même façon :

$$p(T \cap F) = \underbrace{p(F)}_{\frac{9}{10}} \times \underbrace{p_F(T)}_{1} = \frac{9}{10}.$$

(b) Réaliser T s'obtient en réalisant ou bien $T \cap F$ ou bien $T \cap \overline{F}$. On utilise ici la formule des probabilités totales :

$$\begin{aligned} p(T) &= p(T \cap F) + p(T \cap \overline{F}) \\ &= \frac{9}{10} + \frac{1}{110} \\ &= \frac{9 \times 11 + 1}{110} \\ &= \frac{100}{110} \\ &= \frac{10}{11}. \end{aligned}$$

(c) On demande $p_T(F)$ On utilise la définition d'une probabilité conditionnelle :

$$p_T(F) = \frac{p(T \cap F)}{p(T)} = \frac{\frac{9}{10}}{\frac{10}{11}} = \frac{9 \times 11}{10 \times 10} = \frac{99}{100}.$$

Un appareil ayant passé le test avec succès a donc 99 % de chances d'être bon.

8 Génétique

Enoncé p. 286

Lycée Stanislas, Paris

Un tel énoncé se traduit bien à l'aide d'un tableau à deux entrées. Il est facile de calculer les quelques effectifs qui ne sont pas donnés dans l'énoncé :

Il y a $0{,}6 \times 40 = 24$ hommes aux yeux bleus, donc $50 - 24 = 26$ femmes aux yeux bleus.

Il restent donc $40 - 24 = 16$ hommes qui n'ont pas les yeux bleus et $60 - 26 = 34$ femmes qui n'ont pas les yeux bleus.

	Homme	Femme	Total
Yeux bleus	24	26	50
Pas les Yeux bleus	16	34	50
Total	40	60	100

Comme toutes les personnes ont la même probabilité d'être choisies, on est en situation d'équiprobabilité.

La probabilité est donc égale au nombre de personne dans l'événement choisi, divisé par le nombre de personne de l'univers de référence.

1 A : choisir un homme dans la population totale : $p(A) = \frac{40}{100} = \frac{2}{5}$.

2 B : choisir un homme aux yeux bleus dans la population totale :

$p(B) = \frac{24}{100} = \frac{6}{25}$.

3 C : choisir une femme aux yeux bleus parmi la population totale :

$p(C) = \frac{26}{100} = \frac{13}{50}$.

4 D : choisir une personne aux yeux bleus, parmi la population des femmes :

$p(D) = \frac{26}{60} = \frac{13}{30}$.

5 E : choisir une femme parmi la population des personnes aux yeux bleus :

$p(E) = \frac{26}{50} = \frac{13}{25}$.

9 Lancer de fléchettes

Enoncé p. 286

Lycée Carnot, Dijon

1 **(a)** Le concurrent A touche la case 3 avec la probabilité $\frac{7}{12}$.

Les 3 lancers successifs étant indépendants les uns des autres, la probabilité que le joueur A touche 3 fois la case 3 vaut donc

$$\frac{7^3}{12^3} = \frac{343}{1\,728}.$$

(b) La probabilité qu'il atteigne la case 1 vaut $\frac{1}{2}$, celle pour qu'il atteigne la case 2 vaut $\frac{1}{3}$ et celle pour qu'il atteigne la case 3 vaut $\frac{7}{12}$.

La probabilité que le joueur A touche d'abord la case 1, puis la case 2 et enfin la case 3 vaut :

$$\frac{1}{12} \times \frac{1}{3} \times \frac{7}{12} = \frac{7}{432}.$$

(c) Le joueur a alors plusieurs possibilités (l'ordre des cases n'est pas imposé), mais chacune des éventualités a une probabilité égale à $\frac{7}{432}$:

1re case touchée	2e case touchée	3e case touchée
1	2	3
1	3	2
2	1	3
2	3	1
3	1	2
3	2	1

Ce qui fait 6 possibilités.

La probabilité qu'il touche les cases 1, 2 et 3 vaut donc :

$$6 \times \frac{7}{432} = \frac{7}{72}.$$

2 **(a)** Notons E_A l'événement « le joueur A est choisi » ; E_B l'événement « le joueur B est choisi » ; notons C l'événement « la case 3 est atteinte ».

Le couple $(E_A; E_B)$ constitue un système complet d'événements, on peut appliquer la formule des probabilités totales :

$$P(C) = P(E_A \cap C) + P(E_B \cap C)$$

Calculons la probabilité de $E_A \cap C$.

Si on choisit le joueur A (ceci avec une probabilité $\frac{2}{3}$), la case 3 est touchée avec une probabilité $\frac{7}{12}$.

On en déduit que :

$$P(E_A \cap C) = \frac{7}{12} \times \frac{2}{3} = \frac{7}{18}.$$

Calculons la probabilité de $E_B \cap C$.

Si on choisit le joueur B (ceci avec une probabilité $\frac{1}{3}$), la case 3 est touchée avec une probabilité $\frac{1}{3}$.

On en déduit que :

$$P(E_B \cap C) = \frac{1}{3} \times \frac{1}{3} = \frac{1}{9}.$$

On conclut alors en calculant la probabilité de C :

$$P(C) = \frac{7}{18} + \frac{1}{9} = \frac{1}{2}.$$

(b) On cherche donc la probabilité de E_A sachant que C est réalisé. On calcule donc la probabilité suivante :

$$P_C(E_A) = \frac{P(E_A \cap C)}{P(C)} = \frac{\frac{7}{18}}{\frac{1}{2}} = \frac{7}{9}.$$

10 Arbre pondéré

➔ Enoncé p. 287

Lycée Galilée, Gennevilliers

On va noter A : « L'alarme s'est déclenchée » et I : « Il y a eu intrusion ».

Il convient de remarquer que 2000 est une année bissextile.

1 **(a)** Cette question renvoie aux liens entre statistiques et probabilités, et notamment à la loi des grands nombres (la fréquence d'un événement converge vers sa probabilité) qui autorise à interpréter les fréquences statistiques comme des probabilités. La fréquence statistique i des intrusions par jour se calcule par :

$$i = \frac{28 + 30 + 26}{2 \times 365 + 366} \approx 0{,}076\,6.$$

On en déduit que la probabilité d'une intrusion est de $p(I) = 0{,}077$ à 10^{-3} près. Puis que $p(\bar{I}) = 0{,}923$ à 10^{-3} près.

(b) D'après le tableau statistique, on peut également calculer la probabilité $p(I \cap A)$ en tant que fréquence du nombre d'intrusions ayant déclenché l'alarme :

$$p(I \cap A) = \frac{25 + 28 + 23}{2 \times 365 + 366} \approx 0{,}069\,3.$$

COURS INTERROS CORRIGÉS

2 On demande la probabilité conditionnelle $p_I(A)$. L'énoncé ne nous la donne pas directement, donc il faut utiliser la définition d'une probabilité conditionnelle :

$$p_I(A) = \frac{p(A \cap I)}{p(I)} \approx \frac{0{,}069}{0{,}077} \approx 0{,}896.$$

3 On peut maintenant représenter les données sous forme d'arbre :

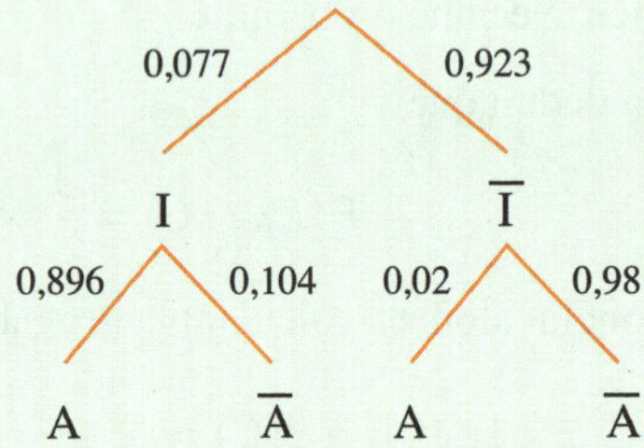

On demande $p(A)$ qu'on va calculer avec la loi des probabilités totales :

$$A = (I \cap A) \cup (\bar{I} \cap A)$$

$$p(A) = \underbrace{p(I \cap A)}_{\text{calculé précédemment}} + p(\bar{I} \cap A)$$

$$p(\bar{I} \cap A) = p(\bar{I}) \times p_{\bar{I}}(A) \approx 0{,}923 \times 0{,}02 \approx 0{,}018.$$

$$p(A) \approx 0{,}069 + 0{,}018 \approx 0{,}087.$$

4 Dans cette question, on sait que l'alarme s'est déclenchée. On demande la probabilité qu'il s'agisse d'une intrusion sachant que l'alarme s'est déclenchée, soit $p_A(I)$. Par définition des probabilités conditionnelles :

$$p_A(I) = \frac{p(I \cap A)}{p(A)} \approx \frac{0{,}069}{0{,}087} \approx 0{,}793.$$

Sherlock répondra qu'il y a plus de 3 chances sur 4 qu'il y ait eu intrusion.

11 Tickets de péage

Enoncé p. 288

Lycée Virlogeux, Riom

1 **MÉTHODE**

L'énoncé dit *donner* les probabilités : il ne s'agit pas de les calculer, elles sont dans l'énoncé ou s'en déduisent directement.

$$p(C) = 0{,}6\ ; \quad p_{\bar{C}}(H) = 0{,}25\ ; \quad p_{\bar{C}}(B) = 0{,}75.$$

2

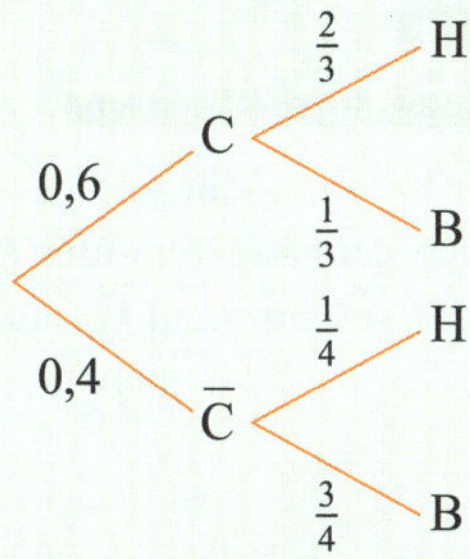

3 $p(H) = p(H \cap C) + p(H \cap \bar{C}) = 0{,}6 \times \dfrac{2}{3} + 0{,}4 \times \dfrac{1}{4} = 0{,}4 + 0{,}1 = 0{,}5.$

4 La probabilité cherchée est :

$$p(H \cap C) + p(B \cap \bar{C}) = 0{,}6 \times \frac{2}{3} + 0{,}4\frac{3}{4} = 0{,}4 + 0{,}3 = 0{,}7.$$

12 Prise d'initiative

Enoncé p. 288

Lycée Sophie Germain, Paris

On note :

- S l'événement : « l'adhérent a déjà un Smartphone »,
- A l'événement : « l'adhérent va acheter un Smartphone dans l'année ».

On assimile les pourcentages aux probabilités d'obtenir les différents événements si l'on choisit un adhérent au hasard.

1 D'après les données de l'énoncé :

- $P(S) = 0{,}8$ donc $P(\bar{S}) = 0{,}2$;
- $P_S(A) = 0{,}3$ et $P_{\bar{S}}(A) = 0{,}15$.

Cela donne l'arbre ci-contre :

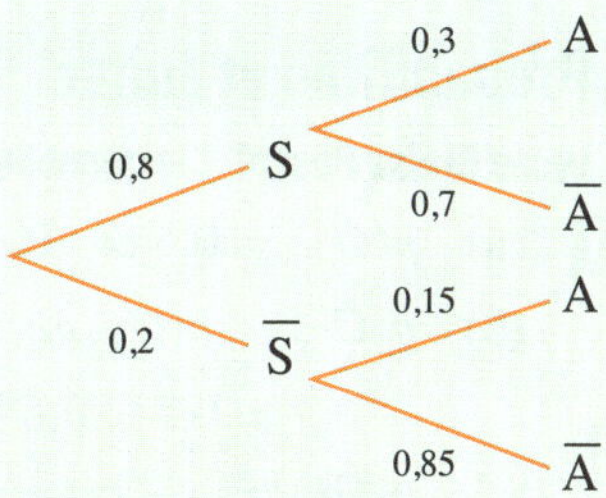

2 On cherche : $P(S \cap A) = P(S) \times P_S(A) = 0{,}8 \times 0{,}3 = 0{,}24.$

3 Il faut calculer $P(A)$.
D'après la formule des probabilités totales :

$$P(A) = P(A \cap S) + P(A \cap \bar{S}) = 0{,}24 + 0{,}2 \times 0{,}15 = 0{,}27.$$

Cela signifie que $P(A) > 0{,}25$. La probabilité qu'un adhérent achète un Smartphone dans l'année est donc supérieure à 25 %, la coopérative peut donc mettre en place son service.

4 Il faut ici calculer : $P_A(\bar{S}) = \dfrac{P(A \cap \bar{S})}{P(A)} = \dfrac{0{,}03}{0{,}27} = \dfrac{1}{9}.$

13 Sondage anonyme

Enoncé p. 289

Lycée Jean Moulin, Saint-Amand-Montrond

1 O correspond à l'événement « la personne répond oui », F (respectivement P) à l'événement « la personne a obtenu face (respectivement pile) au premier lancer ». Comme il y a autant de chances d'obtenir pile que face, on obtient l'arbre de la page ci-contre.

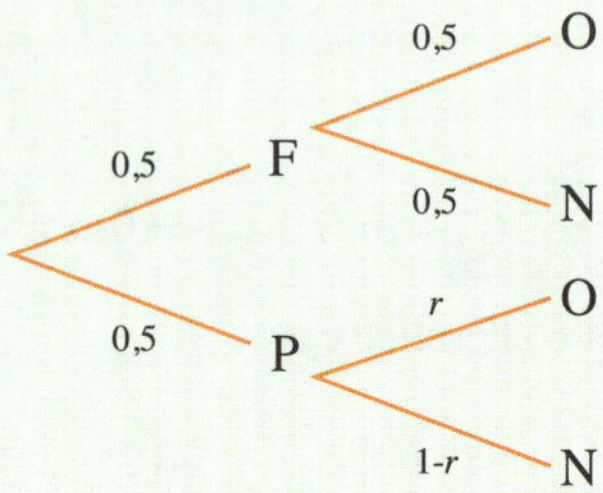

2 $p(\text{O}) = 0{,}45$. Or, $p(\text{O}) = p(\text{F} \cap \text{O}) + p(\text{P} \cap \text{O}) = 0{,}5 \times 0{,}5 + 0{,}5r$. On a donc $0{,}45 - 0{,}25 = 0{,}5r$, d'où $0{,}5r = 0{,}2$ et $r = 0{,}4$. Il y a donc environ 40 % de gros fumeurs.

3 $p(\text{O})$ est maintenant inconnue. On cherche $p(\text{O})$ telle que :

$$r = \frac{P(O) - 0{,}25}{0{,}5} \leqslant 0{,}1.$$

On trouve alors $P(O) \leqslant 0{,}3$.

Il faudrait donc obtenir *au plus* 30 % de oui pour avoir *au plus* 10 % de gros fumeurs.

14 Probabilités et suites

Enoncé p. 289

Lycée Blaise Pascal, Clermont Ferrand

1 **(a)** $p(G_1) = 0{,}5$ et $p(\bar{G}_1) = 0{,}5$.

(b) $p(G_2) = p(G_1)p_{G_1}(G_2) + p(\bar{G}_1)p_{\bar{G}_1}(G_2)$

$= 0{,}5 \times 0{,}6 + 0{,}5 \times 0{,}3 = 0{,}45.$

$p(\bar{G}_2) = 1 - p(G_2)$

$= 0{,}55.$

2 **(a)**

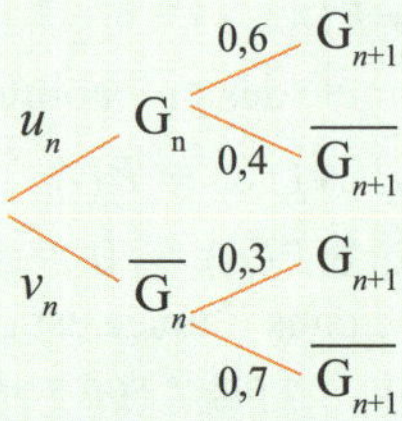

(b) $u_{n+1} = p(G_{n+1}) = 0{,}6u_n + 0{,}3v_n,$

$v_{n+1} = p(\overline{G_{n+1}}) = 0{,}4u_n + 0{,}7v_n.$

(c) Pour tout n de $\mathbb{N}^*$,

$$u_{n+1} + v_{n+1} = 0{,}6u_n + 0{,}3v_n + 0{,}4u_n + 0{,}7v_n = u_n + v_n.$$

Donc la suite $(u_n + v_n)$ est constante. On sait que $u_1 + v_1 = 1$, donc pour tout n de $\mathbb{N}^*$, $u_n + v_n = 1$.

Remarque : ceci est logique : à chaque étape, il n'y a que deux événements incompatibles : Pierre gagne ou perd ! Donc la somme des probabilités de ces événements doit être égale à 1.

(d) $$4u_{n+1} - 3v_{n+1} = 4(0{,}6u_n + 0{,}3v_n) - 3(0{,}4u_n + 0{,}7v_n)$$
$$= 1{,}2u_n - 0{,}9v_n = 0{,}3(4u_n - 3v_n).$$

Donc la suite $(4u_n - 3v_n)$ est géométrique de raison 0,3. Son premier terme est $4u_1 - 3v_1 = 0{,}5$. Donc $4u_n - 3v_n = 0{,}5 \times 0{,}3^{n-1}$.

3 **(a)** On a le système :

$$\begin{cases} u_n + v_n = 1, \\ 4u_n - 3v_n = 0{,}05 \times 0{,}3^{n-1} \end{cases}$$
$$\iff \begin{cases} v_n = 1 - u_n, \\ 4u_n - 3(1 - u_n) = 0{,}05 \times 0{,}3^{n-1} \end{cases}$$
$$\iff \begin{cases} v_n = 1 - u_n, \\ 7u_n = 3 + 0{,}05 \times 0{,}3^{n-1} \end{cases}$$
$$\iff \begin{cases} u_n = \dfrac{3}{7} + \dfrac{0{,}05}{7} \times 0{,}3^{n-1}, \\ v_n = 1 - u_n = \dfrac{4}{7} - \dfrac{0{,}05}{7} \times 0{,}3^{n-1} \end{cases}$$

(b) Comme $0 < 0{,}3 < 1$, on sait que $\lim\limits_{n \to +\infty} 0{,}03^{n-1} = 0$, donc

$$\lim_{n \to +\infty} u_n = \frac{3}{7} \quad \text{et} \quad \lim_{n \to +\infty} v_n = \frac{4}{7}.$$

Par conséquent au bout d'un grand nombre de parties, Jean-Philippe a plus de chances de gagner que Pierre.

15 Deux différents dés

Enoncé p. 290

Lycée Camille Jullian, Bordeaux

1 Il y a 3 nombres pairs sur 6 donc $p(A) = \dfrac{3}{6} = \dfrac{1}{2}$.

2 Il y a 2 nombres impairs sur 4, donc $p(B) = \dfrac{2}{4} = \dfrac{1}{2}$.

3 Notons $(n_1\ ;n_2)$ le couple de nombres obtenus, n_1 étant le nombre issu du dé à 6 faces et n_2, celui du dé à 4 faces.

$$A \cap B = \{(2\ ;1),(2\ ;3),(4\ ;1),(4\ ;3),(6\ ;1),(6\ ;3)\}.$$

De plus, il y a :

6 (issues pour le dé cubique) $\times$ 4 (possibilités pour le dé à 4 faces) $= 24$ couples possibles.

Ainsi,

$$p(A \cap B) = \frac{6}{24} = \frac{1}{4}.$$

4 On constate que $p(A \cap B) = p(A) \times p(B)$ donc les événements A et B sont indépendants.

16 Lancers successifs de dés

Enoncé p. 291

Lycée Marie Curie, Sceaux

L'univers Ω est l'ensemble de tous les triplets (a,b,c) où a, b, et c sont trois entiers compris entre 1 et 6. Il existe ainsi 216 résultats possibles.

Le dé étant par hypothèse non pipé, on est en situation d'équiprobabilité.

La probabilité d'un événement élémentaire (a,b,c) est :

$$P(\{(a,b,c)\}) = \frac{1}{216}.$$

L'événement A est la réunion des événements élémentaires :

$$\begin{array}{ccccccccc} (1,2,6) & ; & (1,3,4) & ; & (1,4,3) & ; & (1,6,2) & ; & (2,1,6) \ ; \\ (2,2,3) & ; & (2,3,2) & ; & (2,6,1) & ; & (3,1,4) & ; & (3,2,2) \ ; \\ (3,4,1) & ; & (4,1,3) & ; & (4,3,1) & ; & (6,1,2) & ; & (6,2,1). \end{array}$$

Donc :

$$P(A) = \frac{15}{216} = \frac{5}{72}.$$

L'événement B est la réunion des événements élémentaires :

$$(1,3,z) \quad ; \quad (2,2,z) \quad ; \quad (3,1,z) \quad \text{où} \quad z \quad \text{décrit} \quad \{1,\dots,6\}.$$

Donc :

$$P(B) = \frac{3 \times 6}{216} = \frac{1}{12}.$$

Or, l'événement $A \cap B$ est la réunion des événements élémentaires : (1,3,4), (2,2,3), (3,1,4).

Donc :

$$P(A \cap B) = \frac{3}{216} = \frac{1}{72}$$

et

$$P(A)P(B) = \frac{5}{72} \times \frac{1}{12} = \frac{5}{864}.$$

Ainsi,

$$P(A \cap B) \neq P(A)P(B).$$

Donc A et B ne sont pas indépendants.

MÉTHODE

Pour savoir si deux événements sont indépendants, on calcule la probabilité de leur intersection et on la compare au produit de leurs probabilités. L'indépendance est une notion délicate et l'intuition est, en ce domaine, souvent mauvaise conseillère !

17 Généralisation d'un résultat

Enoncé p. 291

Lycée Camille Jullian, Bordeaux

1 Avec 2 enfants, l'univers des possibles est :

$$\Omega = \{(G,G); (G,F); (F,G); (F,F)\}$$

L'événement (F,G) correspond ici au fait que l'aînée est une fille et le cadet, un garçon.

Alors,

- $p(A) = \frac{2}{4} = \frac{1}{2}$;
- $p(B) = \frac{3}{4}$ (« au plus une fille » signifie « aucune fille ou une fille » ;
- $p(A \cap B) = \frac{2}{4}$ (en effet, $A \cap B$ est l'événement « il y a deux enfants de sexes différents, dont au plus une fille », ce qui correspond aux événements (F,G) et (G,F).

On s'aperçoit alors que $p(A \cap B) \neq p(A) \times p(B)$ donc les événements A et B ne sont pas indépendants.

2 Dans cette question, il y a 3 enfants. L'univers des possibles est alors :

$$\Omega' = \{(F,F,F); (F,F,G); (F,G,F); (F,G,G); (G,F,F); (G,F,G); (G,G,F); (G,G,G)\}.$$

- $p(A) = \frac{6}{8} = \frac{3}{4}$;
- $p(B) = \frac{4}{8} = \frac{1}{2}$;
- $p(A \cap B) = \frac{3}{8} = p(A) \times p(B)$.

Donc A et B sont cette fois-ci indépendants.

3 Avec n enfants, il y a en tout 2^n n-uplets possibles (n enfants, 2 possibilités par enfant).

- $p(A) = 1 - \dfrac{2}{2^n} = 1 - \dfrac{1}{2^{n-1}}$. En effet, tous les n-uplets conviennent sauf ceux composés uniquement de garçons et ceux composés uniquement de filles.
- $p(B) = \dfrac{n+1}{2^n}$. En effet, il y a un n-uplet avec 0 fille (celui composé uniquement de garçons) et n avec uniquement une fille ;
- $p(A \cap B) = \dfrac{n}{2^n}$. En effet, on ne s'intéresse ici qu'aux n-uplets où il y a au moins un garçon et au plus une fille, donc les n-uplets du type $(F, G, G, \ldots, G)$ ou $(G, G, \ldots, G, F, G, G, \ldots)$: ces n-uplets sont formés en mettant « F » n'importe où parmi les n positions possibles ; il y en a donc n.

Or,
$$\begin{aligned} p(A) \times p(B) &= \left(1 - \frac{2}{2^n}\right) \times \frac{n+1}{2^n} \\ &= \frac{n+1}{2^n} - \frac{2}{2^n} \times \frac{n+1}{2^n} \\ &= \frac{2^n(n+1) - 2(n+1)}{2^n \times 2^n} \\ &= \frac{2(n+1)(2^{n-1}-1)}{2^{2n}}. \end{aligned}$$

Ainsi,
$$\begin{aligned} & p(A) \times p(B) = p(A \cap B) \\ \iff & \frac{2(n+1)(2^{n-1}-1)}{2^{2n}} = \frac{n}{2^n} \\ \iff & 2(n+1)(2^{n-1}-1) = n \times 2^n \\ \iff & (n+1)(2^{n-1}-1) = n \times 2^{n-1} \\ \iff & n \times 2^{n-1} + 2^{n-1} - n - 1 = n \times 2^{n-1} \\ \iff & 2^{n-1} = n + 1. \end{aligned}$$

Un tableau des valeurs de 2^{n-1} et $n+1$ (sur la calculatrice par exemple) montre que $n+1$ croît bien moins vite que 2^{n-1}, ce qui signifie que $n + 1 \neq 2^{n-1}$ pour $n \geqslant 4$.
Ainsi, il n'existe qu'une valeur de n pour laquelle $2^{n-1} = n + 1$, donc pour laquelle $p(A) \times p(B) = p(A \cap B)$, donc pour laquelle A et B sont indépendants.

Remarque : on dit que $n + 1$ a une croissance *linéaire* alors que 2^{n-1} a une croissance *exponentielle*.

Chapitre 8

Variables aléatoires

Plan du chapitre

Exercice type — **Lycée Mansart, Saint-Cyr-l'École**

Retrouvez le corrigé de cet exercice en vidéo avec live!

Dans une tombola, 100 tickets sont en jeu, répartis comme suit :

- un ticket permet de gagner 100 euros ;
- neuf tickets permettent de gagner 10 euros ;
- les autres tickets sont perdants.

Pour pouvoir jouer, il faut miser 3 euros.

Un joueur mise 3 euros et tire un ticket au hasard. On appelle X son gain (différence entre ce qu'il gagne et la mise).

1 Déterminer la loi de probabilité de X.

2 Calculer l'espérance de X. Le jeu est-il à l'avantage des joueurs ou des organisateurs de la tombola ? Justifier la réponse.

Voir corrigé page 311

1 Définition et loi de probabilité

Définition 1 : variable aléatoire réelle discrète

Soit $\Omega = \{e_1, e_2, \ldots, e_n\}$ un univers fini constitué de n événements distincts. On appelle *variable aléatoire réelle discrète* définie sur Ω toute application $X : \Omega \to \mathbb{R}$ telle que :

- $X(e_i) = x_i$ pour $1 \leqslant i \leqslant n$;
- l'ensemble $X(\Omega) = \{x_1 \ ; \ x_2 \ ; \ \ldots \ ; \ x_n\}$ est fini.

On notera $(X = x_i)$ l'événement « X prend la valeur x_i ».

Exemple : lors d'un jeu, on peut ne rien gagner, mais on peut aussi gagner 1 000 € ou 50 000 €. Si X est la variable aléatoire qui, à chaque issue du jeu, associe la somme que l'on gagne, alors elle peut prendre les 3 valeurs : 0, 1 000 € et 50 000 €. On notera alors :

$$X(\Omega) = \{0 ; 1\,000 ; 50\,000\}.$$

Définition 2 : loi de probabilité

On considère une variable aléatoire X sur un univers Ω telle que :

- $X(\Omega) = \{x_1 ; x_2 ; \ldots ; x_n\}$;
- pour tout $1 \leqslant i \leqslant n$, $p(X = x_i) = p_i$.

La *loi de probabilité* de X est la donnée de toutes les valeurs p_i, pour $1 \leqslant i \leqslant n$.

On présente habituellement cette loi sous forme d'un tableau :

Valeurs de X	x_1	x_2	$\cdots$	x_n
$p(X = x_i)$	p_1	p_2	$\cdots$	p_n

Remarque : on a toujours :

$$p_1 + p_2 + \cdots + p_n = 1.$$

Exemple : on lance un dé parfaitement équilibré ; on gagne 5 euros si l'on obtient un nombre pair, et l'on perd 3 euros sinon. On note X la variable aléatoire qui, à un lancer du dé, associe le gain algébrique, c'est-à-dire un nombre positif s'il s'agit d'un gain ou négatif dans le cas de pertes, du joueur.

Établir la loi de probabilité de X, c'est calculer $p(X = 5)$ et $p(X = -3)$.

Or,

$$p(X = 5) = p(A)$$

où A est l'événement : « obtenir 2, 4 ou 6 » d'où :

$$p(X = 5) = \frac{3}{6} = \frac{1}{2}$$

et :

$$p(X = -3) = p(B)$$

où B est l'événement : « obtenir 1, 3 ou 5 » d'où :

$$p(X = -3) = \frac{3}{6} = \frac{1}{2}.$$

2 Espérance, variance et écart-type

2.1 Espérance d'une variable aléatoire

Définition 3

Soit X une variable aléatoire qui prend les valeurs $x_1, x_2, \ldots, x_n$.
Pour tout $1 \leqslant i \leqslant n$, on pose $p_i = P(X = x_i)$.
L'*espérance* de X est le réel noté $E(X)$ défini par :

$$E(X) = p_1x_1 + p_2x_2 + \cdots + p_nx_n.$$

Exemple : on considère la variable aléatoire X définie par la loi de probabilité suivante :

Valeurs de X	-1	-2	3	4
$p(X = x_i)$	0,3	0,1	0,5	0,1

Alors,

$$\begin{aligned} E(X) &= (-1) \times 0{,}3 + (-2) \times 0{,}1 + 3 \times 0{,}5 + 4 \times 0{,}1 \\ &= 1{,}4. \end{aligned}$$

À RETENIR

L'espérance mathématique représente la valeur moyenne de X si l'expérience est répétée un grand nombre de fois.

Propriété 1

Soit X une variable aléatoire, et soient a et b deux nombres réels. Alors,

$$E(aX + b) = aE(x) + b.$$

Exemple : soit X la variable aléatoire telle que $X(\Omega) = \{3 ; 5 ; 7\}$ et $E(X) = 6$.
On pose alors $Y = 2X - 5$. Cela signifie que $y_i = 2x_i - 5$ donc :

$$Y(\Omega) = \{2 \times 3 - 5 ; 2 \times 5 - 5 ; 2 \times 7 - 5\} \text{ soit } Y(\Omega) = \{1 ; 5 ; 9\}.$$

De plus, $E(Y) = E(2X - 5) = 2E(X) - 5 = 2 \times 6 - 5 = 12 - 5 = 7$.

Définition 4 : jeu équitable

si X est une variable aléatoire prenant pour valeurs les gains possibles d'un jeu, on dira que le jeu est *équitable* si $E(X) = 0$.

2.2 Variance

Définition 5

Soit X une variable aléatoire qui prend les valeurs $x_1, x_2, \ldots, x_n$.
Pour tout $1 \leqslant i \leqslant n$, on pose $p_i = P(X = x_i)$.
On appelle *variance* de X l'espérance de la variable aléatoire $\left(X - E(X)\right)^2$.

On la note $V(X)$. On a donc :

$$V(X) = E\left((X - E(X))^2\right).$$

Exemple : on considère la variable aléatoire X définie par la loi de probabilité suivante :

Valeurs de X	-1	-2	3	4
$p(X = x_i)$	$0{,}3$	$0{,}1$	$0{,}5$	$0{,}1$

Alors, $E(X) = 1{,}4$ (voir exemple 2.1). La loi de probabilité de $\left(X - E(X)\right)^2$ est :

Valeurs de $\left(X - E(X)\right)^2$	$5{,}76$	$11{,}56$	$2{,}56$	$6{,}76$
$p(X = x_i)$	$0{,}3$	$0{,}1$	$0{,}5$	$0{,}1$

Ainsi,

$$\begin{aligned} V(X) &= E\left[(X - E(X))^2\right] \\ &= 5{,}76 \times 0{,}3 + 11{,}56 \times 0{,}1 + 2{,}56 \times 0{,}5 + 6{,}76 \times 0{,}1 \\ &= 4{,}84. \end{aligned}$$

Propriété 2

Soit X une variable aléatoire, et soient a et b deux nombres réels. Alors,

$$V(aX + b) = a^2 V(X).$$

Propriété 3 : formule de König-Huygens

Soit X une variable aléatoire. Alors,

$$V(X) = E\left(X^2\right) - \left[E(X)\right]^2.$$

Exemple :

Valeurs de X	-1	-2	3	4
Valeurs de X^2	1	4	9	16
$p(X = x_i)$	$0{,}3$	$0{,}1$	$0{,}5$	$0{,}1$

$$\begin{aligned} V(X) &= (1 \times 0{,}3 + 4 \times 0{,}1 + 9 \times 0{,}5 + 16 \times 0{,}1) - 1{,}4^2 \\ &= 4{,}84. \end{aligned}$$

2.3 Écart-type

Définition 6

Soit X une variable aléatoire. On appelle *écart-type* de X le nombre :

$$\sigma(X) = \sqrt{V(X)}.$$

Propriété 4

Soit X une variable aléatoire, et soient a et b deux nombres réels. Alors,

$$\sigma(aX + b) = |a|\sigma(X).$$

Solution de l'exercice type

Lycée Mansart, Saint-Cyr-l'École

Retrouvez le corrigé de cet exercice en vidéo avec live!

1 La variable aléatoire X peut prendre trois valeurs : 97 (dans le cas où le joueur achète le ticket gagnant 100 euros dont il convient de déduire la mise de 3 euros), 7 (gain de 10 euros moins la mise de 3 euros) et enfin -3 (cas d'un billet perdant).

On suppose que tous les billets ont la même probabilité d'être choisis par le joueur. On est donc en situation d'équiprobabilité.

- Il existe un seul billet permettant de gagner 100 euros donc :

$$p(X = 97) = \frac{1}{100}.$$

- Il existe 9 billets permettant de gagner 10 euros donc :

$$p(X = 7) = \frac{9}{100}.$$

- Enfin, il existe 90 billets perdants donc :

$$p(X = -3) = \frac{90}{100}.$$

Finalement, on a :

Valeurs de X	97	7	-3
$p(X = x_i)$	0,01	0,09	0,9

2 On a :

$$\begin{aligned} E(X) &= 97 \times 0{,}01 + 7 \times 0{,}09 + (-3) \times 0{,}9 \\ &= -1{,}1. \end{aligned}$$

Comme l'espérance mathématique n'est pas nulle, le jeu n'est pas équitable. Si le joueur jouait un très grand nombre de fois, il pourrait espérer un « gain » moyen de $-1{,}1$ euro. Le jeu est donc défavorable au joueur et favorable aux organisateurs de la tombola (ce qui était prévisible...)

Voir énoncé page 307

1 V/F Variable aléatoire

5 min Corrigé p. 322

Indiquer si les affirmations suivantes sont vraies ou fausses. Justifier les réponses.

1 Si une variable aléatoire X ne prend que des valeurs positives ou nulle, alors $E(X) \geqslant 0$.

2 Si $E(X) \geqslant 0$, alors la variable aléatoire X ne prend que des valeurs positives ou nulles.

2 QCM En fonction de n

15 min Corrigé p. 322

On justifiera toutes les réponses.
Une urne contient 10 boules blanches et n boules noires ($n \geqslant 2$).
Toutes les boules ont la même probabilité d'être tirées.
Si on tire une boule blanche on gagne 2 euros, si on tire une boule noire on perd 3 euros.
On désigne par X la variable aléatoire correspondant au gain (qui peut être négatif) obtenu par le joueur.

1 Les valeurs prises par X sont :

a 2 et 3 **b** 2 et -3 **c** autre réponse.

2 La loi de probabilité de X est donnée par le tableau ci-dessous :

a

x_i	-3	2
$P(X = x_i)$	$\dfrac{n}{n+10}$	$\dfrac{10}{n+10}$

b

x_i	-3	2
$P(X = x_i)$	$\dfrac{1}{10}$	$\dfrac{1}{n}$

c

x_i	3	2
$P(X = x_i)$	$\dfrac{n}{n+10}$	$\dfrac{10}{n+10}$

3 L'espérance de X est :

a 1 **b** 0 **c** $\dfrac{-3n+20}{n+10}$

4 Le jeu est favorable au joueur si :

a $n \geqslant 7$ **b** $n \geqslant 6$ **c** $n \leqslant 6$

3 La base

★ 5 min Corrigé p. 322

Lycée Édouard Branly, Nogent-sur-Marne

On lance un dé truqué à six faces. Les probabilités d'obtenir chaque face sont les suivantes :

x_i	1	2	3	4	5	6
p_i	0,2	0,1	p_3	0,06	0,2	p_6

1 Calculer p_3 et p_6 sachant que $p_3 = 3p_6$.

2 Calculer l'espérance mathématique de la variable aléatoire X qui à chaque face associe le nombre affiché.

4 Ventes

★ 10 min Corrigé p. 322

Lycée Camille Vernet, Valence

Un commercial vend entre 0 et 5 installations photovoltaïques par semaine. Soit X la variable aléatoire qui, pour une semaine, donne le nombre d'installations vendues. X suit la loi de probabilité indiquée dans le tableau ci-dessous :

Nombre d'installations vendues k	0	1	2	3	4	5
Probabilité $P(X = k)$	0,16	0,1	0,35	0,24	0,1	0,05

1 Calculer $P(X \geqslant 2)$ et $P(X < 4)$.

2 Calculer l'espérance de X. Quelle interprétation peut-on en donner ?

5 Cotisation moyenne

★ 10 min Corrigé p. 323

Lycée Honoré de Balzac, Paris

Le club de loisirs d'une petite ville propose à ses adhérents trois types d'activités : de la gymnastique, des sorties vélo ou de la formation informatique. Chaque adhérent ne peut pratiquer qu'une seule des trois activités. 50% font de la gymnastique, 30% font du vélo et les autres font de l'informatique.
Les tarifs du club sont les suivants : 15 euros pour l'adhésion au club, 60 euros pour la gymnastique, 50 euros pour l'informatique et 30 euros pour le vélo.
On interroge un membre du club au hasard. On appelle S la variable aléatoire qui donne la somme totale payée par ce membre.

1 Donner la loi de probabilité de la variable aléatoire S.

2 Calculer l'espérance de S et en donner une interprétation.

6 Ticket gagnant

★ 15 min Corrigé p. 323

Lycée International Europole, Grenoble

Un supermarché de San Francisco distribue des tickets à ses 1 000 premiers clients. 500 tickets font gagner 10 \$, 90 font gagner 20 \$, 10 font gagner 50 \$ et 400 ne font rien gagner. Un ticket est distribué au hasard à chaque client à son passage en caisse. X est la variable aléatoire qui à chaque ticket distribué associe le gain inscrit sur celui-ci.

1. Déterminer l'ensemble des valeurs prises par X.
2. Dresser le tableau de la loi de probabilité de X.
3. Quelle est la probabilité d'obtenir un ticket faisant gagner 20 \$ ou plus ?
4. Quelle est l'espérance mathématique de la variable aléatoire X ?

7 Interprétation de l'espérance

★ 15 min Corrigé p. 324

Lycée Albert Chatelet, Douai

Une variable aléatoire X a la loi de probabilité suivante :

Valeur a_i de X	-1	1	3	5
Probabilité $P(X = a_i)$	0,4	0,2		0,15

1. Compléter la loi de probabilité de X.
2. Déterminer l'espérance mathématique de la variable aléatoire X.
3. Calculer de deux manières différentes $P(X \geqslant 3)$ (pour la deuxième méthode, on utilisera l'événement contraire).
4. Si X représente le gain obtenu à l'issue d'une expérience, que représente concrètement $E(X)$?

8 Gagner à la loterie

★ 15 min Corrigé p. 324

Lycée Jean-Pierre Vernant, Sèvres

Une loterie est constituée de 800 billets vendus chacun 2 €. Un des billets fait gagner 500 €, deux billets font gagner chacun 100 € et 6 billets font gagner 10 €. Tous les autres sont perdants.

1. Un joueur achète un billet. On appelle G la variable aléatoire donnant le gain algébrique du joueur.
   (a) Donner, en tenant compte de l'achat initial du billet, la loi de probabilité de G.
   (b) Calculer l'espérance mathématique de G.
   (c) Le jeu est-t-il favorable à l'organisateur ou aux joueurs ?

2 Pour être sûre de gagner, une personne achète tous les billets. Elle gagne donc tous les lots.

(a) Quelle somme débourse-t-elle à l'achat ?

(b) Quelle somme correspond au gain de tous les lots ?

(c) Quelle somme cette personne a-t-elle perdue ?

(d) Quelle est la perte moyenne par billet acheté ? Comparer ce résultat à l'espérance mathématique calculée dans la question 1.b.

9 Un sac

★ 15 min Corrigé p. 325

Lycée Charlemagne, Paris

Un sac contient trois boules numérotées : deux portent le numéro 4 et une porte le numéro 3.
On tire au hasard une boule du sac, on note son numéro a et on la remet dans le sac.
On répète une deuxième fois l'expérience et on désigne par b le numéro de la boule tirée.

1 Décrire l'expérience aléatoire.

2 Quel est l'univers de cette expérience ?

3 On admet que :

$$p(3\,;3) = \frac{1}{9} \quad ; \quad p(3\,;4) = p(4\,;3) = \frac{2}{9}.$$

Calculer $p(4\,;4)$.

4 Soit X la variable aléatoire qui, au résultat noté $(a\,;b)$, associe $a+b$.

(a) Donner la loi de probabilité de X.

(b) Calculer son espérance et sa variance.

10 Jeu équitable

★ 15 min Corrigé p. 325

Lycée Fustel de Coulanges, Massy

Lors d'une loterie, un joueur mise 2 euros. Lors du tirage, trois résultats sont possibles. La probabilité qu'il gagne 10 euros est $\frac{2}{11}$, la probabilité qu'on lui rembourse sa mise est $\frac{1}{4}$, et il ne reçoit rien le reste du temps. On note X la variable aléatoire égale au gain algébrique du joueur à l'issue du tirage.

1 Donner la loi de probabilité de X et son espérance $E(X)$.

2 On dit que le jeu est favorable à l'organisateur si $E(X) < 0$.

(a) Le jeu est-il favorable à l'organisateur ?

COURS INTERROS CORRIGÉS

(b) L'organisateur souhaite que le jeu soit équitable, c'est-à-dire que $E(X) = 0$. Il va changer la règle du jeu. La probabilité que le joueur gagne ne change pas, mais si le joueur gagne, il reçoit une somme S. Déterminer la valeur de S.

11 Un jeu d'enfant

★ 15 min Corrigé p. 326

Lycée Jacques Amyot, Auxerre

Un jeu de construction est composé de 10 cubes de même taille. Un enfant les assemble de manière à obtenir le solide ci-dessous dont il peint ensuite toutes les faces. Par exemple, le cube en bas à droite a 5 de ses faces qui sont peintes. Il sépare à nouveau les 10 cubes et en tire un au hasard. On appelle X la variable aléatoire égale au nombre de faces peintes sur le cube choisi.

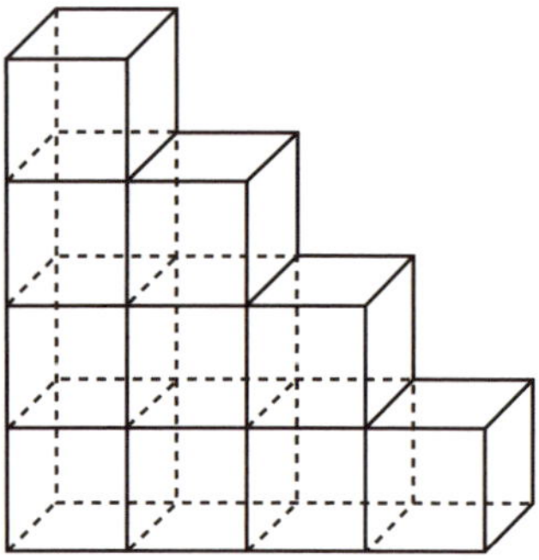

1 Déterminer l'ensemble $X(\Omega)$ des valeurs prises par X.

2 Déterminer la loi de probabilité de X.

3 Calculer son espérance et interpréter par une phrase le résultat.

4 Calculer l'écart-type de X.

12 Dé tétraédrique

★ 20 min Corrigé p. 327

Lycée Pasteur, Neuilly-sur-Seine

On considère un dé tétraédrique truqué dont les faces portent les numéros 2, 4, 5 et 7.
On note p_2, p_4, p_5 et p_7 les probabilités de tomber respectivement sur 2, 4, 5 ou 7. On appelle X la variable aléatoire qui, à la face obtenue, associe le nombre indiqué dessus. On sait que :

- $p_2 = p_5$,
- il y a deux fois moins de chances d'obtenir le 4 que le 5,
- il y a trois fois plus de chances d'obtenir le 7 que le 2.

1 **(a)** Montrer que $p_4 = \frac{1}{11}$. Tous les détails des calculs devront clairement apparaître sur la copie.

(b) En déduire la loi de probabilité de la variable aléatoire X.

(c) Calculer l'espérance de X.

2 On lance une fois ce dé.
Soit A l'événement : « on obtient une face avec un numéro pair ».
Soit B l'événement : « on obtient une face avec un numéro supérieur à 3 ».
Calculer $P(A)$ et $P(B)$.

3 Décrire par une phrase chacun des événements $\overline{A}$, $A \cap B$ et $A \cup B$, puis calculer leurs probabilités.

13 Tirage de boules dans une urne

★ 20 min Corrigé p. 328

Institut Notre-Dame, Meudon

Une urne contient trois boules indiscernables au toucher : une rouge, une verte et une bleue. On tire au hasard et successivement deux boules, on note les couleurs obtenues dans l'ordre des tirages, la première boule étant replacée dans l'urne avant le second tirage.

1 Déterminer la loi de probabilité associée à cette expérience aléatoire.

2 On instaure la règle suivante : le tirage d'une boule rouge rapporte un point, celui d'une verte deux points et celui d'une bleue fait perdre trois points.

(a) Déterminer la loi de probabilité de la variable aléatoire T définie par la somme des points marqués dans l'expérience précédente.

(b) Calculer l'espérance de T. Le jeu est-il équitable ?

3 Calculer la probabilité pour un joueur de perdre la partie, c'est-à-dire d'avoir un total négatif de points.

14 Propriétés

★★ 20 min Corrigé p. 329

Lycée Jacques Amyot, Auxerre

Le tableau suivant donne la loi de probabilité d'une variable aléatoire X :

Valeurs de X	0	1	2	3	4
$p_i = p(X = x_i)$	0,2	0,1	0,2	0,4	0,1

1 Déterminer $E(X)$, $V(X)$ et $\sigma(X)$.

2 Soit Y la variable aléatoire définie par $Y = -2X + 3$.
Déterminer $E(Y)$, $V(Y)$ et $\sigma(Y)$.

3 a est un nombre réel positif et b un nombre réel. Z est la variable aléatoire définie par $Z = aX + b$.
Déterminer a et b tels que $V(Z) = 0{,}25$ et $E(Z) = 1{,}42$.

COURS INTERROS CORRIGÉS

15 Somme des chiffres

★ 20 min Corrigé p. 330

Lycée La Bruyère, Versailles

On choisit au hasard un nombre entre 0 et 25 (compris) et on définit la variable aléatoire qui lui associe la somme de ses chiffres.

1. Déterminer la loi de probabilité de X, son espérance et son écart-type.
2. Soit la variable aléatoire $Y = -2X + 5$.
   Donner son espérance et son écart-type.

16 Des numéros et des couleurs

★ 25 min Corrigé p. 331

Lycée Teilhard de Chardin, Saint-Maur-des-fossés

Une urne contient trois boules vertes numérotées respectivement 1, 2, 3, deux boules rouges numérotées respectivement 1 et 2, et une boule noire numérotée 1.
On tire au hasard successivement et avec remise deux boules de l'urne.
On note la couleur et le numéro de chaque boule tirée.

1. À l'aide d'un tableau à double entrée, déterminer toutes les issues possibles de l'expérience.
2. On nomme A, B et C les trois événements suivants :
   - A : « Les deux boules tirées sont de couleurs différentes ».
   - B : « La deuxième boule porte le numéro 1 ».
   - C : « Les deux boules tirées portent le même numéro ».

   (a) Calculer la probabilité des événements A, B et C.

   (b) Définir par une phrase les événements $A \cap C$, $A \cup C$, $\overline{B}$, $\overline{A} \cup B$, puis calculer leurs probabilités respectives.
3. X est la variable aléatoire qui, à chaque issue de l'expérience, associe la somme des deux numéros obtenus.

   (a) Donner l'ensemble des valeurs prises par X.

   (b) Déterminer la loi de probabilité de X.

   (c) Déterminer l'espérance et la variance de X.

17 Dodécaèdre

★★ 15 min Corrigé p. 333

Lycée Édouard Herriot, Lyon

On lance un dé équilibré dont les 12 faces sont numérotées de 1 à 12.
Si le numéro obtenu est pair, le joueur gagne 2 points.
Si le numéro obtenu est un multiple de 3, le joueur gagne 3 points.
Si le numéro obtenu est supérieur ou égal à 10, le joueur gagne 4 points.
Dans tous les autres cas, le joueur perd 5 points.

Les gains sont cumulables si le numéro obtenu réalise plusieurs de ces conditions.

1 Déterminer la loi de probabilité de la variable aléatoire X qui, à un lancer, associer le gain obtenu.

2 Déterminer l'espérance mathématique de X. Ce jeu est-il équitable ?

3 Combien de points devrait-on prendre au joueur lorsqu'il perd pour que le jeu soit équitable ?

18 Sac de boules

★★ 15 min Corrigé p. 334

Lycée Jacques Amyot, Auxerre

Un sac contient des boules indiscernables au toucher : 1 boule rouge, 3 boules jaunes et n boules noires (n désigne un entier naturel strictement positif).
On organise un jeu consistant, pour chaque joueur, à prélever dans le sac une boule au hasard.
Si la boule tirée est rouge, le joueur reçoit 10 € ; si la boule est jaune, il reçoit 2 € ; si la boule est noire, il ne reçoit rien.
Pour participer au jeu, le joueur doit acheter un billet d'entrée coûtant 1 €.
On note X_n la variable aléatoire qui, à chaque boule prélevée dans le sac, associe le gain algébrique du joueur (somme reçue moins la mise).

1 Quel est le nombre de boules dans le sac ?

2 Déterminer la loi de probabilité de la variable aléatoire X_n .

3 Déterminer, en fonction de n, l'espérance mathématique de X_n .

4 On souhaite que l'espérance soit négative. Quel nombre minimal de boules noires doit-il y avoir dans le sac ?

19 Loi d'une variable aléatoire

★★★ 20 min Corrigé p. 334

Lycée La Bruyère, Versailles

Une urne contient 10 boules blanches et n boules noires, n étant un nombre entier supérieur ou égal à 2.
Toutes les boules ont la même probabilité d'être tirées.
Pour chaque boule blanche obtenue on gagne 2 € et pour une boule noire on perd 3 €. On désigne par X la variable aléatoire correspondant au gain algébrique du joueur.

1 *Le joueur tire une boule.*

(a) Quelles sont les valeurs prises par X ?

(b) Donner, en fonction de n, la loi de probabilité de X.

(c) Exprimer $E(X)$ en fonction de n.

(d) Déterminer les valeurs de n pour lesquelles le jeu est favorable au joueur.

2 Le joueur tire successivement deux boules, et sans remise.

(a) Quelles sont les valeurs possibles pour X ?

(b) Donner la loi de probabilité de X.

(c) Exprimer $E(X)$ en fonction de n.

(d) Déterminer les valeurs de n pour lesquelles le jeu est défavorable au joueur.

20 La bonne proportion

★★★ 30 min Corrigé p. 336

Lycée Notre-Dame de Sainte-Croix, Neuilly-sur-Seine

Marie propose le jeu suivant à Pierre. Un sac contient n boules noires et une boule blanche (avec n un entier strictement positif). Pierre tire une boule au hasard, note sa couleur, la remet dans le sac puis tire une nouvelle boule. Si les deux boules tirées sont noires, Marie donne 1 € à Pierre. Si elles sont blanches, Marie donne 10 € à Pierre. Si elles sont de couleurs différentes, Pierre donne 3,50 € à Marie.
On note G la variable aléatoire donnant le gain algébrique de Pierre (qui peut être négatif si c'est une perte).

1 On suppose dans cette question que $n = 6$.

(a) Combien y a-t-il de boules dans l'urne ?

(b) Faire un arbre pondéré.

(c) Déterminer la loi de probabilité de G.

(d) Calculer l'espérance mathématique de G.

(e) Interpréter ce résultat.

2 Dans le cas général.

(a) Combien y a-t-il de boules dans l'urne ?

(b) Quelle est, en fonction de n, la probabilité de tirer une boule noire au premier tirage ?

(c) Faire un arbre pondéré.

(d) Calculer la loi de probabilité de G.

(e) Calculer l'espérance mathématique de G en fonction de n.

(f) Pour quelles valeurs de n le jeu est-il équitable ?

(g) Pour quelles valeurs de n le jeu risque-t-il de rapporter le plus d'argent à Marie ?

Algorithmes & programmation

21 Transformation affine ★ 5 min

Corrigé p. 338

Dans un programme Python, on suppose connues les listes X et P contenant respectivement les valeurs et leurs probabilités d'une variable aléatoire X.

On considère la variable $Y = -3X + 5$.

Écrire la portion de code permettant de créer la liste Y contenant toutes les valeurs de la variable aléatoire Y.

22 Calcul des paramètres de dispersion ★★ 10 min

Corrigé p. 338

On considère un algorithme dans lequel sont définis deux listes : la liste X, dans laquelle se trouvent les valeurs d'une variable aléatoire, et la liste P, dans laquelle se trouvent les probabilités des valeurs de X.

1 Écrire un algorithme qui calcule et affiche l'espérance, la variance et l'écart-type de X.

2 Écrire un programme Python comportant trois fonctions : une pour calculer l'espérance d'une variable aléatoire X à partir des listes X et P, une qui calcule la variance, et une autre qui calcule d'écart-type.

Aide : ces trois fonctions admettent pour arguments X et P.

23 Formule de König-Huygens ★★ 10 min

Corrigé p. 340

On considère un programme Python commençant par les lignes suivantes :

```
X = [-5,-3,0,1,2,10]
P = [0.2,0.3,0.05,0.05,0.3,0.1]
```

où X est une liste comportant toutes les valeurs d'une variable aléatoire X, et P une liste comportant toutes les probabilités (ordonnées) des valeurs de X (ainsi, P[i] est la probabilité que X prenne la valeur X[i] pour i variant de 0 à 5).

Compléter cet algorithme afin qu'il affiche la variance de X à l'aide de la formule de König-Huygens :

$$V(X) = E(X^2) - \left[E(X)\right]^2.$$

Pour cela, on pourra faire appel à la fonction esperance de l'exercice 22.

COURS
INTERROS
CORRIGÉS

1 V/F Variable aléatoire

Enoncé p. 312

1 *Vrai*. D'après la formule du calcul de l'espérance, si X ne prend que des valeurs positives, l'espérance est obtenue par produit puis somme de quantités positives. Donc $E(X) \geqslant 0$.

2 *Faux*. Contre-exemple : la variable aléatoire X qui prend la valeur -1 avec une probabilité de $0,1$ et la valeur 1 avec une probabilité de 0,9 a pour espérance $E(X) = 0,1 \times (-1) + 0,9 \times 1 = 0,8$. Donc $E(X) > 0$, mais X prend une valeur négative.

2 QCM En fonction de n

Enoncé p. 312

1 Réponse [b]. Si on tire une boule blanche, $X = 2$. Si on tire une boule noire, $X = -3$.

2 Réponse [a]. En effet, le nombre total de boules est $n + 10$, et les valeurs prises par X sont -3 et 2.

3 Réponse [c]. D'après le cours : $E(X) = \dfrac{n}{n+10} \times (-3) + \dfrac{10}{n+10} \times 2$.

4 Réponse [c]. Le jeu est favorable au joueur si $E(X) > 0$, donc si $-3n + 20 > 0$, c'est-à-dire $n < \dfrac{20}{3}$.

3 La base

Enoncé p. 313

Lycée Édouard Branly, Nogent-sur-Marne

1 La somme des probabilités de toutes les issues doit être égale à 1, et comme $p_3 = 3p_6$, on a $0,2 + 0,1 + 3p_6 + 0,06 + 0,2 + p_6 = 1$, d'où $4p_6 = 0,44$. On a donc $p_6 = 0,11$ et $p_3 = 0,33$.

2 $E(X) = 0,2 \times 1 + 0,1 \times 2 + 0,33 \times 3 + 0,06 \times 4 + 0,2 \times 5 + 0,11 \times 6$

$E(X) = 3,29$.

4 Ventes

Enoncé p. 313

Lycée Camille Vernet, Valence

1 $P(X \geqslant 2) = 1 - P(X < 2) = 1 - 0,16 - 0,1 = 0,74$.
$P(X < 4) = 1 - P(X \geqslant 4) = 1 - 0,1 - 0,05 = 0,85$.

MÉTHODE

Pour calculer la probabilité d'un événement du type $(X > a)$ ou $(X < a)$, il faut étudier si la probabilité de l'événement contraire n'est pas plus simple à calculer.

2 $E(X) = 0{,}16 \times 0 + 0{,}1 \times 1 + 0{,}35 \times 2 + 0{,}24 \times 3 + 0{,}1 \times 4 + 0{,}05 \times 5$

$E(X) = 0{,}1 + 0{,}7 + 0{,}72 + 0{,}4 + 0{,}25$

$E(X) = 2{,}17.$

Ce résultat signifie que sur de nombreuses semaines, le commercial peut espérer vendre en moyenne 2,17 installations par semaine.

5 Cotisation moyenne

Enoncé p. 313

Lycée Honoré de Balzac, Paris

1 La loi de probabilité de la variable aléatoire S est :

Valeurs s_i	45	65	75
$P(S = s_i)$	0,3	0,2	0,5

2 L'espérance de S est :

$$E(S) = 0{,}3 \times 45 + 0{,}2 \times 65 + 0{,}5 \times 75$$
$$E(S) = 13{,}5 + 13 + 37{,}5$$
$$E(S) = 64.$$

Cela signifie que si l'on interroge au hasard un grand nombre de membres de ce club, le montant moyen de leur cotisation sera proche de 64 euros.

MÉTHODE

Une tel exercice est en réalité très proche d'un exercice de statistique. Les pourcentages correspondent aux probabilités. Et le calcul de l'espérance est exactement le calcul de la moyenne d'une série statistique. C'est au niveau de l'interprétation qu'il y a une légère différence, car dans le contexte « probabilité », on interroge un membre au hasard, quitte à répéter l'expérience plusieurs fois, alors qu'en statistiques, on considère tous les résultats en même temps. C'est pour cela que pour interpréter l'espérance, on dit que la moyenne des résultats de nombreuses répétitions s'approche de l'espérance.
En revanche, on peut utiliser la calculatrice de la même façon qu'en statistiques.

6 Ticket gagnant

Enoncé p. 314

Lycée International Europole, Grenoble

1 La variable aléatoire X prend les valeurs 0, 10, 20 et 50.

2 La loi de probabilité de X est :

Gain x_i	0	10	20	50
$P(X = x_i)$	0,4	0,5	0,09	0,01

3 $P(X \geqslant 20) = P(X = 20) + P(X = 50) = 0{,}09 + 0{,}01 = 0{,}1.$

4 $E(X) = 0 \times 0{,}4 + 10 \times 0{,}5 + 20 \times 0{,}09 + 50 \times 0{,}01 = 7{,}3.$

7 Interprétation de l'espérance

Enoncé p. 314

Lycée Albert Chatelet, Douai

1 La somme des probabilités est égale à 1 donc :

$$P(X = 3) = 1 - 0{,}4 - 0{,}2 - 0{,}15 = 0{,}25.$$

2 $E(X) = 0{,}4 \times (-1) + 0{,}2 \times 1 + 0{,}25 \times 3 + 0{,}15 \times 5$

$E(X) = -0{,}4 + 0{,}2 + 0{,}75 + 0{,}75$

$E(X) = 1{,}3.$

3 $P(X \geqslant 3) = P(X = 3) + P(X = 5) = 0{,}25 + 0{,}15 = 0{,}4.$

Avec l'événement contraire :

$$\begin{aligned} P(X \geqslant 3) &= 1 - P(X < 3) \\ &= 1 - P(X = -1) - P(X = 1) \\ &= 1 - 0{,}4 - 0{,}2 \\ &= 0{,}4. \end{aligned}$$

4 E(X) représente le gain moyen par expérience que l'on pourrait espérer après un grand nombre de répétitions de l'expérience.

8 Gagner à la loterie

Enoncé p. 314

Lycée Jean-Pierre Vernant, Sèvres

1 **(a)** Les valeurs prises par G sont 498 pour 1 billet, 98 pour 2 billets, 8 pour 6 billets et -2 pour les 791 billets restants. La loi de probabilité de G est donc la suivante :

Gain	498	98	8	-2
Probabilité	$\frac{1}{800}$	$\frac{2}{800}$	$\frac{6}{800}$	$\frac{791}{800}$

(b) $E(G) = 498 \times \dfrac{1}{800} + 98 \times \dfrac{2}{800} + 8 \times \dfrac{6}{800} - 2 \times \dfrac{791}{800}$

$E(G) = \dfrac{498 + 196 + 48 - 1\,582}{800}$

$E(G) = -1{,}05.$

(c) Comme l'espérance de la variable aléatoire qui donne le gain du joueur est négative, cela signifie que le jeu est favorable à l'organisateur.

2 **(a)** Pour acheter les 800 billets, la personne débourse :

$$800 \times 2 = 1\,600 \text{ euros.}$$

(b) Les 9 billets gagnants permettent de gagner au total :

$$500 + 2 \times 100 + 6 \times 10 = 760 \text{ euros.}$$

(c) La personne a donc perdu $1\,600 - 760 = 840$ euros.

(d) Cela revient à une perte moyenne par billet de $\dfrac{840}{800} = 1{,}05$ euros. On peut donc considérer qu'elle « gagne » en moyenne $-1{,}05$ euros par billet, ce qui est égal à l'espérance de gain du joueur calculée précédemment.

9 Un sac

Enoncé p. 315

Lycée Charlemagne, Paris

1 Il s'agit de la répétition deux fois du tirage d'une boule parmi trois.

2 L'univers est : $\{(4\,;4), (4\,;3), (3\,;3), (3\,;4)\}$.

3 $p(4\,;4) = 1 - (p(3\,;3) + p(3\,;4) + p(4\,;3)) = 1 - \dfrac{1}{9} - \dfrac{2}{9} - \dfrac{2}{9} = \dfrac{4}{9}$.

4 **(a)** X prend les valeurs 6, 7 et 8.

Sa loi de probabilité est :

x_i	6	7	8
$P(X = x_i)$	$\dfrac{1}{9}$	$\dfrac{4}{9}$	$\dfrac{4}{9}$

(b) $E(X) = 6 \times \dfrac{1}{9} + 7 \times \dfrac{4}{9} + 8 \times \dfrac{4}{9} = \dfrac{22}{3}$.

$$V(X) = \frac{1}{9}\left(6 - \frac{22}{3}\right)^2 + \frac{4}{9}\left(7 - \frac{22}{3}\right)^2 + \frac{4}{9}\left(8 - \frac{22}{3}\right)^2 = \frac{4}{9}.$$

10 Jeu équitable

Enoncé p. 315

Lycée Fustel de Coulanges, Massy

1 En tenant compte de la mise, les valeurs prises par X sont 8, -2 et 0.

La loi de probabilité de X est :

Gain x_i	-2	0	8
$P(X = x_i)$	$\dfrac{25}{44}$	$\dfrac{1}{4}$	$\dfrac{2}{11}$

$$E(X) = -2 \times \frac{25}{44} + 0 \times \frac{1}{4} + 8 \times \frac{2}{11} = \frac{14}{44} = \frac{7}{22}.$$

COURS INTERROS CORRIGÉS

2 **(a)** Le jeu n'est pas favorable à l'organisateur, car l'espérance du gain du joueur est positive.

(b) Pour que $E(X) = 0$, on doit avoir $-2 \times \dfrac{25}{44} + (S-2) \times \dfrac{2}{11} = 0$.
Cela donne la condition $-50 + 8S - 16 = 0$, c'est-à-dire $S = \dfrac{66}{8} = 8{,}25$.
Pour que le jeu soit équitable, il faut que lorsqu'il gagne, le joueur ne gagne que $8{,}25$ euros.

11 Un jeu d'enfant

Enoncé p. 316

Lycée Jacques Amyot, Auxerre

Sur le schéma suivant, le nombre de faces peintes a été inscrit sur chaque cube :

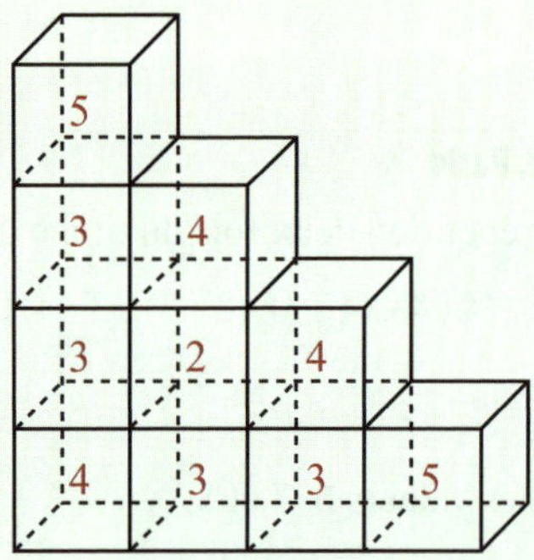

1 D'après les observations précédentes, $X(\Omega) = \{2\ ;\ 3\ ;\ 4\ ;\ 5\}$.

2 La loi de probabilité de X est :

Valeurs de X	2	3	4	5
$p(X = x_i)$	$\dfrac{1}{10} = 0{,}1$	$\dfrac{4}{10} = 0{,}4$	$\dfrac{3}{10} = 0{,}3$	$\dfrac{2}{10} = 0{,}2$

3 $$\begin{aligned} E(X) &= 2 \times 0{,}1 + 3 \times 0{,}4 + 4 \times 0{,}3 + 5 \times 0{,}2 \\ &= 0{,}2 + 1{,}2 + 1{,}2 + 1 \\ &= 3{,}6. \end{aligned}$$

On peut en déduire que si l'enfant répète un grand nombre de fois cette expérience, chaque cube aura en moyenne entre 3 et 4 faces peintes.

4 Ajoutons une ligne à la loi de probabilité de X :

Valeurs de X	2	3	4	5
Valeurs de X^2	4	9	16	25
$p(X = x_i)$	0,1	0,4	0,3	0,2

Alors, la variance de X est :

$$\begin{aligned} V(X) &= \left(4 \times 0{,}1 + 9 \times 0{,}4 + 16 \times 0{,}3 + 25 \times 0{,}2\right) - 3{,}6^2 \\ &= 0{,}84. \end{aligned}$$

Ainsi, l'écart-type de X est :

$$\sigma(X) = \sqrt{0{,}84} \approx 0{,}9.$$

12 Dé tétraédrique

Enoncé p. 316

Lycée Pasteur, Neuilly-sur-Seine

1 **(a)** Sachant que la somme des probabilités vaut 1, avec les trois indications de l'énoncé on obtient les quatre équations suivantes :

$$\begin{cases} p_2 + p_4 + p_5 + p_7 = 1 \\ p_2 = p_5 \\ p_5 = 2p_4 \\ p_7 = 3p_2 \end{cases}$$

On trouve donc :

$$\begin{cases} p_5 = 2p_4 \\ p_2 = 2p_4 \\ p_7 = 6p_4 \\ 2p_4 + p_4 + 2p_4 + 6p_4 = 1 \end{cases}$$

Par conséquent, on a bien $p_4 = \dfrac{1}{11}$.

(b) On en déduit les probabilités d'obtenir chaque valeur :

$p(X = 4) = p_4 = \dfrac{1}{11}$.

$p(X = 2) = P(X = 5) = 2p_4 = \dfrac{2}{11}$.

$p(X = 7) = 6p_4 = \dfrac{6}{11}$.

On peut rassembler ces résultats dans le tableau suivant :

x_i	2	4	5	7
p_i	$\frac{2}{11}$	$\frac{1}{11}$	$\frac{2}{11}$	$\frac{6}{11}$

(c) $E(X) = 2 \times \dfrac{2}{11} + 4 \times \dfrac{1}{11} + 5 \times \dfrac{2}{11} + 7 \times \dfrac{6}{11} = \dfrac{60}{11}$.

2 $p(A) = p(X = 2) + p(X = 4) = \dfrac{3}{11}$.

$p(B) = 1 - p(X = 2) = \dfrac{9}{11}$.

3 $\overline{A}$ est l'événement : « on obtient une face avec un numéro impair », donc $p(\overline{A}) = 1 - p(A) = \dfrac{8}{11}$.

$A \cap B$ est l'événement : « on obtient une face avec un numéro pair supérieur à 3 », donc $p(A \cap B) = p(X = 4) = \dfrac{1}{11}$.

$A \cup B$ est l'événement : « on obtient un numéro pair ou un numéro plus grand que 3 ». On constate que toutes les issues conviennent, donc $p(A \cup B) = 1$.

13 Tirage de boules dans une urne

Enoncé p. 317

Institut Notre-Dame, Meudon

1 Déterminer la loi de probabilité associée à cette expérience aléatoire, c'est donner l'ensemble des résultats possibles de l'expérience aléatoire et, pour chaque résultat, la probabilité associée.

Comme on tire successivement deux boules, les résultats possibles sont les couples dont la première composante correspond à la boule obtenue au premier tirage et la deuxième composante correspond à la boule obtenue au deuxième tirage. Si on désigne la boule rouge par R, la verte par V et la bleue par B, on a :

$$\Omega = \{(R,R),(R,V),(R,B),(V,R),(V,V),(V,B),(B,R),(B,V),(B,B)\}$$

Les boules sont indiscernables au toucher, elles ont donc toutes la même probabilité d'être tirées et on est en situation d'équiprobabilité. Comme il existe 9 résultats possibles à cette expérience aléatoire, la probabilité de chacun des résultats est $\dfrac{1}{9}$.

2 **(a)** La variable aléatoire T peut prendre les valeurs :

- -6 (quand on tire deux boules bleues),
- -2 (quand on tire une boule rouge et une bleue),
- -1 (quand on tire une boule verte et une bleue),
- $+2$ (quand on tire deux boules rouges),
- $+3$ (quand on tire une boule rouge et une verte),
- $+4$ (quand on tire deux boules vertes).

Il existe un seul couple correspondant au tirage de deux boules bleues donc :

$$P(T = -6) = \frac{1}{9}.$$

Il existe deux couples correspondant au tirage d'une rouge et d'une bleue : (R,B) et (B,R) donc :

$$P(T=-2)=\frac{2}{9}.$$

En raisonnant de même, on obtient :

$$P(T=-1)=\frac{2}{9} \quad , \quad P(T=2)=\frac{1}{9},$$
$$P(T=3)=\frac{2}{9} \quad , \quad P(T=4)=\frac{1}{9}.$$

On peut récapituler ces résultats dans un tableau :

K	-6	-2	-1	$+2$	$+3$	$+4$
$P(T=K)$	$\frac{1}{9}$	$\frac{2}{9}$	$\frac{2}{9}$	$\frac{1}{9}$	$\frac{2}{9}$	$\frac{1}{9}$

On vérifie que la somme des probabilités est bien égale à 1.

(b) $E(T)=-6\times\frac{1}{9}-2\times\frac{2}{9}-1\times\frac{2}{9}+2\times\frac{1}{9}+3\times\frac{2}{9}+4\times\frac{1}{9}=0.$
Donc, le jeu est équitable.

3 Le joueur perd la partie lorsqu'il a un nombre négatif de points, c'est-à-dire lorsque T prend les valeurs -6 ou -2 ou -1. Soit A l'événement « le joueur perd la partie ».

$$P(A)=P(T=-6)+P(T=-2)+P(T=-1)$$
$$P(A)=\frac{1}{9}+\frac{2}{9}+\frac{2}{9}$$
$$P(A)=\frac{5}{9}.$$

La probabilité que le joueur perde la partie est $\frac{5}{9}$.

Remarque : cela n'est pas contradictoire avec $E(T)=0$.

14 Propriétés

Enoncé p. 317

Lycée Jacques Amyot, Auxerre

1 $E(X)=0\times 0{,}2+1\times 0{,}1+2\times 0{,}2+3\times 0{,}4+4\times 0{,}1$
$=2{,}1.$

Pour calculer la variance, ajoutons une ligne à la loi de probabilité de X :

Valeurs de X	0	1	2	3	4
Valeurs de X^2	0	1	4	9	16
$p_i=p(X=x_i)$	0,2	0,1	0,2	0,4	0,1

COURS INTERROS CORRIGÉS

D'après la formule de König-Huygens, on a :

$$V(X) = \big(0 \times 0{,}2 + 1 \times 0{,}1 + 4 \times 0{,}2 + 9 \times 0{,}4 + 16 \times 0{,}1\big) - 2{,}1^2$$
$$= 1{,}69.$$

Ainsi, l'écart-type de X est : $\sigma(X) = \sqrt{1{,}69} = 1{,}3$.

2 D'après le cours,

- $E(Y) = E(-2X+3) = -2E(X) + 3 = -2 \times 2{,}1 + 3 = -1{,}2$.
- $V(Y) = V(-2X+3) = (-2)^2 V(X) = 4 \times 1{,}69 = 6{,}76$.
- $\sigma(Y) = \sigma(-2X+3) = |-2|\sigma(X) = 2 \times 1{,}3 = 2{,}6$.

3

$$\begin{aligned} V(Z) = 0{,}26 &\iff a^2 V(X) = 0{,}25 \\ &\iff a^2 = \frac{0{,}25}{1{,}69} \\ &\iff a = \sqrt{\frac{0{,}25}{1{,}69}} \text{ car } a > 0 \\ &\iff a = \frac{0{,}5}{1{,}3} = \frac{5}{13}. \end{aligned}$$

$$\begin{aligned} E(Z) = 1{,}42 &\iff aE(X) + b = 0{,}42 \\ &\iff 2{,}1a + b = 0{,}42 \\ &\iff b = 0{,}42 - 2{,}1 \times \frac{5}{13} \\ &\iff b = -\frac{126}{325}. \end{aligned}$$

15 Somme des chiffres

Enoncé p. 318

Lycée La Bruyère, Versailles

1 Le tableau suivant donne la somme des chiffres des nombres de 0 à 25.

Nombre	Somme des chiffres
0	0
1	1
2	2
3	3
4	4
5	5
6	6
7	7
8	8
9	9
10	1
11	2
12	3

Nombre	Somme des chiffres
13	4
14	5
15	6
16	7
17	8
18	9
19	10
20	2
21	3
22	4
23	5
24	6
25	7

Les nombres étant tirés au hasard, chacun des 26 nombres a pour probabilité $\frac{1}{26}$ d'être tiré.

On obtient donc la loi de probabilité suivante pour X :

x_i	0	1	2	3	4	5
$P(X = x_i)$	$\frac{1}{26}$	$\frac{2}{26}$	$\frac{3}{26}$	$\frac{3}{26}$	$\frac{3}{26}$	$\frac{3}{26}$

x_i	6	7	8	9	10
$P(X = x_i)$	$\frac{3}{26}$	$\frac{3}{26}$	$\frac{2}{26}$	$\frac{2}{26}$	$\frac{1}{26}$

On a donc :

- $E(X) = 0 \times \frac{1}{26} + 1 \times \frac{2}{26} + \cdots + 10 \times \frac{1}{26} = \frac{127}{26}$.
- $V(X) = \frac{1}{26}\left(0 - \frac{127}{26}\right)^2 + \frac{2}{26}\left(1 - \frac{127}{26}\right)^2 + \cdots + \frac{1}{26}\left(10 - \frac{127}{26}\right)^2 = \frac{4\,905}{676}$.
- $\sigma(X) = \sqrt{V(X)} = \sqrt{\frac{4\,905}{676}} \approx 2{,}69$.

2 $E(Y) = -2E(X) + 5 = -\frac{62}{13}$, et $\sigma(Y) = 2\sigma(X) = 2\sqrt{\frac{4\,905}{676}} \approx 5{,}39$.

16 Des numéros et des couleurs

Enoncé p. 318

Lycée Teilhard de Chardin, Saint-Maur-des-fossés

1 Le tableau ci-dessous permettra de répondre à toutes les questions :

1re boule / 2e boule	V_1	V_2	V_3	R_1	R_2	N_1
V_1	V_1V_1	V_1V_2	V_1V_3	V_1R_1	V_1R_2	V_1N_1
V_2	V_1V_2	V_2V_2	V_3V_2	R_1V_2	R_2V_2	N_1V_2
V_3	V_1V_3	V_2V_3	V_3V_3	R_1V_3	R_2V_3	N_1V_3
R_1	V_1R_1	V_2R_1	V_3R_1	R_1R_1	R_2R_1	N_1R_1
R_2	V_1R_2	V_2R_2	V_3R_2	R_1R_2	R_2R_2	N_1R_2
N_1	V_1N_1	V_2N_1	V_3N_1	R_1N_1	R_2N_1	N_1N_1

Il y a donc 36 issues possibles.

2 **(a)** $p(A) = \frac{22}{36} = \frac{11}{18}$. Il suffit pour trouver ce résultat de compter les issues où ne figurent pas deux fois la même couleur.

$p(B) = \dfrac{18}{36} = \dfrac{1}{2}$. En effet il y a trois lignes pour lesquelles la deuxième boule porte le numéro 1.

$p(C) = \dfrac{13}{36} = \dfrac{7}{18}$. Là encore on compte dans le tableau précédent les cases où les deux boules portent le même numéro.

(b) • $A \cap C$: « les 2 boules tirées sont de couleurs différentes et portent le même numéro ».

$$P(A \cap C) = \frac{8}{36} = \frac{2}{9}.$$

• $A \cup C$: « les 2 boules tirées sont de couleurs différentes ou portent le même numéro ».

$$\begin{aligned} P(A \cup C) &= P(A) + P(C) - P(A \cap C) \\ &= \frac{11}{18} + \frac{13}{36} - \frac{2}{9} \\ &= \frac{27}{36} \text{ (vérifiable dans le tableau).} \end{aligned}$$

• $\overline{B}$: « la 2e boule porte le numéro 2 ou 3 ».

$$P(\overline{B}) = 1 - P(B) = \frac{1}{2}.$$

• $\overline{A} \cup B$: « les 2 boules tirées ont la même couleur ou portent le même numéro ».

$$P(\overline{A} \cup B) = \frac{22}{36} = \frac{11}{18}.$$

3 **(a)** On peut avoir une somme égale à 2, 3, 4, 5 ou 6.

(b) En utilisant le tableau ci-dessus, on obtient la loi de probabilité suivante :

x_i	2	3	4	5	6
$P(X = x_i)$	$\frac{9}{36}$	$\frac{12}{36}$	$\frac{10}{36}$	$\frac{4}{36}$	$\frac{1}{36}$

(c) $E(X) = 2 \times \dfrac{9}{36} + 3 \times \dfrac{12}{36} + 4 \times \dfrac{10}{36} + 5 \times \dfrac{4}{36} + 6 \times \dfrac{1}{36} = \dfrac{10}{3}.$

$$\begin{aligned} V(X) &= \frac{9}{36}\left(2 - \frac{10}{3}\right)^2 + \frac{12}{36}\left(3 - \frac{10}{3}\right)^2 + \frac{10}{36}\left(4 - \frac{10}{3}\right)^2 \\ &\quad + \frac{4}{36}\left(5 - \frac{10}{3}\right)^2 + \frac{1}{36}\left(6 - \frac{10}{3}\right)^2 \\ &= \frac{10}{9}. \end{aligned}$$

17 Dodécaèdre

Enoncé p. 318

Lycée Édouard Herriot, Lyon

1 Pour commencer, on va calculer le gain obtenu pour chaque face.

Propriété	1	2	3	4	5	6	7	8	9	10	11	12
Pair		2		2		2		2		2		2
Multiple de 3			3			3			3			3
Supérieur ou égal à 10										4	4	4
Autres cas	−5				−5		−5					
Total	−5	2	3	2	−5	5	−5	2	3	6	4	9

Comme le dé est équilibré, chaque issue a la même probabilité de se réaliser. On obtient ainsi la loi de probabilité des gains :

Gains	−5	2	3	4	5	6	9
$P(X=x_i)$	$\frac{3}{12}=\frac{1}{4}$	$\frac{3}{12}=\frac{1}{4}$	$\frac{2}{12}=\frac{1}{6}$	$\frac{1}{12}$	$\frac{1}{12}$	$\frac{1}{12}$	$\frac{1}{12}$

2 $E(X)=\dfrac{(-5)\times 3+2\times 3+3\times 2+4\times 1+5\times 1+6\times 1+9\times 1}{12}$

$E(X)=\dfrac{21}{12}$

$E(X)=\dfrac{7}{4}$

$E(X)=1{,}75.$

Comme l'espérance est positive, le jeu est favorable au joueur ; il n'est donc pas équitable.

3 En appelant S le nombre de points à prendre au joueur quand il perd, l'espérance devient :

$E(X)=\dfrac{(-S)\times 3+2\times 3+3\times 2+4\times 1+5\times 1+6\times 1+9\times 1}{12}$

$E(X)=\dfrac{-3S+36}{12}.$

L'espérance est donc nulle pour $-3S+36=0$, c'est-à-dire $S=12$.

Il faut donc prendre 12 points au joueur quand il perd pour que le jeu soit équitable.

18 Sac de boules

Enoncé p. 319

Lycée Jacques Amyot, Auxerre

1 Il y a en tout $n+3+1=n+4$ boules dans le sac.

2 La loi de probabilité de X_n est :

Valeurs de X_n	-1	1	9
$p(X_n=x_i)$	$\dfrac{n}{n+4}$	$\dfrac{3}{n+4}$	$\dfrac{1}{n+4}$

En effet, il y a une mise de départ : 1 €. Donc quand le joueur gagne 2 €, au final, il ne gagne que 1 €. Il en est de même pour les autres valeurs de X_n.

3 $$E(X_n)=(-1)\times\frac{n}{n+4}+1\times\frac{3}{n+4}+9\times\frac{1}{n+4} = \frac{12-n}{n+4}.$$

4 $$E(X_n)<0 \iff \frac{12-n}{n+4}<0 \iff 12-n<0 \text{ car } n>0 \text{ donc } n+4>0 \iff n>12.$$

Il faut donc qu'il y ait au minimum 13 boules noires pour que l'espérance mathématique de X_n soit strictement négative.

19 Loi d'une variable aléatoire

Enoncé p. 319

Lycée La Bruyère, Versailles

1 **(a)** X peut prendre les valeurs -3 et 2.

(b) Le tableau ci-dessous donne la loi de probabilité de X :

x_i	-3	2
$P(X=x_i)$	$\dfrac{n}{10+n}$	$\dfrac{10}{10+n}$

(c) $E(X)=\dfrac{-3n+20}{10+n}$.

(d) Le jeu est favorable au joueur si $E(X)>0$. Or, n est un nombre positif, donc le jeu est favorable au joueur si et seulement si $-3n+20>0$.

$$-3n+20>0 \Leftrightarrow n<\frac{20}{3}$$

n étant un nombre entier, le jeu est favorable au joueur si et seulement si n est au plus égal à 6. Comme n est supérieur ou égal à 2, les seules valeurs pour lesquelles le jeu est favorable au joueur sont 2, 3 , 4 , 5 et 6.

2 **(a)** Le joueur peut perdre les deux parties, auquel cas son gain algébrique est -6.
Il peut gagner une partie et perdre l'autre, auquel cas son gain algébrique est -1.
Il peut aussi gagner les deux parties, auquel cas son gain algébrique est 4.
Les trois valeurs possibles pour X sont donc -6, -1 et 4.

(b) L'expérience peut être représentée par l'arbre suivant :

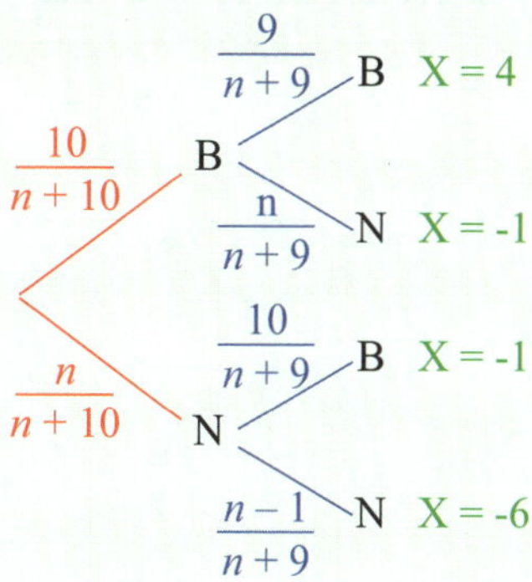

Ainsi, on a par exemple :

$$p(B \cap B) = \frac{10}{n+10} \times \frac{9}{n+9} = \frac{90}{(n+10)(n+9)}.$$

On obtient donc la loi de probabilité suivante :

x_i	-6	-1	4
$P(X = x_i)$	$\frac{n(n-1)}{(n+10)(n+9)}$	$\frac{20n}{(n+10)(n+9)}$	$\frac{90}{(n+10)(n+9)}$

$$E(X) = \frac{-6n(n-1) - 20n + 360}{(n+10)(n+9)}$$
$$= \frac{-6n^2 - 14n + 360}{(n+10)(n+9)}.$$

n étant un entier naturel, le dénominateur de $E(X)$ est positif.

Pour le numérateur, il faut trouver les racines.

$\Delta = 8\,836 = 94^2$. Les deux racines sont donc :

$$n' = \frac{14-94}{-12} = \frac{20}{3} \quad \text{et} \quad n'' = \frac{14+94}{-12} = -9.$$

Le coefficient de n^2 étant négatif, on en déduit que $E(X)$ est positif entre les racines, soit pour $0 < n < \frac{20}{3}$, et négatif pour $n > \frac{20}{3}$. Le jeu est donc défavorable au joueur dès que n est supérieur ou égal à 7, comme précédemment.

20 La bonne proportion

Enoncé p. 320

Lycée Notre-Dame de Sainte-Croix, Neuilly-sur-Seine

1 **(a)** Il y a $6 + 1 = 7$ boules dans l'urne.

(b) On peut représenter l'expérience par l'arbre suivant :

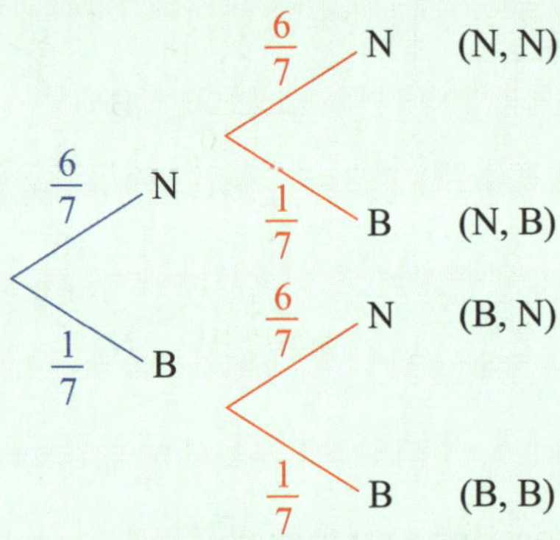

(c) La variable aléatoire G prend la valeur 1 lorsque les deux boules sont noires, la valeur 10 si les deux boules sont blanches et la valeur $-3{,}5$ si les boules sont de couleurs différentes.
Le jeu consiste en la répétition de deux expériences identiques et indépendantes.

La probabilité d'une liste de résultats est donc égale au produit de chaque résultat de la liste. On a alors la loi de probabilité suivante :

- $P(G = 1) = \frac{6}{7} \times \frac{6}{7} = \frac{36}{49}$.
- $P(G = 10) = \frac{1}{7} \times \frac{1}{7} = \frac{1}{49}$.
- $P(G = -3{,}5) = \frac{6}{7} \times \frac{1}{7} + \frac{1}{7} \times \frac{6}{7} = \frac{12}{49}$.

(d) $$E(G) = 1 \times \frac{36}{49} + 10 \times \frac{1}{49} - 3{,}5 \times \frac{12}{49}$$
$$= \frac{4}{49}.$$

(e) Cela signifie que sur un grand nombre de parties, Pierre peut espérer gagner en moyenne $\frac{4}{49}$ euros par partie.

2 On refait les mêmes raisonnements en remplaçant 6 par n.

(a) Il y a $n+1$ boules dans l'urne.

(b) La probabilité de tirer une boule noire à chaque tirage est donc $\dfrac{n}{n+1}$.

(c) L'arbre associé à l'expérience est :

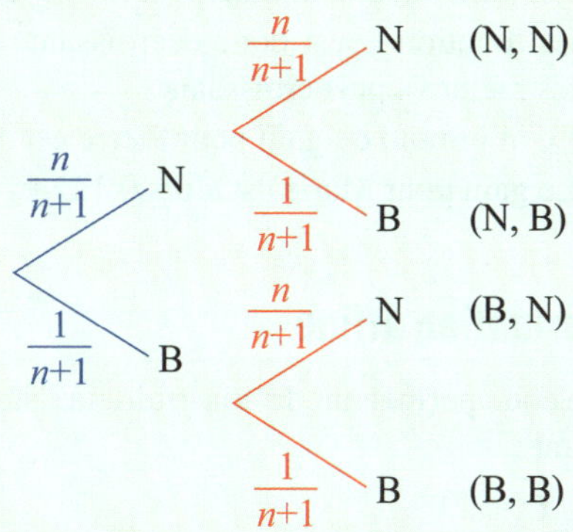

(d) $P(G=1) = \dfrac{n}{n+1} \times \dfrac{n}{n+1} = \dfrac{n^2}{(n+1)^2}$.

$P(G=10) = \dfrac{1}{n+1} \times \dfrac{1}{n+1} = \dfrac{1}{(n+1)^2}$.

$P(G=-3{,}5) = \dfrac{n}{n+1} \times \dfrac{1}{n+1} + \dfrac{1}{n+1} \times \dfrac{n}{n+1} = \dfrac{2n}{(n+1)^2}$.

(e) $E(G) = 1 \times \dfrac{n^2}{(n+1)^2} + 10 \times \dfrac{1}{(n+1)^2} - 3{,}5 \times \dfrac{2n}{(n+1)^2}$

$E(G) = \dfrac{n^2 - 7n + 10}{(n+1)^2}$.

(f) Le jeu est équitable lorsque $E(G) = 0$, c'est-à-dire lorsque $n^2 - 7n + 10 = 0$.
Le discriminant de cette équation du second degré en n vaut 9. Elle a donc deux solutions : 2 et 5.
Le jeu est donc équitable lorsqu'il y a 2 ou 5 boules noires et une blanche.

(g) Le jeu risque risque de rapporter le plus d'argent à Marie lorsque l'espérance du gain de Pierre est minimale. Il faut donc trouver pour quelle(s) valeur(s) entière(s), l'expression $\dfrac{n^2 - 7n + 10}{(n+1)^2}$ est minimale.
Posons $f(x) = \dfrac{x^2 - 7x + 10}{(x+1)^2}$ et étudions les variations de f sur $[1\,;+\infty[$.

$$f'(x) = \frac{(2x-7)(x+1)^2 - 2(x+1)(x^2-7x+10)}{(x+1)^4}.$$
$$= \frac{(2x-7)(x^2+2x+1) - 2(x+1)(x^2-7x+10)}{(x+1)^4}$$
$$= \frac{9(x^2-2x-3)}{(x+1)^4}.$$

Le numérateur s'annule pour $x = -1$ et $x = 3$.

La fonction f est donc décroissante sur l'intervalle [1 ; 3] (entre les racines), puis croissante.

Le minimum du gain pour Pierre est donc atteint quand $n = 3$.

Le gain pour Marie est alors 0,125 €.

21 Transformation affine

Enoncé p. 321

Le bout de code permettant de construire la liste Y définie par $Y = -3X + 5$ est le suivant :

```
Y = []
for i in X: Y.append(-3*i+5)
```

Explications :

- on commence par initialiser la variable Y comme étant une liste vide (crochets sans rien à l'intérieur) ;
- on parcourt la liste X avec l'instruction « `for i in X:` » : ici, chaque valeur que va prendre la variable i sera une valeur contenue dans la liste X ;
- on ajoute la valeur « `-3*i+5` » dans la liste Y car $Y = -3X + 5$, ce qui signifie que chaque valeur de Y est obtenue en multipliant par -3 chaque valeur que prend X et en ajoutant 5.

22 Calcul des paramètres de dispersion

Enoncé p. 321

1 **Algorithme**

```
X et P sont deux listes
n ← longueur de X
E ← 0 (espérance de X)
V ← 0 (variance de X)
Pour i allant de 0 à n-1:
  E ← E + X[i]*P[i]
Fin du Pour
Pour i allant de 0 à n-1:
  V ← V + (X[i]-E)²*P[i]
Fin du Pour
s < √V (écart-type)
```

2 Ici, un programme modulaire est demandé : c'est un programme dans lequel il y a plusieurs fonctions (modules). Un programme possible est le suivant :

En Python

Retrouvez ce programme en ligne avec live!

```
X = [-5,-3,0,1,2,10]
P = [0.2,0.3,0.05,0.05,0.3,0.1]

def esperance(X,P):
    e = 0
    for i in range(len(X)):
        e += X[i]*P[i]
    return e

def variance(X,P):
    v = 0
    e = esperance(X,P)
    for i in range(len(X)):
        v += P[i]*(X[i]-e)**2
    return v

def ecartype(X,P):
    return variance(X,P)**0.5

print("L'espérance est :",esperance(X,P))
print("La variance est :",variance(X,P))
print("L'écart-type est :",ecartype(X,P))

Y = []
for i in X:
    Y.append(i*i)

V = esperance(Y,P) - esperance(X,P)**2
print(V)
```

À RETENIR

Dans un programme Python,

- `len(<liste>)` renvoie la longueur de la liste (le nombre d'items) ;
- `x**0.5` renvoie la racine carrée de x.

COURS INTERROS CORRIGÉS

Ainsi, en tapant par exemple :

```
X = [-5,-3,0,1,2,10]
P = [0.2,0.3,0.05,0.05,0.3,0.1]
print("L'espérance est :",esperance(X,P))
print("La variance est :",variance(X,P))
print("L'écart-type est :",ecartype(X,P))
```

on affiche les paramètres de dispersion de la variable aléatoire X définie dans le programme.

23 Formule de König-Huygens

Enoncé p. 321

La formule de König-Huygens sous-entend que l'on connaît la variable aléatoire X^2. Il faut donc la calculer avant tout.

Pour cela, on utilise le code suivant :

```
Y = []
for i in X:
  Y.append(i*i)
```

Ainsi, la liste Y contient le carré des valeurs contenues dans la liste X (donc $Y = X^2$).

En utilisant la fonction esperance de l'exercice 22, cela donne :

```
V = esperance(Y,P) - esperance(X,P)**2
```

Liste des vidéos

Pour télécharger les programmes contenus dans cet ouvrage :

`http://www.prepamath.fr/IL1M`

Achevé d'imprimer en juin 2020 par SEPEC à Péronnas (01) - France
N° d'impression : 06601200410
N° de projet : 10264857
Dépôt légal : juin 2020